大陆边缘地质特征与
200 海里以外大陆架界限确定

黎明碧　李家彪　方银霞　唐　勇　丁巍伟　著

海洋出版社

2015年·北京

图书在版编目（CIP）数据

大陆边缘地质特征与200海里以外大陆架界限确定/黎明碧等著. —北京：海洋出版社，2015.6

ISBN 978-7-5027-9073-8

Ⅰ.①大…　Ⅱ.①黎…　Ⅲ.①大陆边缘-地质特征-研究②大陆架-划界-国际法-研究　Ⅳ.①P736.15 ②D993.5

中国版本图书馆CIP数据核字（2015）第016733号

责任编辑：任　玲　王　溪
责任印制：赵麟苏
海洋出版社　**出版发行**

http://www.oceanpress.com.cn
北京市海淀区大慧寺路8号　邮编：100081
中煤涿州制图印刷厂北京分厂印刷　　新华书店北京发行所经销
2015年6月第1版　2015年6月第1次印刷
开本：787 mm×1092 mm　1/16　印张：12
字数：240千字　定价：68.00元
发行部：62132549　邮购部：68038093　总编室：62114335
海洋版图书印、装错误可随时退换

前　言

大陆边缘作为洋陆两大巨型地质、地貌单元的过渡带，是板块剧烈活动带、地震发震带和物质交换带，汇集了全球近90%的沉积物。大陆边缘也是海洋资源富集和海洋经济发展的主要场所，其海岸带集中了全世界近2/3的人口，其环境与资源效应直接影响沿海国家的可持续发展，同时地理位置上包括大陆架和大陆坡等的大陆边缘与法律上的大陆架海域划界密切相关，因此不仅受到地球科学界的重视，也受到各国政府的高度关注。

根据1982年《联合国海洋法公约》（以下简称《公约》）第六部分大陆架第七十六条及其附件二的规定，如果沿海国陆地领土的自然延伸超过自领海基线量起200海里，则该沿海国可以主张200海里以外的大陆架。《公约》的颁布，代表了新一轮的蓝色海洋圈地运动的开始，因此200海里以外大陆架外部界限确定（以下简称"外大陆架划界"）是通过《公约》的法律途径利用科学技术对世界海洋区域进行重新分配。由于《公约》本身是各国家间利益妥协的产物，存在许多模糊之处，各国在适用《公约》时均坚持有利于自己的解释。因为《公约》中对大陆边缘的地质单元，如海底洋脊、海底高地等规定了不同的划界权利，大陆边缘性质、大陆边缘构造演化、洋陆边界、不同地质单元的解释、大陆架自然延伸、大陆坡坡脚点的确定、沉积基底和沉积物厚度的确定等对外大陆架界限的确定至关重要，这些划界关键要素涉及了海洋学、海洋地球物理学、海洋地质学、海洋测深学、海洋法学、导航定位技术、地理信息系统等多种学科和技术，因此外大陆架划界技术逐渐发展成为未来的一个边缘交叉学科，引起了国际学术界的广泛关注。

自2001年12月20日开始，依据《公约》成立的大陆架界限委员会收到了第一个划界案——俄罗斯划界案，截止到2014年12月31日，大陆架界限委员会一共收到沿海国77份划界案和45份划界案初步信息，其中包括中国提交的东海部分海域的划界案。各沿海国所提交的划界案有全部、部分、联合等多种形式，囊括了全球大陆边缘中的主动大陆边缘、被动大陆边缘和转换大陆边缘三大类地质构造单元，也涉及海台、洋脊、海岭、海隆、海丘、海底扇等各种各样的海底特殊地形。从所提交的划界案来看，各国均充分利用《公约》有关条款扩展本国的大陆架管辖海域，甚至对条款有关内容进行曲解或做出有利于本国的解释，最普遍的问题就是利用大陆边缘的地质地球物理特征对深洋洋脊、海底洋脊与海底高地等概念提出了严重的挑战，试图对本应属于国际海底区域的部分海域提出主张，侵占全人类的共同利益。

本书作者一方面立足于对大陆边缘多年的地球科学研究，另一方面立足于对《公约》第七十六条的理解与实践，开展了对大陆边缘地质地球物理特征研究，提出了主要三类大陆边缘对划界影响的不同要素，通过分析研究三类大陆边缘的地形地貌、地球物理、构造特征、板块边界、沉积发育及大陆边缘演化等特征，结合各沿海国提交的200海里以外大陆架划界案例的分析，阐释了大陆边缘对外大陆架划界的影响。由于大陆边缘构造动力学与大陆架划界技术是两门比较前沿的学科，是科学与法律的交汇，新知识与新进展层出不穷，作者衷心希望本书能够成为读者了解大陆边缘特征对划界影响的一本参考读物，书中所列的各国划界案的分析可以成为读者进一步深入研究大陆边缘对划界影响的基础。同时我们也希望本书的出版能吸引更多的国内学者关注大陆边缘研究的发展对大陆架划界的影响，共同推动我国外大陆架划界技术的发展和进步。

本书是国家海洋局第二海洋研究所专属经济区与大陆架研究中心系列成果之一，是大陆架划界科学技术研究团队的部分成果总结。全书共分七章，由李家彪和黎明碧提出总体章节安排，各章主要撰写人为：第一章由李家彪、黎明碧、方银霞执笔，第二章由黎明碧、李家彪、丁巍伟执笔，第三、第四、第五章由唐勇、丁巍伟、方银霞执笔，第六章由方银霞执笔，第七章由唐勇和邱文弦执笔，全书最后由李家彪、黎明碧汇总、统稿并修改、编辑完成。付洁、张妍、尹洁、董崇志协助编辑了本书。本书的出版得到了国家海洋局科学技术司和国际合作司的大力支持。张海文、丘君、汪卫国、李金蓉对编写工作给予了指导和帮助，本书还得到了海洋公益性行业科研专项项目“大陆架、专属经济区划界支撑技术（200805078）”和“外大陆架划界与国际海底资源关系评估辅助决策系统研制和示范应用（201205003）”以及国家科研专项“200海里以外大陆架外部界限确定”的资助，在此一并致以衷心感谢。

编　者

2014年12月

目　录

第一章　大陆架制度与外大陆架划界

1.1　《联合国海洋法公约》简述

1982年4月30日第三届联合国海洋法会议第十一次会议通过了《联合国海洋法公约》（以下简称《公约》）。该《公约》分17部分，连同9个附件共有446条，其内容涉及领海、毗连区、专属经济区、大陆架、用于国际航行的海峡、群岛国、岛屿制度、闭海或半闭海、内陆国出入海洋的权益和过境自由、国际海底以及海洋科学研究、海洋环境保护与安全、海洋技术的发展和转让等，是国际关系中篇幅最长、内容最丰富的一个文件，为管理世界大部分海域提供了一个全面的框架。《公约》体现了公平、自由与合作的精神，在维护各国海洋权益、稳定海上贸易秩序等方面发挥了重要作用。

1.1.1　《公约》建立的背景

1958年日内瓦海洋法会议通过了海洋法公约，这些公约是在当时特定历史条件下由海洋大国一手炮制的，其规定有利于超级大国推行其海洋霸权主义，而不利于发展中国家海洋权益和民族经济利益的维护。20世纪60年代以后，一方面，超级大国对海洋的激烈争夺从海面延伸到海底；另一方面，发展中国家反对海洋霸权、维护海洋权益的斗争也发展到了一个新的阶段。1967年的联合国大会上，帕多提案的提出，引发国际社会对海底问题的密切关注，以海底问题为引子，其他有关大陆架、渔区、海洋资源开发和利用、海洋环境保护等国际性海洋问题纷纷涌现，在此背景下，第三次联合国海洋法会议召开。随着会议的议程逐步展开，会议所讨论的问题越来越多，涉及的范围越来越广，研究的层面越来越深，从1973年到1982年，第三次海洋法会议历时9年，共召开11期共16次会议，150多个国家和地区的代表与50多个国际组织观察员与会。会议综合了各国的提案和意见，经过反复磋商，最终于1982年4月30日在联合国总部所在地纽约完成《公约》的拟订工作，并以130票赞成、4票反对、17票弃权获得通过。这一制度打破了几百年来实行的领海和公海二元结构的传统海洋制度，建立起多元结构的新海洋制度。

1973 年至 1982 年长达 9 年之久的第三次联合国海洋法会议，被认为是人类对海洋进行的第四次利益分配的起点，而这一次海洋利益的重新争夺直到今天仍远远没有结束。第三次联合国海洋法会议围绕着领海、海峡、大陆架、专属经济区、群岛、岛屿制度等一系列问题展开了讨论。会议上的争论和斗争，充分反映了发达国家与发展中国家、海洋强国与其他国家、沿海国与内陆国、资源输出国与资源消费国、宽大陆架国家与窄大陆架国家之间在海洋权益方面的严重分歧与冲突。

《公约》于 1982 年 12 月在牙买加开放签字，我国是第一批签字的国家之一。按照规定，《公约》应在 60 份批准书或加入书交存之后一年生效，从太平洋岛国斐济第一个批准《公约》，到 1993 年 11 月 16 日圭亚那交付批准书为止，批准国家已达 60 个，因此，《公约》于 1994 年 11 月 16 日正式生效。我国于 1996 年 5 月 15 日批准《公约》，是世界上第 93 个批准该《公约》的国家。

《公约》的正式生效，标志着国际海洋新秩序开始建立。经过 20 多年酝酿、协商、斗争、妥协而制定的《公约》有效地平衡了各国在和平利用国际海上要道，有效开发和养护海洋生物资源，公平划分海域的疆界，以及和平解决海洋争端等重要方面的利益需求，使世界政治地理格局发生了巨大的变化。这次以国际组织立法形式出现的“蓝色圈地运动”将地球表面 36% 的海面变成了沿海国家的内水或管辖区，世界公海的面积因此缩小了近 1.3 亿平方千米（海洋总面积为 3.6 亿平方千米），一些海岸线长或岛屿多的国家受惠最多。《公约》的生效，引起了世界范围内海洋区域的重新划定，更加激起各国对其海洋权益的维护活动，因此，《公约》的生效，也拉开了新一轮海洋争夺的序幕。

1.1.2 《公约》确立的主要制度

《公约》编纂国际海洋法的习惯规则，规定了 12 海里领海宽度，肯定了 200 海里专属经济区制度，确定了沿海国对大陆架的自然资源的主权权利。《公约》明确宣布，国家管辖范围以外的海床和洋底区域及其底土以及该区域的资源为人类的共同继承财产，其勘探和开发应为全人类的利益而进行。《公约》创设了如下制度（图 1.1）。

（1）领海制度

规定沿海国的领海宽度为自按照《公约》确定的基线量起不超过 12 海里的界限为止。沿海国对领海范围内具有完全的、排他性的主权，并且涉及领海的上空及其海床和底土。

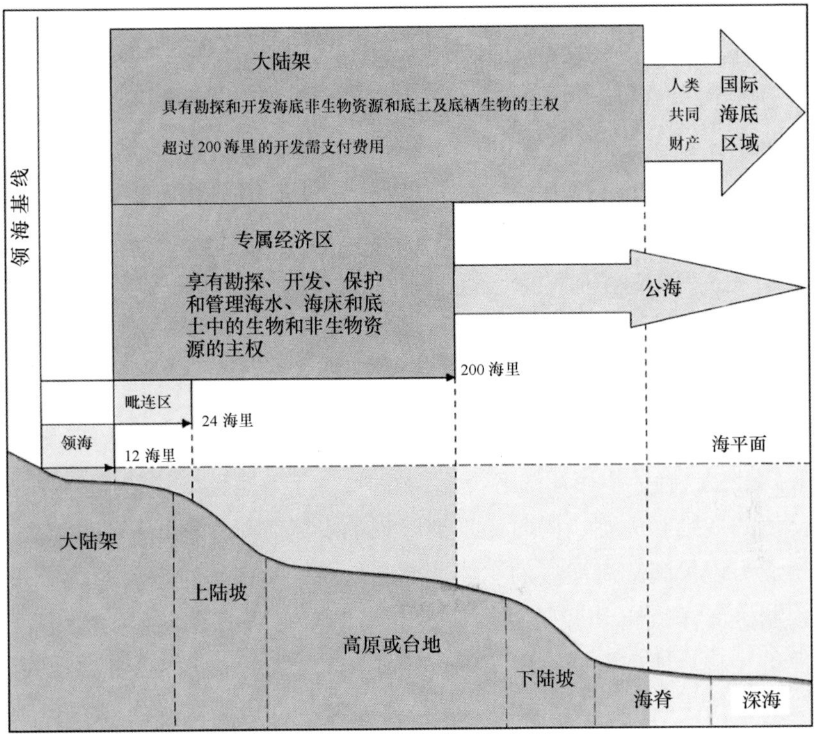

图 1.1 《联合国海洋法公约》制度下的各种海洋区域（吕文正等，2012）

（2）毗连区制度

确立沿海国拥有建立从测算领海宽度的基线量起不超过 24 海里的毗连区权利，沿海国在毗连区内行使有关海关、财政、移民和卫生的主权权利。

（3）专属经济区制度

规定了沿海国专属经济区宽度从测算领海宽度的基线量起不超过 200 海里，沿海国在该区域享有资源主权权利，并对环保、科研和人工岛屿享有管辖权。

（4）大陆架制度

在 1958 年《大陆架公约》的基础上，根据沿海国国际形势的新发展，《公约》规定沿海国的大陆架包括其领海以外依其陆地领土的全部自然延伸，扩展到大陆边外缘的海底区域的海床和底土，对于从测算领海宽度的基线量起到大陆边的外缘的距离不到 200 海里的窄大陆架国家，则扩展到 200 海里的距离，而对于超过 200 海里的宽大陆架国家，则根据《公约》第七十六条规定的两条公式线和两条限制线来划定大陆架外部界限。

（5）国际航行的海峡过境通行制度

规定了用于国际航行的海峡的通过制度，但这种通过制度不应在其他方面影响构成这种海峡的水域的法律地位，或影响海峡沿岸国对这种水域及其上空、海床和底土行使其主权或管辖权。

（6）国际海底区域制度

首次规定了国家管辖以外的海床及其底土为全人类共有的国际“区域”制度，“区域”内的资源为全人类的共同财产，任何国家、组织和个人都不应将“区域”或其资源的任何部分据为己有。

（7）有关海洋环境保护、海洋科学研究以及海洋争端解决的相关制度。

1.1.3　《公约》对海洋秩序的影响

《公约》对世界的影响是全方位的，包括政治、经济、军事、文化以及空间利用等。《公约》包括了海洋法各方面的事项，广泛地吸取了传统海洋法中一些有现实价值的规则和原则；同时还根据时代的发展变化，提出了许多海洋法新概念。它已成为现代国际海洋法的主要渊源和权威性文件，对世界各国开发利用海洋资源、制定海洋战略和政策、参与国际海洋事务等海洋实践产生了深刻的影响；它使世界政治地理格局发生了巨大的变化，使世界海洋及其资源的和平利用出现了新的平衡。《公约》已被国际社会普遍接受并成为国际海洋行为的“游戏规则”，国际舆论认为《公约》是当代国际法发展的里程碑。《公约》对海洋秩序产生的影响，主要表现如下。

（1）世界政治地理格局发生了巨大的变化

《公约》明确确定了领海的宽度可达 12 海里、毗连区宽度可以延伸至 24 海里，还确定了 200 海里专属经济区，大陆架为沿海国陆地领土的全部自然延伸等。从而大大突破了传统海域的概念，特别是大陆架、专属经济区制度突破了“领海之外即公海”的海洋法规则，致使 3.61 亿平方千米的海洋表面中的 1.09 亿平方千米海域将被划归沿海国管辖，占到海洋面积的 30.3%（倪征，1998），从而大大地缩小了公海总面积。加之各国依据《公约》重新划定自己的管辖海域，使得整个海洋的格局发生了重大变化。在这次海洋利益大调整中，那些海岸线长和岛域多的国家得到了较大的实惠，例如：美国、法国、印度尼西亚、新西兰、澳大利亚、俄罗斯和日本等国（倪健中，1997）。

（2）引起了世界范围内的“海洋土地革命”

《公约》的生效，引起了世界范围内海洋区域的“重新划定”，更加激起各国对其海洋权益的维护，同时也出现了国家海域争端和渔业纠纷骤然增多（慕亚平等，1999）。由于《公约》中扩大了各个国家管辖范围区域的宽度，从而使得海上陆地领土显得尤为重要：假使拥有一个不起眼的小岛，便可拥有以它为圆心，12 海里为半径，面积达 1 550 平方千米的领海，进而有了以它为圆心，以 200 海里为半径，面积达43 万平方千米的专属经济区。致使不少国家卷入了对海洋上岛屿、礁石的空前激烈的争夺。

（3）引发了开发海洋的新热潮

《公约》的生效，拉开了海洋世纪的序幕。开发海洋、发展海洋经济成了世界性趋势和各国的战略。沿海国家竞相提出海洋发展战略，出台了各具特色的海洋开发计划。迄今，以英、美为代表的发达国家已经建立了结构庞大的海洋产业群。它们突破了以海洋渔业、盐业、运输业为主的三大海洋传统产业，建立了海洋油气开采、海水养殖和海洋娱乐业为主的新兴海洋产业以及海水资源利用、海洋能利用、海底矿物开采和海洋生物资源开发为主要内容的海洋高科技产业。广大发展中国家也加大海洋开发力度，并力争建立科学合理的海洋开发体系。

《公约》所建立的海洋法律制度首次对国家海洋权益进行了系统、全面和明确的规定，为沿海国开发利用海洋、有效管理海洋提供了机遇。然而，《公约》又是各国利益折中的妥协产物，各种新制度新概念丛生，各国利益不同，对《公约》的解释和适用不同，势必带来更多的矛盾和争端。而《公约》制定的大陆架制度更是由于涉及复杂的科学与法律概念，在实际操作中也引发了一系列问题和争议。

1.2 《公约》的大陆架制度

1.2.1 《公约》大陆架制度建立的背景

大陆架原本是一个纯粹的地质地理学概念，通常是指从海岸起在海水下向外延伸的一个地势平缓的海底地区的海床及底土，在陆架范围内，海水深度一般不超过 200 米，海床坡度很小，一般不超过 1/10 度。世界陆架的总面积超过 270 万平方千米，占海洋总面积的 7.6%，相当于整个陆地面积的 18%。从 20 世纪中叶开始，随着科学技术的发展，人类开发利用海洋资源成为可能。大陆架作为蕴藏资源丰富及开采相对便利的海域，加之其所具有的重要军事意义，逐渐成为世界各国在海洋中争夺的焦点之一，也随之出现了大陆架划界问题。

大陆架正式成为一个法律概念是在 1945 年美国发表《杜鲁门公告》之后。《杜鲁门公告》声称："大陆架延伸至他国海岸或与邻国共处于同一大陆架的情况下，边界应由美国与有关国家按照公平原则予以确定"。后来国际法院据此认为，《杜鲁门公告》包含了两个概念，即通过相互协议划界和按照公平原则划界，这两个概念构成其后划界问题上的“整个历史的基础”（国家海洋局政策研究室，1989）。

大陆架的概念产生初期，相应的法律框架还未成型，对于大陆架争端所做的法理分析以及制度设计都不充分，在研究和解决与大陆架有关的问题时，受传统海域的法律规则影响很深。因此，国际法委员会在研究大陆架划界问题时，接受了由水文地理学家组成的专家委员会的建议，把适用于领海划界的等距离方法，类推适用于大陆架划界，最终纳入 1958 年《大陆架公约》第 6 条（袁古洁，2001）。

随着科学技术的不断进步和深海矿产资源勘探的不断深入，沿海国已不满足 200 米水深的管辖权限制，希望改变这一现状，扩大可管辖的范围。与此同时，北海大陆架争端的出现，给了国际法院一个契机，使之得以专门对大陆架的法律制度进行整理、解释与澄清。

北海大陆架案之后，第三次联合国国际海洋法会议于 1973 年 12 月揭幕，经过 9 年的磋商，于 1982 年 4 月制定了《公约》。《公约》规定沿海国的大陆架包括其领海以外依其陆地领土的全部自然延伸，扩展到大陆边外缘的海底区域的海床和底土，对于从测算领海宽度的基线量起到大陆边的外缘的距离不到 200 海里的窄大陆架国家，则扩展到 200 海里的距离，而对于超过 200 海里的宽大陆架国家，则根据《公约》第七十六条规定的两条公式线和两条限制线来划定其大陆架的外部界限。

实际上，《公约》也并未能从根本上解决矛盾，尤其是其第八十三条对划界所作的原则规定，被指责太过模糊（T. Scovazzi，2000）。所以《公约》的诞生，并不意味着构建国际海洋法制度的任务已经完成，而仅仅意味着开端。此后 30 多年来，大量的国际法院或仲裁庭的判例以及国家的划界实践，都继续着构建这一制度的工作。

1.2.2 《公约》大陆架制度的定义

根据《公约》第七十六条对法律大陆架的定义如下。

第七十六条　大陆架的定义

1. 沿海国的大陆架包括其领海以外依其陆地领土的全部自然延伸，扩展到大陆边外缘的海底区域的海床和底土，如果从测算领海宽度的基线量起到大陆边的外缘的距离不到二百海里，则扩展到二百海里的距离。

2. 沿海国的大陆架不应扩展到第 4 至第 6 款所规定的界限以外。

3. 大陆边包括沿海国陆块没入水中的延伸部分，由陆架、陆坡和陆基的海床和底土构成，它不包括深洋洋底及其洋脊，也不包括其底土。

4.

（a）为本公约的目的，在大陆边从测算领海宽度的基线量起超过二百海里的任何情形下，沿海国应以下列两种方式之一，划定大陆边的外缘：

（1）按照第7款，以最外各定点为准划定界线，每一定点上沉积岩厚度至少为从该点至大陆坡脚最短距离的百分之一；或

（2）按照第7款，以离大陆坡脚的距离不超过六十海里的各定点为准划定界线。

（b）在没有相反证明的情形下，大陆坡脚应定为大陆坡坡底坡度变动最大之点。

5. 组成按照第4款（a）项（1）和（2）目划定的大陆架在海床上的外部界线各定点，不应超过从测算领海宽度的基线量起三百五十海里，或不应超过连接二千五百公尺深度各点的二千五百公尺等深线一百海里。

6. 虽有第5款的规定，在海底洋脊上的大陆架外部界限不应超过从测算领海宽度的基线量起三百五十海里。本款规定不适用于作为大陆边自然构成部分的海台、海隆、海峰、暗滩和坡尖等海底高地。

7. 沿海国的大陆架如从测算领海宽度的基线量起超过二百海里，应连接以经纬度坐标标出的各定点划出长度各不超过六十海里的若干直线，划定其大陆架的外部界限。

8. 从测算领海宽度的基线量起二百海里以外大陆架界限的情报应由沿海国提交根据附件二在公平地区代表制基础上成立的大陆架界限委员会。委员会应就有关划定大陆架外部界限的事项向沿海国提出建议，沿海国在这些建议的基础上划定的大陆架界限应有确定性和拘束力。

9. 沿海国应将永久标明其大陆架外部界限的海图和有关情报，包括大地基准点，交存于联合国秘书长。秘书长应将这些情报妥为公布。

10. 本条的规定不妨害海岸相向或相邻国家间大陆架界限划定的问题。

1.2.3 《公约》大陆架制度的影响

《公约》第七十七条明确规定了沿海国对大陆架的权利。

第七十七条 沿海国对大陆架的权利

1. 沿海国为勘探大陆架和开发其自然资源的目的，对大陆架行使主权权利。

2. 第1款所指的权利是专属性的，即：如果沿海国不勘探大陆架或开发其自然资源，任何人未经沿海国明示同意，均不得从事这种活动。

3. 沿海国对大陆架的权利并不取决于有效或象征的占领或任何明文公告。

4. 本部分所指的自然资源包括海床和底土的矿物和其他非生物资源，以及属于定居种的生物，即在可捕捞阶段在海床上或海床下不能移动或其躯体须与海床或底土保持接触才能移动的生物。

1982 年《公约》确立的大陆架制度和《公约》新建立的专属经济区制度一起，成为沿海国划分海洋权利的法律依据。由于大陆架海底蕴藏有丰富石油、天然气资源，200 海里经济专属区和大陆架外部界限的划定对于沿海国的利益和未来发展有着至关重要的作用。大陆架制度主要关注的是对非生物资源（尤其是海床中的石油、天然气和深海矿产资源）的管辖和开发，关系到各国的重大利益。由于大陆架外部界限是沿海国有主权管辖权利海域的最外界限，因此，根据《公约》开展大陆架划界是沿海国面临的重大机遇，大部分沿海国都在《公约》的框架下最大限度地争取和扩展大陆架范围，使本国的海洋权益最大化，从而引发了新一轮的“蓝色圈地运动”。一方面，各沿海国都加大对本国大陆边缘的基本地质特征的勘测和研究，极大地推动了大陆边缘的科学研究；另一方面，对《公约》第七十六条的应用实践也不断突破而日益复杂。

1.3 大陆架划界原则

大陆架是沿海国重要的国家管辖海洋区域之一，《公约》所规定的有关大陆架的一整套法律制度，是对大陆架法律制度产生以来的总结和发展，其中关于大陆架划界的规定在当前的国际实践中具有重要意义。其中涉及大陆架划界的几个原则问题，如自然延伸原则、公平原则等尤其具有深远影响。

1.3.1 自然延伸原则是确定大陆架外部界限的主要依据

《公约》关于大陆架制度规定的显著特点之一，是肯定了自然延伸原则作为建立整个大陆架法律制度的基础，自然延伸原则在大陆架划界中具有不容忽视的意义，因此，在探讨大陆架划界规定的有关原则问题时，首先要考察自然延伸原则。所谓“自然延伸”一词，原是地理、地质学上的术语，是用以描述大陆架地理状况、地质构造的自然实际情况。但在大陆架由一个地理、地质学上的概念演变成一个法律概念时，“自然延伸”也随之被作为论证大陆架法律制度的一项重要原则。

在第二次世界大战以前，大陆架被视为公海海底的一部分，是不能由任何国家加以占领的，因此，以前自然延伸的概念在大陆架概念中并不存在。自然延伸在大陆架概念中的重要地位被首次提出是在 1945 年美国发布的《杜鲁门公告》。该《公告》宣布："处于公海之下但毗连美国海岸的大陆架的底土和海床的自然资源属于美国，受美国的管辖和控制"。美国的这一大陆架主张，在客观上符合许多国家，特别是中小国家保护和控制本国沿海自然资源的要求，因此，成为许多国家效法的榜样。据统计，截至 1958 年第一次联合国海洋法会议召开时，约有 35 个国家宣布了自己的大陆架。它们一致认为大陆架尽管被水淹没，但仍然是大陆的一部分，与大陆保持着一种连续不断的接触关系。这种关系反映到法律上，就是海底区域实际上可以被视为该国领土的延长或延续，即其在水下的延伸。这样，国家对大陆架的权利就有了坚实的法理基础，大陆架就包括在国家管辖范围之内。大陆架法律制度发展初期的国家主张中的自然延伸原则，在其后的一系列国际公约、国家实践、司法判例和学者意见中得到了明确和广泛的认可。

1969 年，北海大陆架划界案可以认为是自然延伸原则在海域划界发展史上的一个重要的里程碑。该案是国际法院审理的第一个大陆架划界争端案，它对随后的划界实践、联合国第三次海洋法会议关于大陆架划界问题的讨论以及 1982 年《公约》划界条款的制定都产生了巨大的影响。该案是前联邦德国、荷兰、丹麦因缔结大陆架划界协定后产生纠纷，最终三国决定将争端提交国际法院审理，要求法院确定划分三国之间大陆架边界应适用的国际法原则和准则。最终国际法院作出的判决书中明确表明自然延伸原则是大陆架划界的最根本原则。随后 1977 年英法大陆架划界案再次肯定了自然延伸原则的基本地位，认为任何国家的大陆架必须是陆地领土的自然延伸，而且一国大陆架的自然延伸不应侵害另一国大陆架的自然延伸。划界问题之所以产生，是因为两个或两个以上国家在海底共享同一大陆架，可见，仲裁法庭认为大陆架划界的前提和基础仍然是自然延伸原则。

1982 年《公约》也明确采纳了自然延伸的概念。其中第七十六条规定："大陆架是沿海国陆地领土自然延伸到大陆边外缘的海底区域的海床和底土。大陆边由陆架、陆坡和陆基的海床和底土构成，但不包括深海海底及其洋脊，也不包括其底土。在自然延伸到大陆边外缘的距离不足二百海里时，沿海国可享有二百海里的大陆架。如果超过二百海里，则不得延伸到大陆边外缘的地方，最大为从领海基线起三百五十海里或两千五百公尺等深线一百海里。"据此不难看出自然延伸原则已取得国际法基本法律原则的地位，成为大陆架划界的一个基本原则。

但是，对于大陆架划界中自然延伸原则的适用是有一定的限制的，必须得证明该海底区域属于其陆地领土的自然延伸。根据《公约》第七十六条的规定，一个国家法律意义上的大陆架包括地理学上的陆架、陆坡和陆基。大陆架作为一个海底区域在地形上与陆地之间是连续的，在地质特征上具有一致性。相反，如果某一特定的海底区域被一定的地质构造（如海槽、海沟等）所分隔，那便不能认为是邻近国家陆地领土的自然延伸。因此，在确定一国陆地领土在水下的自然延伸范围时，就要充分考虑到这种地形和地质上的联系，如果一国的大陆架被地质意义上的断裂带分隔，就应该认为是其自然延伸的中断。

1.3.2 公平原则是大陆架划界的目的

公平原则的观念出现在海域划界中，最早可以追溯到 1909 年的瑞典与挪威的格里斯巴丹那划界案。而大陆架划界中的公平原则是同大陆架法律概念同时产生的。1945 年 9 月 28 日的《杜鲁门公告》宣称：“大陆架延伸至他国海岸或与邻国共处于同一大陆架的情况下，边界应由美国与有关国家按照公平原则予以确定。”其后，许多国家在提出本国大陆架主张的同时，宣称按照公平原则划分同邻国的大陆架界线。在第三次联合国海洋法会议上，公平原则受到了等距离原则的挑战，坚持等距离原则的国家认为，公平原则是一个抽象的概念，是“没有原则的原则”，而等距离原则本身就是公平的；而坚持公平原则的国家则认为，等距离不能构成海洋划界的原则，等距离只是一种划界方法，国际划界实践已经承认公平原则。双方经过激烈的论战最终达成一项妥协的产物，通过了《公约》第八十三条第 1 款的内容：“海岸相向或相邻国家间大陆架的界线，应在《国际法院规约》第三十八条所指国际法的基础上以协议划定，以便得到公平解决。”这一条款包含了三个要素，构成了海岸相向或相邻国家间大陆架划界的基本原则：划界应当首先采取协议方式划定；应当在国际法的基础上；应达到公平解决的目的。虽然条文中没有明确提出公平原则，但是“以便得到公平解决”的规定应当理解为任何划界方式都必须是能够提供公平的解决办法，产生公平的结果，否则就不符合条文的规定，这一点是与公平原则相符合的。

公平原则被用作国际法院的判案依据以及被引入到国际海洋划界中是从 1969 年北海大陆架划界案开始的。虽然早在 1945 年《杜鲁门公告》中美国就提出按照“公平原则”划分同邻国的大陆架边界，但它并没有明确“公平原则”的确切含义。此后，公平原则这一表述尽管出现在一些国家的国内立法和声明中，但与《杜鲁门公告》一样，它们都没有对其含义进行进一步说明和阐述。国际法委员会在审议有关大陆架划界的条款中也从未提及公平原则，1958 年《大陆架公约》也未加以任何规定。只有在北海大陆架案中，国际法院才首次明确指出划界应通过协议，按照公平原则，并考虑到所有相关情况，如地质因素、地理因素、矿藏的统一性和比例因素等。

在随后的1982年突尼斯－利比亚案中，由于受《联合国海洋法公约草案》中关于大陆架和专属经济区划界应实现“公平解决”规定的影响，国际法院开始将公平原则作为划界规则的出发点，尽管国际法院当时仍然认为自然延伸是沿海国对大陆架划界的基本原则，但法院开始把自然延伸限制在广义上确定沿海国权利的范围，法院认为当确定一国和其邻国权利间的确切界线时，仅单独考虑自然延伸原则是不够的，甚至是不恰当的。因此，法院开始把自然延伸原则与公平原则分开来考虑对大陆架的划界。这样，公平原则就脱离了自然延伸原则的表面制约，从而成为了国际法院用以海洋划界的一个独立的原则。

尽管公平原则已为许多国家所确认，但由于公平原则比较抽象，因此，在具体适用时还需使其更加具体化、系统化。在适用公平原则解决划界争端时还必须考虑当事国之间海域划界时存在的一些特殊情况，包括岛屿的存在、海岸线的长短、历史性权利、自然资源、当事国的行为、第三国的利益、安全因素等，只有这样才能使公平原则真正发挥效用。

1.4 外大陆架划界的技术方法

1.4.1 《公约》第七十六条关于划定大陆架外部界限的规定

沿海国200海里以外大陆架外部界限的确定（以下简称“外大陆架划界”）方法集中体现在《公约》第七十六条中。第七十六条的10个条款详细规定了沿海国向大陆架界限委员会提交的200海里以外大陆架外部界限的确定方法。对于《公约》第七十六条相关条款的分析有助于我们更进一步的了解划界的方法和原则。

（1）第1款和第3款

第七十六条第1款、第3款规定了大陆架定义的要素。

1. 沿海国的大陆架包括其领海以外依其陆地领土的全部自然延伸，扩展到大陆边外缘的海底区域的海床和底土，如果从测算领海宽度的基线量起到大陆边的外缘的距离不到二百海里，则扩展到二百海里的距离。

3. 大陆边包括沿海国陆块没入水中的延伸部分，由陆架、陆坡和陆基的海床和底土构成，它不包括深洋洋底及其洋脊，也不包括其底土。

第3款定义了大陆边。同时该条款“重申了大陆架的法律概念及其与自然延伸的客观事实联系”。这个延伸必须是“陆架、陆坡和陆基”，也就是大陆边。如果不是大陆边，则不受沿海国主权约束。

（2）第 2 款和第 4 款

根据第 2 款的规定，沿海国扩展大陆架不能超过第七十六条第 4 ~ 第 6 款所描述的界限，该部分仅适用大陆架超过二百海里的情况。

2. 沿海国的大陆架不应扩展到第 4 至第 6 款所规定的界限以外。

这一条规定仅适用大陆架超过 200 海里的情况，即界定 200 海里以外大陆架外部界限的 2 条公式线和 2 条制约线。

4.

（a）为本《公约》的目的，在大陆边从测算领海宽度的基线量起超过二百海里的任何情形下，沿海国应以下列两种方式之一，划定大陆边的外缘：

（1）按照第 7 款，以最外各定点为准划定界线，每一定点上沉积岩厚度至少为从该点至大陆坡脚最短距离的百分之一；或

（2）按照第 7 款，以离大陆坡脚的距离不超过六十海里的各定点为准划定界线。

（b）在没有相反证明的情形下，大陆坡脚应定为大陆坡坡底坡度变动最大之点。

第 4 款（b）项所规定是各沿海国如何确定大陆坡脚。沿海国可以在其大陆架的某些位置适用条款 4（a）（1），而在其他位置适用条款 4（a）（2），以最大化其主张。这和国际法中的大陆架理论是一致的，也就是说，不管沿海国先前有没有做过主张，大陆架均属于该沿海国，它不受其他国家的主权约束，但受相邻或相向国家间界限划分的影响。确定大陆坡脚的基本法则是通过大陆坡坡底坡度变化最大的点来确定。在陆坡基部存在多个复杂坡度变化最大之点情况下，由于难以确定大陆坡脚点时可采用“相反证据”方法来确定大陆坡脚，即除了考虑海底地形形态特征外，还可以根据划界海域的地质特征来确定大陆坡脚。

第 4 款（a）项提出了界定 200 海里以外大陆架的两条公式线，本款是沿海国是否具有 200 海里以外大陆架的权利基础，也就是说，只要这两条公式线超出了 200 海里，就表明该沿海国具有 200 海里的扩展大陆架，通过了从属权利的检验；否则，该沿海国就只有 200 海里的大陆架。

其中（a）项（1）提出的沉积物厚度公式是以陆基上最外各定点为准划定界线，每一定点上沉积岩厚度至少为从该点至大陆坡脚最短距离的 1%。因此，如果适用该公式在离大陆坡脚 X 千米的地方，其沉积物的厚度一定是 0.01X 千米。该公式也称“爱尔兰公式”，最初是由爱尔兰代表团的地质学家 P. R. Gardiner 提出，该公式的目的是确保沿海国的主权能扩展至大陆基主要部分，在那里有望赋存重要的石油、天然气等碳氢化合物资源。《公约》第七十六条未提及的、与上述标准例外的情况，包含在“关于使用一种特定方法划定大陆

边外缘的谅解声明”中，这个“谅解声明”主要是针对孟加拉湾部分区域的特殊情况，因为该区域分布着具有巨厚沉积层且延伸范围很大的深海沉积扇。

第4款（a）项（2）提出的公式，也称为“海登堡公式”，该公式提出大陆边的外缘是以离大陆坡脚不超过六十海里的各定点的连线所确定。两个公式可以兼用，如果兼用两条公式线，它们的外部包络线就决定了大陆架权利的最大范围。

（3）第5款

5. 组成按照第4款（a）项（1）和（2）划定的大陆架在海床上的外部界线各定点，不应超过从测算领海宽度的基线量起三百五十海里，或不应超过连接二千五百公尺深度各点的二千五百公尺等深线一百海里。

这一款规定了划定二百海里以外大陆架界线的两条制约线，组成按照第4款（a）项（1）和（2）划定的大陆架在海床上的外部界限的各定点，不应超过：

①参照各定点从测算领海宽度的基线量起距离为350海里之处划的线；或

②参照各定点从2 500米等深线量起距离为100海里之处划的线。

而关于2 500米等深线的划定，也分为两种情况：当等深线比较简单时，2 500米等深线可以直接确定；当等深线复杂或有多条等深线时，例如，沿大陆边缘的断层、褶皱和仰冲作用可产生多个2 500米等深线。除非有相反证据，在这种情况下，委员会建议使用从领海基线算起的第一条2 500米等深线作为参考等深线。

（4）第6款

6. 虽有第5款的规定，在海底洋脊上的大陆架外部界限不应超过从测算领海宽度的基线量起三百五十海里。本款规定不适用于作为大陆边自然构成部分的海台、海隆、海峰、暗滩和坡尖等海底高地。

这一款和第3款联合起来，规定了对不同类型的洋脊有不同的大陆架延伸范围的限制，即① 深洋洋脊（第七十六条第3款），最远可划至200海里；

②海底洋脊（第七十六条第6款），最远可划至350海里；

③海底高地（第七十六条第6款），最远可划至2 500米等深线加上100海里。

《公约》未对洋脊的三种概念给出明确的界定，造成沿海国运用和解释这些概念时出现了很大的模糊和弹性空间（方银霞等，2006）。

（5）第7款

7. 沿海国的大陆架如从测算领海宽度的基线量起超过二百海里，应连接以经纬度坐标标出的各定点划出长度各不超过六十海里的若干直线，划定其大陆架的外部界限。

这一条款有助于降低定义的复杂性，它提出了沿海国在计划进行大陆边研究时，可能要加以考虑的最低要求。因此，大陆架外部界限不必精确遵循大陆架构造中的某些细节特征或锯齿状特征。

（6）第 8 款

8. 从测算领海宽度的基线量起二百海里以外大陆架界限的情报应由沿海国提交根据附件二在公平地区代表制基础上成立的大陆架界限委员会。委员会应就有关划定大陆架外部界限的事项向沿海国提出建议，沿海国在这些建议的基础上划定的大陆架界限应有确定性和拘束力。

考虑到第七十六条的复杂性和运用各条款的连贯性，以及沿海国对主权权利的敏感性，会议磋商者们决定成立一个具有建议能力的委员会——大陆架界限委员会，并避免使大陆架外部界限的确定卷入强制性的、带有拘束力的第三方争端解决程序。因此，一个由委员会审议、咨询和建议的过程对国际社会来说是可以接受的。委员会的职责不是要划定各沿海国大陆架的外部界限，那是沿海国自己的工作。但根据《公约》附件二的规定，委员会负责审议沿海国提交的大陆架外部界限划界案主张是否是该国陆地领土的自然延伸；是否存在陆地领土和海洋划界争端；以及是否满足《公约》和委员会《大陆架界限委员会科学和技术准则》的技术要求，完成该划界案审议后提出委员会建议。《公约》第七十六条第 8 款里规定“沿海国在这些建议的基础上划定的大陆架界限应有确定性和拘束力”。因此沿海国只有在接受委员会审议建议的基础上建立的大陆架外部界限才是一条合法的固定界限。

如果委员会不同意沿海国提交划界案确定的大陆架外部界限，沿海国应根据委员会的建议提交修正划界案。理论上，这个程序可以无限地进行下去。

（7）第 9 款

9. 沿海国应将永久标明其大陆架外部界限的海图和有关情报，包括大地基准点，交存于联合国秘书长。秘书长应将这些情报妥为公布。

（8）第 10 款

10. 本条的规定不妨害海岸相向或相邻国家间大陆架界限划定的问题。

这种海岸相向或相邻国家间大陆架外部界限的划定，在《公约》第八十三条有所述，“委员会的议事规则”附件一也为避免出现这种妨害提出了指导意见。

1.4.2 外大陆架划界的基本程序

如上所述，为了确定《公约》第七十六条是否适用，如果适用又应如何应用，这就要求沿海国在一定的精度范围和技术参数内去识别其大陆边的地形地貌特征和地质构造特征。所要求的资料主要包括：

①领海基线；

②从领海基线量起的 200 海里界线；

③大陆坡脚（大陆坡坡底坡度变动最大之点）；

④沉积岩厚度与到大陆坡脚的距离比率等于 1% 的各定点；

⑤大陆坡脚向海 60 海里处的各定点；

⑥从领海基线量起 350 海里的界线；

⑦2 500 米等深线；

⑧从 2 500 米等深线量起的 100 海里界线；

⑨考虑相邻和相向国家的大陆架界线。

为帮助沿海国确定 200 海里以外大陆架界限，委员会在《大陆架界限委员会科学与技术准则》（以下简称《科学与技术准则》）附件二中，以图解说明 200 海里以外大陆架划界的技术流程，沿海国可根据这些流程，划定其 200 海里以外大陆架的外部界限。该流程包括了沿海国划定 200 海里以外大陆架外部界限的一般步骤以及委员会审议划界案的过程（图 1.2）。

沿海国为划定 200 海里以外大陆架外部界限，首先需要进行从属权利检验，如果沿海国有 200 海里以外大陆架，则可根据《公约》第七十六条规定的公式线、限制线等来划定大陆架的外部界限：

①距离公式线：大陆坡脚向海外扩 60 海里生成的包络线；

②沉积岩厚度公式线：该线上各点的沉积岩厚度至少为该点至大陆坡脚距离的 1%。

但按照上述两条公式线 划定的大陆架外部界限不应超过两条限制线：

①从领海基线量起 350 海里线；

②2 500 米等深线量外扩 100 海里线。

沿海国将根据这些规定划定的大陆架外部界限，应由连接以经纬度坐标标出的各定点、长度各不超过 60 海里的若干直线组成，并将大陆架外部界限资料提交委员会以供审议。

1.4.3 大陆架外部界限确定的技术方法

1.4.3.1 公式线确定方法

根据《公约》第七十六条第 4 款（a）项的规定，如果沿海国存在 200 海里以外大陆架，则可以下列两种方式划定大陆架的外部界限（简称公式线）：①以最外各定点为准划定界线，每一定点上沉积岩厚度至少为从该点至大陆坡脚最短

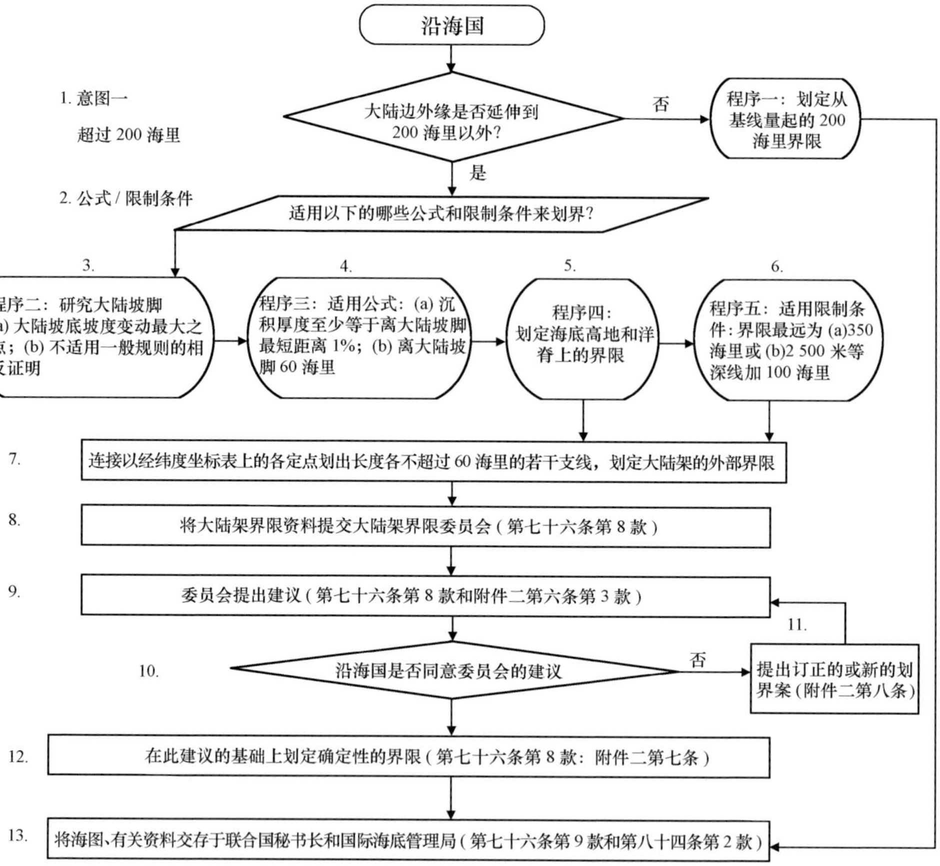

图 1.2　划定大陆架外部界限的总流程（CLCS，1998）

距离的 1%；②以离大陆坡脚的距离不超过 60 海里的各定点为准划定界线。这两个公式线被分别称为“爱尔兰公式”和“海登堡公式”，有时也习惯称为“1% 沉积物厚度线”和“大陆坡脚外推 60 海里线”。

（1）大陆坡脚及其外推 60 海里线的确定

《公约》第七十六条规定的划定 200 海里以外大陆架外部界限的两个公式线均与大陆坡脚有关。大陆坡脚是一项重要的地形特征，是划定 200 海里以外大陆架界限的基础，只有首先确定了大陆坡脚的位置，才能在此基础上进一步确定 1% 沉积物厚度线和大陆坡脚外推 60 海里线。《公约》第七十六条第 4 款（b）项规定：“在没有相反证明的情形下，大陆坡脚应定为大陆坡底坡度变动最大之点”。《科学与技术准则》5. 1. 3 指出，确定大陆坡脚的一般步骤是：首先确定大陆坡坡底的区域，再确定大陆坡坡底坡度变动最大之点的位置。

大陆坡坡底区域也称为陆坡基部。陆坡基部为陆坡下部在陆基上部消失，或在没有陆基的深洋底上部消失的区域。分两个步骤界定陆坡基部的区域，首先，应从陆基着手，朝大陆架方向寻找其向海边缘，在没有形成陆基的地方，则从深洋洋底开始。接着，应从大陆坡较低部分开始，朝陆基方向寻找其向陆边缘，在没有形成陆基的地方，则从深洋洋底开始。陆坡基部的区域往往位于陆壳和洋壳过渡区域，因此，海底地形、地貌、地质、重力、磁力、地震等资料的综合分析，是确定陆坡基部区域的重要手段。

在确定了陆坡基部的区域后，在陆坡基部区域内确定坡度变化最大点，即大陆坡脚。在确定大陆坡脚时所使用的资料为测深数据，包括单波束回声测深数据、多波束回声测深数据、测深侧扫声呐测量数据或地震反射得到的测深数据。

为便利确定陆坡基部底坡度变动最大之点的坡脚位置，根据《科学与技术准则》5.3，可对测深数据进行适当的滤波和圆滑。尽管委员会没有指定使用某一种特定的数学方面来确定大陆坡脚，但对大陆坡脚的确定，是一个二维或三维的数学问题，可以通过总曲面的确定、坡度方向的二阶导数曲面或其他基于二阶导数的分析，选定坡度变动最大点作为大陆坡脚。如果陆坡基部区域地形复杂，坡度多次变动，作为一般规则，选定坡度变动最大之点作为大陆坡脚的位置。

《公约》第七十六条第4款还提出了“相反证明”，根据这项规定，如果坡度变动最大之点的地貌证据不足以或无法可靠地确定大陆坡脚位置，沿海国可以利用其掌握的地质和地球物理证据，确定陆坡基部位置。大陆坡脚和陆坡基部是分不开的，通常接近大陆边缘，即接近大陆地壳向大洋地壳过渡的区域。因此，沿海国可以根据有关的地质、地球物理、地貌等数据，以相反证明方式，提出大陆坡脚的位置。

只要确定了大陆坡脚点，即可利用有关的GIS软件自动生成大陆坡脚外推60海里的外部包络线。

（2）1%沉积物厚度线的确定

1%沉积物厚度线，即爱尔兰公式线的确定步骤如下：

①如上所述，确定陆坡基部区域和大陆坡脚的位置；

②测量沉积物的厚度；

③确定1%沉积物厚度的定点；

④连接各定点，形成1%沉积岩厚度公式线。

确定沉积物厚度的最主要的证据是地震反射数据和地震折射数据，其中，多道地震反射数据为确定沉积厚度的最有力的证据来源，而单道反射地震数据、重力和磁力数据可作为补充证据。

利用多道反射地震数据确定沉积厚度时，其沉积层的顶界即为海底表面，委员会更认可单波束或多波束回声测深获得的水深资料作为沉积层的顶界。此外，地震外业勘查时获得的测深资料，可作为补充资料。沉积层的底界，即沉积层的基底，可以是洋壳基底，也可以是陆壳基底，或二者兼而有之。最简单的情况是，陆基的沉积物从大陆坡脚开始覆盖在整个洋壳之上。而在较为复杂的情况下，在接近坡脚的沉积层底部，可能有一个拉张减薄的大陆基底区，其沉积层包括张裂前和张裂时期的沉积层序及其上覆的裂后沉积层序。

在地震反射剖面图上，沉积层基底的顶部是一个明显的反射体，介于上覆层状沉积层与下伏基底高速度高噪声部分的两个界线分明的反射体之间。在沉积厚度很大的地区或来自基底顶部的地震信号被掩蔽的区域，可采用地震折射方法来确定基底的顶部。尽管重力和磁力数据用来确定沉积层基底顶部的误差较大，但在有冰盖或基底很深的地区，可综合采用重力和磁力数据建立模型以补充地震数据的不足。从已提交的200海里以外大陆架划界案例来看，沉积层的厚度几乎全部利用多道反射地震资料确定，并辅以其他的地质、地球物理证据。

在利用多道反射地震数据估算沉积层厚度时，首先需要进行时—深转换，需要利用速度数据建立一个沉积层的速度模型，需要把所有的速度数据组合起来，以建立地震波在沉积层序中垂直和/或横向上的传播速度的变化。为建立速度模型可采用的速度资料有：在钻孔内进行的现场速度测量、对从沉积剖面取出的岩心进行速度测量、对多道反射地震数据进行分析、对地震折射和广角反射数据进行分析。

委员会认为采用反射和折射地震数据是用以估算沉积层传播速度的有关证据的主要来源。作为补充证据，沿海国还可以提供其他形式的速度估算。在处理多道反射地震数据时，采用迪克斯方程，通过地震叠加速度得出层速度。对地震反射和广角反射数据的分析，也可用来获得各主要层的速度。

深度换算的惯常做法是将先前获得的沉积层（从海底到基底顶部）的时间剖面图乘以速度模型，得出沉积层的总厚度。随着新技术和软件的发展，一些国家选用其他的时深转换算法，委员会将考虑沿海国对其数据适用的任何深度换算法。

确定了大陆坡脚和沉积层的厚度，即可找出1%沉积物厚度的定点，各定点的连线，即为1%沉积物厚度线。同时，委员会要求1%沉积物厚度点的沉积物与大陆坡脚的沉积物是连续的，但由于距离大陆坡脚最短距离的1%沉积物厚度点是根据地震反射资料得出的，而地震剖面是二维的剖面，可能在某一个方向的剖面上沉积物是不连续的。在这种情况下，沿海国应提供更多的、不同方向的地震剖面或其他证据证明所选择的距离大陆坡脚最短距离为1%的沉积物厚度点上的沉积物与大陆坡脚的沉积物是连续的。

（3）组合公式线的确定

沿海国对200海里以外大陆架外部界限的确定，既可使用1%沉积物厚度线公式，也可使用大陆坡脚外推60海里公式，或二者同时使用。通常情况下，沿海国在其划界案中应同时确定1%沉积物厚度线（如图1.3a）和大陆坡脚外推60海里线（如图1.3b），然后生成上述2个公式线的外部包络（图1.3c），这样可以使沿海国获得最大面积或最大宽度的大陆架。

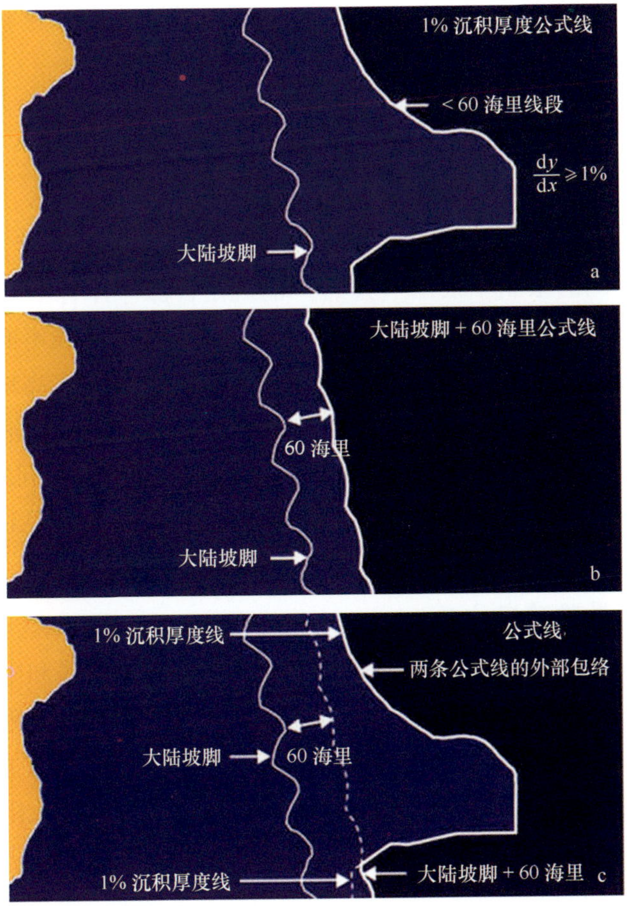

图1.3　公式线的划定及其外部包络（CLCS，1998）

1.4.3.2　限制线确定方法

《公约》第七十六条第5款对根据公式线确定的200海里以外大陆架的外部

界限的宽度做出了限制，即不得超过从测算领海宽度的基线量起350 海里（距离限制线），或不应超过连接2 500 米深度各点外扩 100 海里（深度限制线）。而对于深洋洋脊、海底洋脊和海底高地的大陆架外部界限，《公约》对其所应拥有大陆架的宽度也作了相应的限制。

对于距离限制线的确定，只要利用 GIS 及其相关软件，根据领海基点或基线生成350 海里的包络线即可（如图 1. 4a）。而对于深度限制线的确定，则需要水深资料。首先通过水深资料确定 2 500 米等深线，再根据 2 500 米等深线生成 2 500 米等深线外推 100 海里的包络线（如图 1. 4b）。委员会把单波束和多波束数据作为划定2 500 米等深线的主要证据，其他的测深、相干测扫声呐测量和地震反射得出的测深数据等可作为一般的补充资料。

利用 GIS 及相关软件，可对测深资料的三维数据进行计算，获得 2 500 米等深线。当2 500 米等深线复杂或多次重复时，可选用测量领海宽度的基线向外的第一条2 500 米等深线，但该等深线必须符合大陆边的基本地形。

对于深洋洋脊、海底洋脊和海底高地所拥有的大陆架的宽度，《公约》第七十六条作出了不同的限制。根据《公约》的规定，深洋洋脊上的岛屿或国家只能拥有200 海里的大陆架宽度，海底洋脊上的外大陆架的界线不能超过从测算领海的基线量起的350 海里，而作为大陆架自然组成部分的海底高地，则不受上述350 海里的限制。《公约》第七十六条对洋脊类型的划分，缺乏清晰、可操作的标准，使得洋脊问题成为200 海里以外大陆架划界中最复杂的问题。最终的200 海里以外大陆架外部界限的限制线，是综合距离限制线和深度限制线的外部包络（图 1. 4c）。

1. 4. 3. 3　外部界限确定方法

200 海里以外大陆架外部界限就是根据前述生成的公式线和限制线共同划定的。在确定大陆架的外部界限时，首先要确定以下几条重要的界限。

①领海基线：根据领海基线，可进一步确定从领海基线向海方向的200 海里线和350 海里线。200 海里线是判断沿海国有无200 海里以外大陆架的依据，而350 海里线是200 海里以外大陆架外部界限的限制线。

②2 500 米等深线：2 500 米等深线向海 100 海里是划定200 海里以外大陆架外部界限的限制线之一。

③大陆坡脚：确定200 海里外大陆架外部界限的 2 条公式线，均涉及大陆坡脚，或以大陆坡脚点量起，确定沉积层的厚度为距离最近大陆坡脚直线距离的1% 的定点为大陆架外部界限，或从大陆坡脚向海 60 海里为外部界限。

最终的200 海里以外大陆架外部界限的确定方法如下：

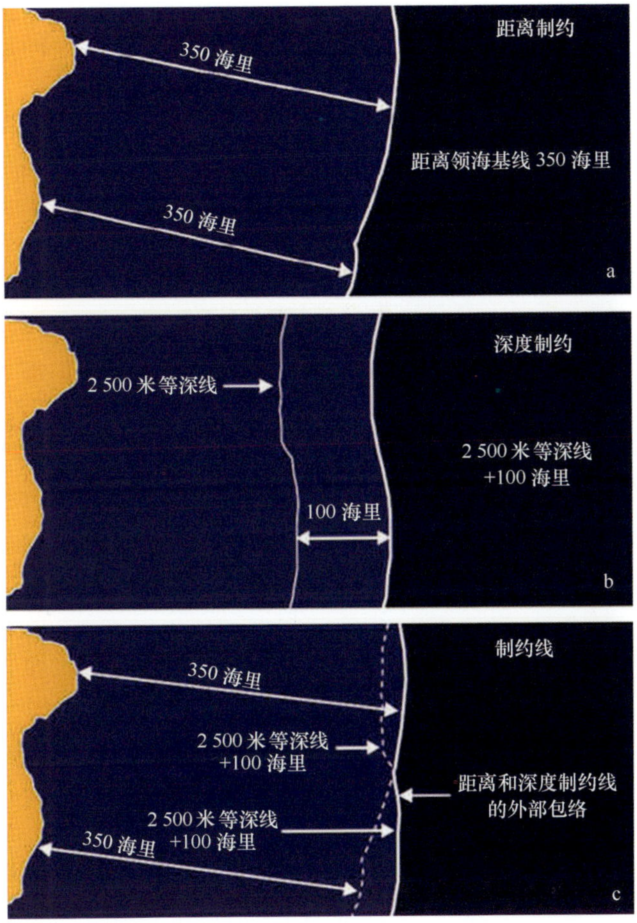

图 1.4　限制线的划定及其外部包络（CLCS，1998）

首先根据领海基点或领海基线，生成距离领海基线以外 200 海里界线；再利用多道地震反射资料生成 1% 沉积物厚度的定点和大陆坡脚加 60 海里线的外部包络，即公式线（见图 1.3 和图 1.5a）；然后，生成 2 500 米等深线外推 100 海里限制线和距离领海基线 350 海里限制线的外部包络，即生成限制线（见图 1.4 和 1.5b）。而最终的 200 海里以外大陆架的外部界限，是如图 1.3 和图 1.4 综合形成的公式线和限制线的内部包络（图 1.5c）。根据《公约》第七十六条第 7 款的规定，最终形成的 200 海里以外大陆架的外部界限，由长度各不超过 60 海里的直线段组成。

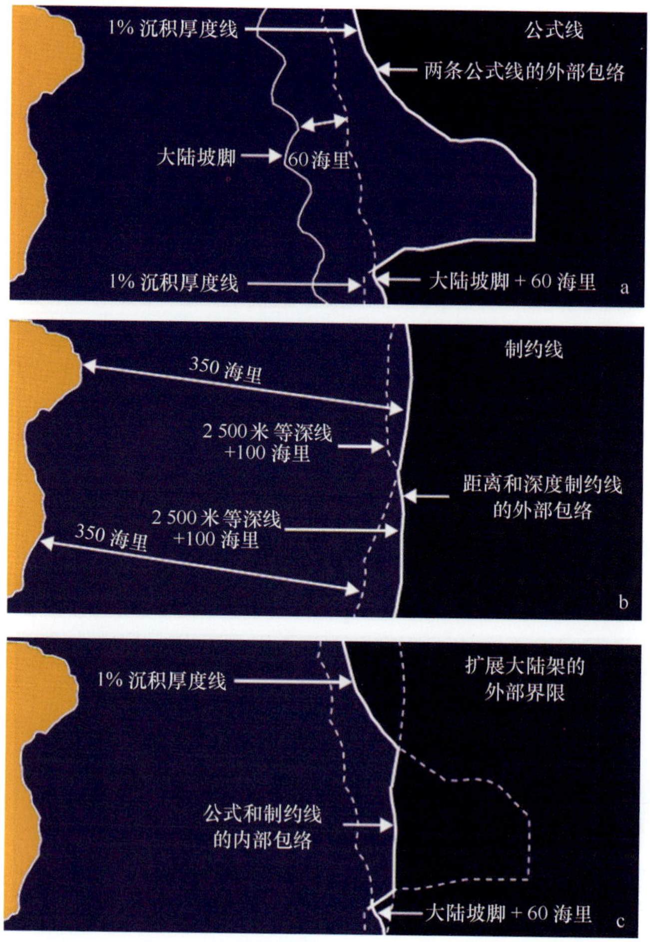

图 1.5　根据公式线和限制线划定的大陆架外部界限（CLCS，1998）

1.5　沿海国外大陆架划界面临的挑战

1.5.1　外大陆架划界的发展历程

《公约》规定，沿海国的大陆架包括陆地领土的全部自然延伸，其范围扩展到大陆边缘的外缘海底区域。沿海国扩展延伸大陆架，如果从领海基线量起，大陆架宽度不足 200 海里可扩展到 200 海里，如果超过 200 海里，则可以主张 200 海里以外的大陆架。对外大陆架提出权利要求的沿海国，必须根据《公约》第七十六条所规定的一系列科学技术标准编制关于划定其外大陆架外部界限的划界案，提交给委员会并由联合国秘书长妥为公布。根据《公约》附件二有关规定，沿海国在委员会建议基础上建立的大陆架外部界限才是最终的和固定的。因此，沿海国如果要主张 200 海里以外的大陆架，就必须向联合国提交其划界案。

大陆架界限委员会成立于 1997 年 3 月，是为了执行《公约》第七十六条的规定设立的国际机构，其职责和权限主要包括以下两个方面：①审议沿海国提出的关于扩展到 200 海里以外的大陆架外部界限的资料和其他材料，并按照《公约》第七十六条和 1980 年 8 月 29 日第三次联合国海洋法会议通过的谅解声明提出建议；②经有关沿海国请求，在编制申请案有关资料时，提供科学和技术咨询意见。可见委员会的主要权限为审议和建议权，负责对沿海国所划定的外大陆架外部界限是否具有充分的科学技术和法律依据进行审议，然后以“建议”的方式对沿海国提交的外大陆架主张做出认可、部分认可或否定的决定。委员会由 21 名委员组成，均为海洋地质学、地球物理学或水道测量学等方面的专家。从委员会的组成结构我们不难看出，委员会对划界案的审议主要是一个科学和技术的过程。委员会根据沿海国提交的科技数据，参照由委员会制定的关于各沿海国划定大陆架外部界限的《大陆架界限委员会议事规则》、《科学和技术准则》和《大陆架界限委员会议工作方式》对划界案进行审议。

尽管《公约》对外大陆架的扩展有了定量的划定规则，但实践证明划定大陆架外部界限的复杂性和艰巨性是制定《公约》时难以想象的。自委员会 1997 年成立以来，历经 3 年多的努力才于 1999 年 5 月讨论通过了关于沿海国划定外大陆架外部界限的《科学和技术准则》及其附件等一系列重要技术文件。《科学和技术准则》属于非约束性文件，它不构成《公约》整体的一部分，制定《科学和技术准则》的目的，一是为各沿海国提供准备各项划界案申报资料的方向和技术标准，二是对委员会根据哪些科学及技术准则来做出“建议”提出具体的说明及澄清。事实上，《科学和技术准则》已将《公约》中相关规定加以详细说明，可以视为《公约》第七十六条的执行细则。

为了使委员会能够对划界案做出建议，《科学和技术准则》详细描述了划界案可以被接受或至少足以被审议的过程、数据以及分析要求。各沿海国正不遗余力地对《科学和技术准则》进行深度的挖掘和解释，以求为本国谋取最大的海洋利益。显然，依据《公约》的规定划定 200 海里以外大陆架外部界限，是各沿海国以合法手段获取和控制大面积海洋空间的最后机会，也是新一轮“蓝色圈地”的主要手段，将对世界海洋秩序、国际政治和各国综合实力产生深远影响。划定大陆架外部界限意味着确定了沿海国管辖海域的最大范围，也圈定了属于全人类共同继承财产的国际海底区域（以下简称“区域”）的范围，将由此改变世界政治版图，因此，外大陆架划界问题已经并将持续受到国际社会的高度关注。

1.5.2 沿海国外大陆架划界进展与挑战

2001 年 12 月 20 日，俄罗斯向委员会提交其划界案，这是委员会成立以来收到的第一个划界案，该划界案涉及俄罗斯北部的北冰洋和巴伦支海，以及东部的白令海和鄂霍茨克海的外大陆架外部界限。从 2001 年俄罗斯提交的第一个划界案开始，截至 2012 年 12 月 31 日，委员会一共收到沿海国 65 份划界案和 45 份划界案初步信息，其中包括中国提交的东海部分海域的划界案（图 1.6）。我国的周边国家，包括越南、马来西亚、文莱、菲律宾、韩国和日本均先后提交了划界案或划界初步信息。其中越南和马来西亚关于南海南部的联合划界案、越南关于南海中北部的划界案、文莱和韩国的划界案初步信息均严重侵害了我国的主权、主权权利和管辖权，这些周边国家划界案的提交，使我国与周边国家大陆架划界争端表面化、白热化。

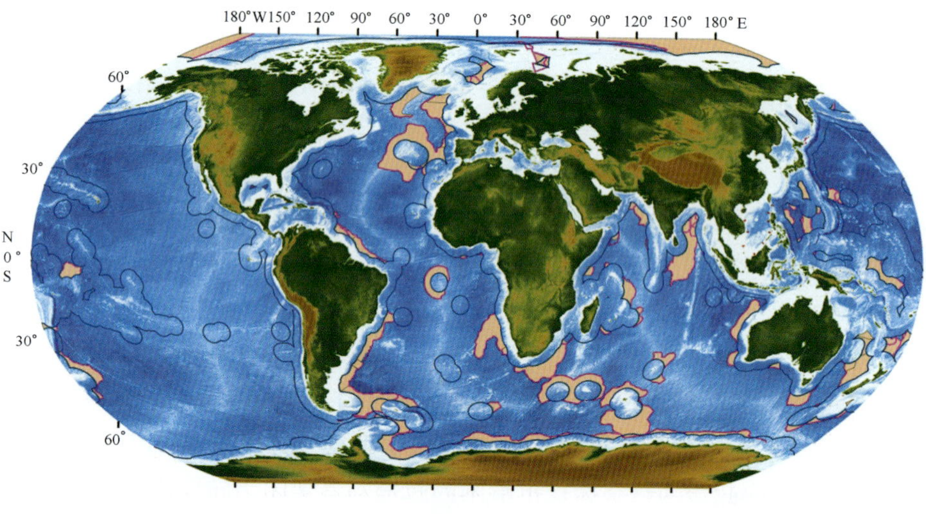

图 1.6 全球沿海国外大陆架划界形势图（资料截至 2012 - 08 - 30）

各沿海国所提交的划界案形式多样，如俄罗斯、澳大利亚、巴西、日本等国提交的是包括其周边所有海域的全部划界案；而大部分国家则是就某一海域提交的部分划界案，如法国至今已经提交 6 个部分划界案；还有的是以联合划界案的形式提交，如英国 - 爱尔兰 - 法国 - 西班牙四国联合划界案、毛里求斯 - 塞舌尔联合划界案、密克罗尼西亚 - 巴布亚新几内亚 - 所罗门群岛联合划界案、法国 -

南非联合划界案，马来西亚－越南联合划界案和图瓦卢－法国－新西兰联合划界案，他们对相互之间有重叠且未完成海洋划界的海域联合提出划界主张等。此外，尽管《南极条约》冻结了世界各国对南极陆地领土的主张，但在提交的65个划界案中仍有4个划界案涉及南极地区，分别是澳大利亚划界案，挪威关于南极领土的划界案，英国马尔维纳斯群岛、南佐治亚和南桑威奇群岛划界案和阿根廷划界案。据统计，65个划界案涉及55个国家，45个初步信息则涉及有41个国家，初步信息中也有3个是由多个国家联合提交的，分别是贝宁和多哥联合初步信息，斐济和所罗门群岛联合初步信息，斐济－所罗门群岛－瓦努阿图联合初步信息。

目前所提交的划界区域囊括了全球大陆边缘中的主动大陆边缘、被动大陆边缘和转换大陆边缘三大类，也涉及海台、洋脊、海岭、海隆、海丘等各种各样的海底高地形。从所提交的划界案来看，各国均充分利用《公约》有关条款扩展本国的大陆架管辖海域，甚至对条款有关内容进行曲解或做出利于本国的解释，最普遍的问题就是对深洋洋脊、海底洋脊与海底高地等概念提出了严重的挑战，试图对本应属于“区域”的部分海域提出主张，侵害全人类的共同利益。例如，俄罗斯划界案试图将罗蒙诺索夫洋脊和门捷列夫洋脊解释为海底高地而将其外大陆架外部界限扩展到北极点；日本划界案通过曲解《公约》有关条款，在不适合人类居住的冲之鸟礁周边海域提出大陆架主张；英国提交的阿森松岛部分划界案，则将位于洋中脊的阿森松岛认定为海底高地，试图对本应属于“区域”的部分海域提出主张。此外，巴西划界案试图利用亚马孙海底扇造成的大陆边缘地貌上的复杂性将大陆架外部界限向外扩展。

目前，大量沿海国实践和活跃的国际学术活动正不断地促进着大陆架法律制度的新发展。由于《公约》第七十六条所定义的大陆架是法律意义的大陆架，是一个科学与法律政治的结合体，也是不同政治利益集团之间妥协的产物，因此在具体操作中存在一定的复杂性。正是由于《公约》本身是个国家间利益妥协的产物，存在许多模糊之处。因此，《公约》所规定的大陆架制度，既涉及地质学、地球物理学、沉积学、测深学等许多科学技术问题，又涉及大陆架法律制度的实质内涵的扩展、大陆架划界及其与200海里专属经济区之间的关系等国际法理论问题，目前在国际上已经引发了许多争论。同时，《公约》的规定总是一般性的，而各划界海域的具体情况总是特殊的，如何在特殊的、具体的地理地质条件下适用《公约》的一般规定，在理论上和实践上都是急需解决的问题。

第二章 大陆边缘类型和分布

2.1 大陆架定义中的地质概念

科学意义上的大陆边缘是大陆与大洋底之间的过渡带，在地壳结构上是陆壳向洋壳过渡的结合地带。通常来说，大多数的大陆边缘由陆架、陆坡和陆基组成（图 2.1）。根据板块运动的方式，有离散和汇聚两种不同的地质背景，分别对应被动大陆边缘和主动大陆边缘。此外，还有第三种大陆边缘，称为转换边缘，既可以发育于离散背景，又可发育于汇聚背景。被动大陆边缘位于陆壳向洋壳过渡的板块内部，被动地随着板块移动，以拉张构造为特征，陆架、陆坡和陆隆发育良好。主动大陆边缘与岩石圈板块汇聚边界相一致，其特征与板块俯冲作用相关。典型的主动大陆边缘地貌由陆架和陆坡组成，陆基一般缺失，向海方向边界为海沟或海槽。正是由于离散背景和汇聚背景的本质差别，除环太平洋少数地区大陆架扩展与主动大陆边缘有关外，大陆架扩展到 200 海里以外的地区大多与离散被动大陆边缘有关。

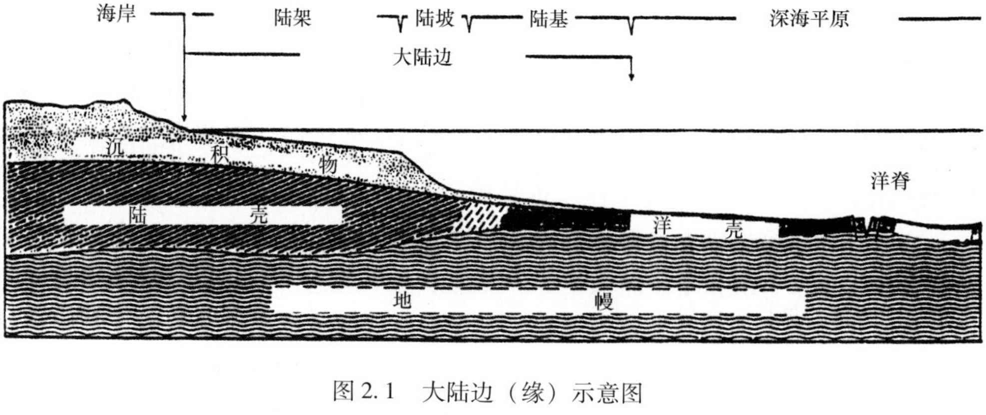

图 2.1 大陆边（缘）示意图

大陆架是大陆周围被海水淹没的浅水地带，自岸边低潮线极平缓地向外海延伸，直至坡度突然增大的地方——陆架坡折，是大陆向海洋底的自然延伸。陆架坡折以内的浅海区即大陆架，简称陆架。大陆架最显著地特征是坡度平缓，平均约 0.1°。大陆架的宽度与深度变化较大，如北冰洋陆架宽度可超过 1 000 千米；其深度取决于陆架坡折处的深度，如北冰洋的西伯利亚和阿拉斯加陆架宽度达 700 千米以上，外缘深度不足 75 米，但其东面的加拿大岸外陆架宽度约 200 千米，陆架外缘深度却超过 500 米。

大陆坡是分隔大陆和大洋的全球性巨大斜坡，其上限是大陆架外缘（陆架坡折），下限水深变化较大。较大的坡度是陆坡的最大特点，平均 4.3°，最大者（斯里兰卡岸外斜坡）可达 45°。多数陆坡的表面发育有次一级地形，如海盆、海岭、海底峡谷、深海平坦面，尤以深海峡谷较为普遍。

大陆隆又称大陆裙或大陆基，是陆坡坡麓向大洋缓倾的、由沉积物堆积成的扇形地。一般分布在水深 2 000 ~ 5 000 米的部位，其上半部靠着陆坡坡麓，下半部覆盖在大洋底上，一般只出现于被动型陆缘。它的宽度为数百至上千千米，坡度平缓，大都不超过 1°，沉积物厚度巨大，常以深海扇的形式出现。

而《公约》第七十六条定义的大陆架是一个法律概念的大陆架，其范围要大于地质概念上的大陆架，法律上的大陆架实际上是地质学上大陆边缘的概念，包括地质学上的大陆架、大陆坡和大陆基。它们之间的关系详见图 2.2。

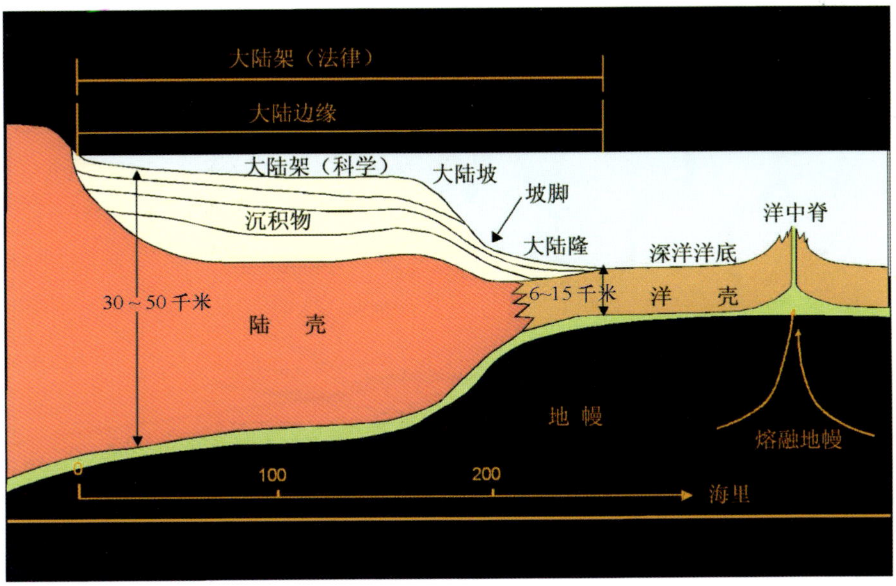

图 2.2　法律大陆架和科学概念的大陆边（缘）（吕文正等，2012）

2.2 大陆边缘的分类

大陆边缘作为洋陆两大巨型地质、地貌单元的过渡地带，是板块剧烈活动带、地震发震带和物质交换带，汇集了全球90%的沉积物，也是各种地质构造活动与沉积作用记录的主要载体，还是海洋资源富集和海洋经济发展的主要场所，并与大陆架海域划界密切相关，因此，不仅受到地球科学界的高度重视，也受到各国政府的高度关注。

根据板块构造理论，由于大洋板块的扩张作用、俯冲作用和剪切作用，形成了三种不同性质的大陆边缘：张裂型（被动陆缘）、俯冲型（主动陆缘）和剪切–转换型（图2.3）。张裂型陆缘是稳定的并被厚的沉积物覆盖的边缘，主要分布在大西洋两侧，所以也被称为大西洋型边缘，反映了板块的裂谷–离散–沉降的构造过程。俯冲型陆缘以强烈的地震火山等构造活动以及深海沟为特征，主要分布在太平洋周围，所以也被称为太平洋型陆缘。剪切–转换型陆缘主要通过走滑断裂的剪切作用形成，特点简单，分布相对较少。

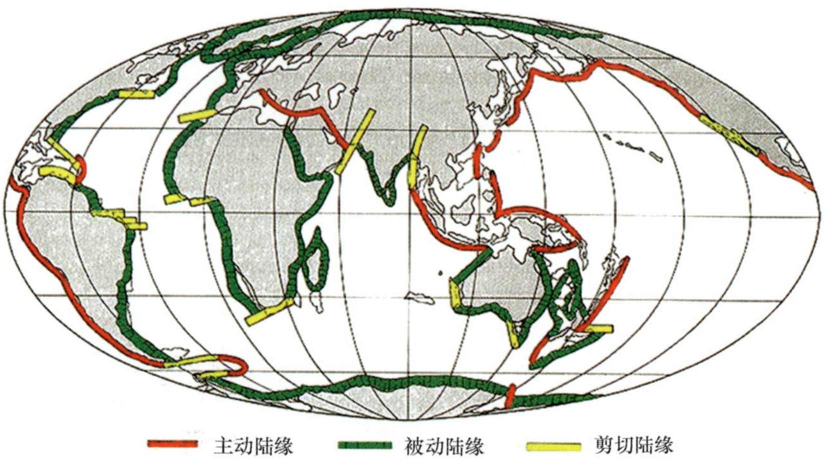

图2.3　全球不同类型陆缘分布图（Symonds et al.，2000）

2.3 各类大陆边缘的分布特征

被动大陆边缘主要分布在大西洋周边（图2.4），典型代表包括：中–北大西洋欧洲西侧被动陆缘，主要盆地包括维京盆地（Voring Basin）、北海盆地（North Sea Basin）、莫尔盆地（More Basin）及西伊比利亚陆缘盆地（West Iberia

Rifted Basin)；中－北大西洋北美东侧的斯科舍陆架盆地（Scotia Shelf Basin）、东海岸盆地（East Coastal Basin）和墨西哥湾盆地（Mexico Bay Basin）；南大西洋非洲西部陆缘，主要盆地包括尼日尔三角洲盆地（Niger Delta Basin）、加蓬盆地（Gabon Basin）及下刚果盆地（Lower Congo Basin）等；南大西洋南美洲东部陆缘，主要盆地包括坎波斯盆地（Campos Basin）、亚马孙三角洲盆地（Amazon Delta Basin）、塞尔希培一阿拉贡斯盆地（Sergipe－Alagoas Basin）等。在印度洋（除巽他弧）及围绕南极的大洋（除斯科舍弧），以及太平洋的一部分边缘也部分具有被动陆缘性质，如东非陆缘，主要盆地包括东非盆地（East Africa Basin）、莫桑比克盆地（Mozambique Basin）；澳大利亚西北陆架区，主要盆地包括卡纳封盆地（Carnarvon Basin）、坎宁盆地（Canning Basin）、布劳斯盆地（Browse Basin）及波拿巴盆地（Bonaparte Basin）；白令海的阿拉斯加边缘，主要盆地包括塞拉威克盆地（Selawik Basin）；鄂霍次克海的西伯利亚边缘、日本海的亚洲边缘以及中国南海北部陆缘及东南亚大陆边缘也部分具有被动陆缘性质。

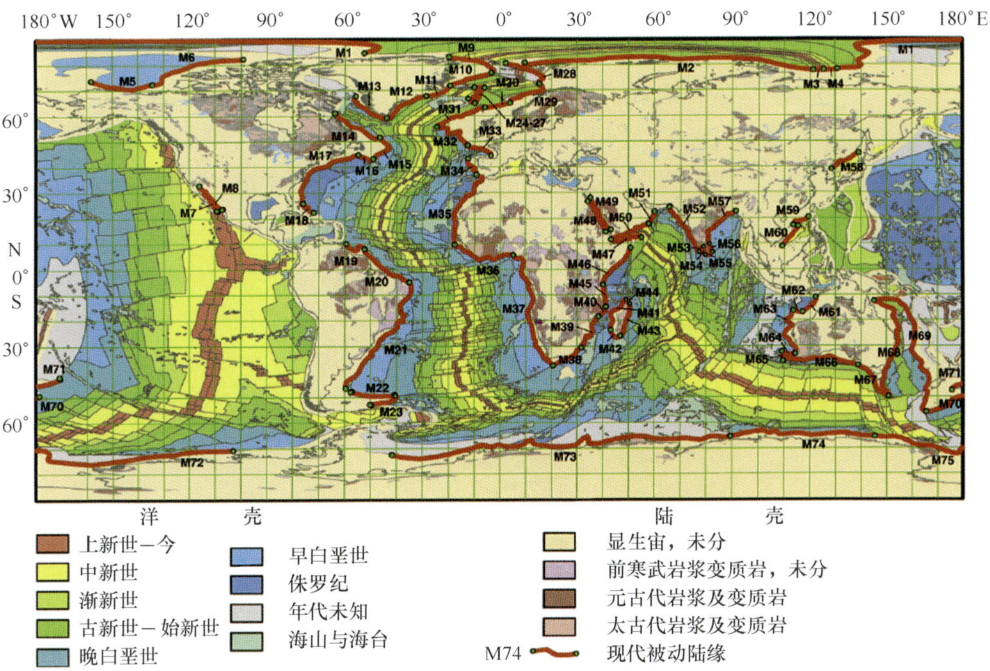

图 2.4　全球被动陆缘分布图（Bradley，2008）

主动陆缘主要分布在太平洋东西两侧，大型沉积盆地以弧后盆地为主。其中太平洋西侧主动陆缘形成沟－弧－盆体系，主动陆缘较为发育（图 2.5）。在南大西洋、东北印度洋和西南太平洋地区也有发育。典型代表包括欧亚大陆东缘的白令海、鄂霍次克海、日本海；欧亚大陆东南缘的班达海，苏拉维西海、安达曼海等。东侧为安第斯型边缘，海沟直逼陆缘，没有形成弧前和弧后盆地。

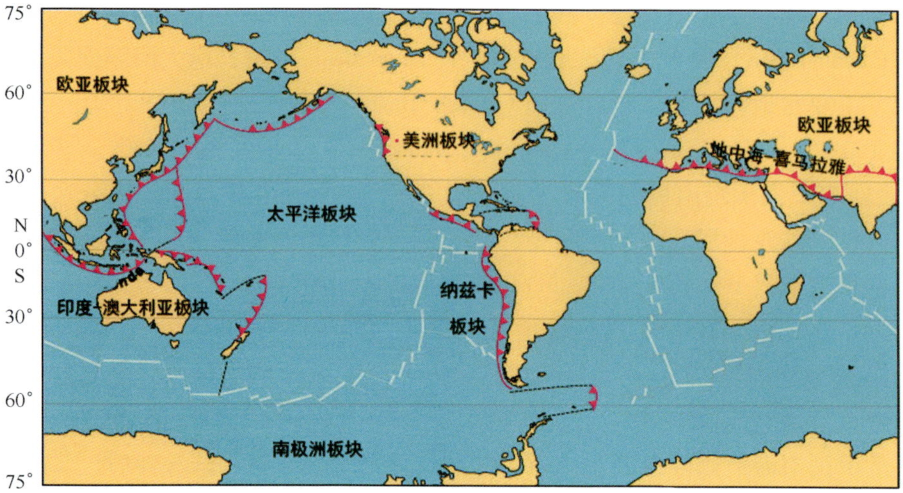

图 2.5　全球主动陆缘分布图（Kearey 等，2009）

与被动陆缘相比，转换大陆边缘数量较少，面积也较小，主要分布在大西洋少数几个区域，主要代表为北美加利福尼亚西侧的洛杉矶盆地，新西兰北岛西缘的塔拉纳基（Taranaki）盆地和委内瑞拉的法尔孔盆地，南美洲哥伦比亚的中和上马格达莱纳（Magdalena）盆地。前三者都是形成在转换背景中，初始被拉伸，随之叠加变形。马格达莱纳盆地构造比较复杂，不是沿着转换边缘形成，而是沿着具有聚敛历史的复杂边缘形成（Kevin T. Biddle，1991）。

第三章　主动大陆边缘特征与外大陆架划界

广义的主动陆缘也称为汇聚型大陆边缘，其形成往往和两个板块的汇聚作用相关。当大洋板块和大陆板块汇聚时，由于大洋板块密度较大，往往会俯冲于大陆板块之下，直至返回软流圈。俯冲的大洋板块遭受上覆板块的重压和推挤，在俯冲时往往牵引洋底向下倾伏而形成海沟，而在海沟向陆一侧沉积物会被“刮擦”而不断加积，形成增生楔体。而如果两个板块的岩石圈密度相当（大陆—大陆，岛弧—岛弧等），这就发生碰撞构造作用，板块前缘可能发生上冲、逆掩、侵位等构造。主动陆缘主要分布在太平洋东西两侧，其中太平洋西侧主动陆缘形成沟－弧－盆体系，包括外缘隆起、海沟、弧前盆地、火山弧及弧后盆地，东侧为安第斯型边缘，海沟直逼陆缘，没有形成弧前和弧后盆地。在南大西洋、东北印度洋和西南太平洋地区也有发育。本书讨论的主动大陆边缘主要是“B”型俯冲的陆缘，包括洋壳俯冲于陆壳之下以及洋壳俯冲改造后的洋壳。

3.1　地形地貌特征

以下以“B”型俯冲经典的沟－弧－盆系统为例来介绍主动陆缘的地形地貌特征。

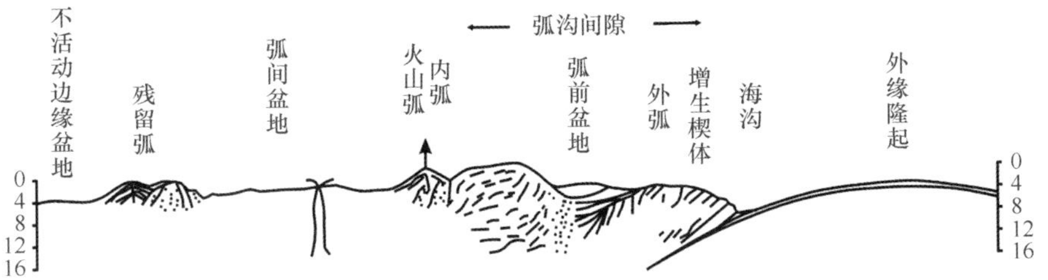

图 3.1　主动陆缘典型沟弧盆体系地貌单元组成图（据 Karig，1974 修改）

经典的沟－弧－盆型主动大陆边缘横穿海沟－岛弧系，由洋侧向陆侧依次可见下列地貌单元，即外缘隆起、海沟、增生楔形体、非火山弧（外弧）、弧－沟间隙（可发育有弧前盆地）、火山弧（内弧）和弧后盆地或弧间盆地。①外缘隆起，是位于海沟外侧洋壳板块俯冲下弯的部分，出现许多正断层和地堑构造，可有浅源地震发生；②海沟，长而窄，延伸方向与岛弧平行，长达数百乃至数千千米，宽达数十乃至上百千米，深度一般在6 000米以上，世界上的最深点是马里亚纳海沟，深达11 034米。许多海沟的横剖面是不对称的，洋侧坡比较平缓，与外缘隆起相连线多显示拉张性质，海沟的陆侧坡较陡；③增生楔形体（Accretionary prism），洋壳板块俯冲时，有大量物质被俯冲到地下深处，返回地幔或在深部熔融上涌而产生岛弧岩浆活动；还有一部分物质被刮下来，加积于海沟的陆侧坡，构成增生楔形体，或称增生棱柱体；④非火山弧（外弧），当增生楔形体增长扩展时，海沟坡折表现为纵长岭脊，局部可露出水面构成外弧（或称第一弧）。与火山成因的内弧不同，外弧是非火山性的，具低热流值。它是板块俯冲作用下各种沉积物、岩石混杂堆积的产物，或由较老基岩组成。许多岛弧是内外弧都发育的双弧型。如琉球群岛弧，东侧较大的岛屿（冲绳岛等）属非火山性外弧；西侧由小火山岛和海底火山构成火山内弧；⑤弧沟间隙（Arc－Trench Gap），海沟坡折与火山弧之间的无火山地带，叫做弧沟间隙。它位居火山前峰的大洋一侧，热流值偏低。在地貌上包括大陆架、大陆坡、深海阶地和海槽，局部可见块断高地以至抬升的山脊；⑥火山弧（内弧），是正在活动的火山链，也叫第二弧。通常在地壳下出现缺乏震源的异常地幔。如在日本岛弧下面，异常地幔顶面已接近莫霍面。火山弧上可发育有以断层为边界的张性盆地，称为弧内盆地，充填有火山碎屑层和陆相红层等。当它被淹没于海下，可有海相沉积；⑦弧后盆地（或弧间盆地），弧后地区有弧后盆地（Arc－Rear Basin）或弧间盆地出现。弧间盆地后缘为残留弧，也叫第三弧。弧间盆地距大陆较远，通常覆以薄层远洋沉积。

西太平洋地区伊豆－小笠原－马里亚纳火山岛弧带发育了典型的沟－弧－盆系统，伊豆－小笠原海沟向南可以一直与马里亚纳海沟相接，中间以小笠原海台相隔，大致在26°N。其西侧则是包括Parece Vela和四国海盆在内的弧后盆地（图3.2）。太平洋板块目前正沿着伊豆－小笠原海沟向NW方向斜向俯冲。从地形以及深部结构横剖面可以看出（图3.3），伊豆－小笠原俯冲带横剖面由东至西依次由太平洋洋壳隆起、小笠原海沟、增生楔以及伊豆－小笠原火山岛弧带组成，海沟区水深可达近8 000米，向海一侧较陡，向陆一侧稍缓，而火山岛弧区的水深在2 000～3 000米之间，上部有若干隆起，为俯冲和岩浆活动联合作用形成的蛇绿岩质泥火山（Taty et al.，2006）。

值得注意的是在26°N区域的小笠原海台。该海台位于太平洋板块的东北端，由若干个平顶海山组成，为岩浆作用形成的玄武岩性质的海山，其上发育礁灰

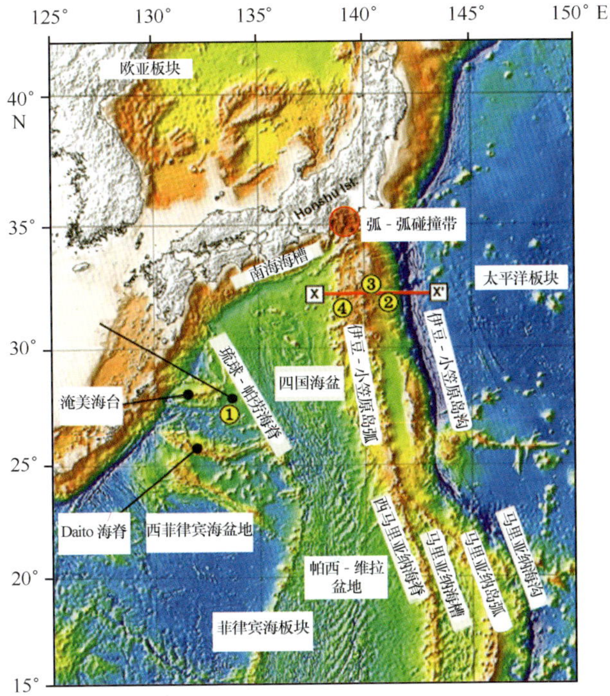

图 3.2　西太平洋伊豆 – 小笠原 – 马里亚纳火山岛弧带地貌图

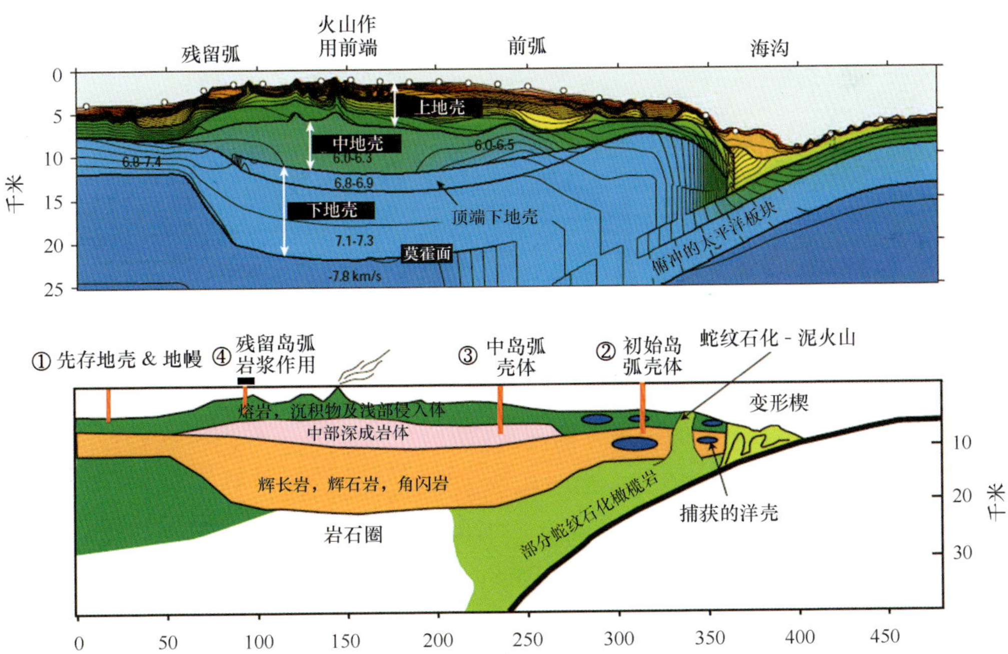

图 3.3　伊豆 – 小笠原俯冲带横剖面及深部结构图（Taty et al.，2006）

岩。小笠原海台随着洋壳的俯冲消减逐渐向西移动，导致了弓形伊豆－小笠原－马里亚纳俯冲带的发育。在地形图上其与伊豆－小笠原火山岛弧带的距离已经近似相接。但是从地形剖面图上可以看出（图 3.4），在小笠原海台和火山岛弧带之间仍然有海沟间隔，水深超过 3 500 米。因此，在地形上小笠原海台与小笠原火山岛弧带并非是连续的。

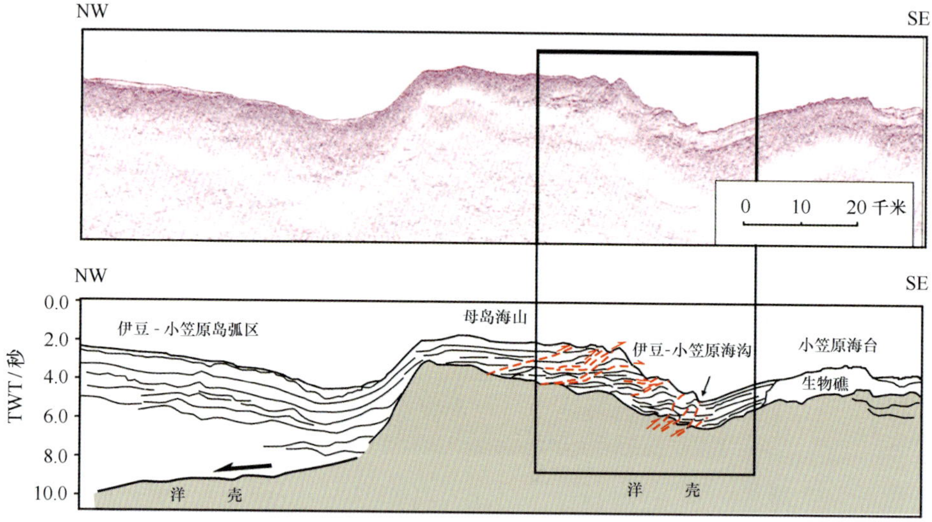

图 3.4　小笠原海台区横剖面图（Taty et al.，2006）

3.2　地球物理、构造特征和板块边界带

3.2.1　地球物理特征

主动陆缘往往具有明显的自由空间重力异常，表现为在海沟处极低的重力异常值和火山岛弧处极高的重力异常值，其变化和海底地形的起伏十分一致。海沟区出现负异常显然是俯冲的结果，俯冲板块的下行把莫霍面和高密度岩石所组成的地幔局部往下推，远离地表，因此在该位置因低密度的水层（海沟内）和沉积物（增生楔体），形成重力负异常。而火山弧处由于存在源自地幔物质的深成岩体和地表火山，形成正重力异常（图 3.5）。岛弧－海沟区的重力资料，都表明俯冲带处于极不均衡的状态。

主动陆缘最突出的地磁特征之一是大洋地磁异常形态的破坏，这一点在活动陆缘的边缘与扩张中心斜交的情况下尤为明显。地磁异常形态的破坏可能是由于

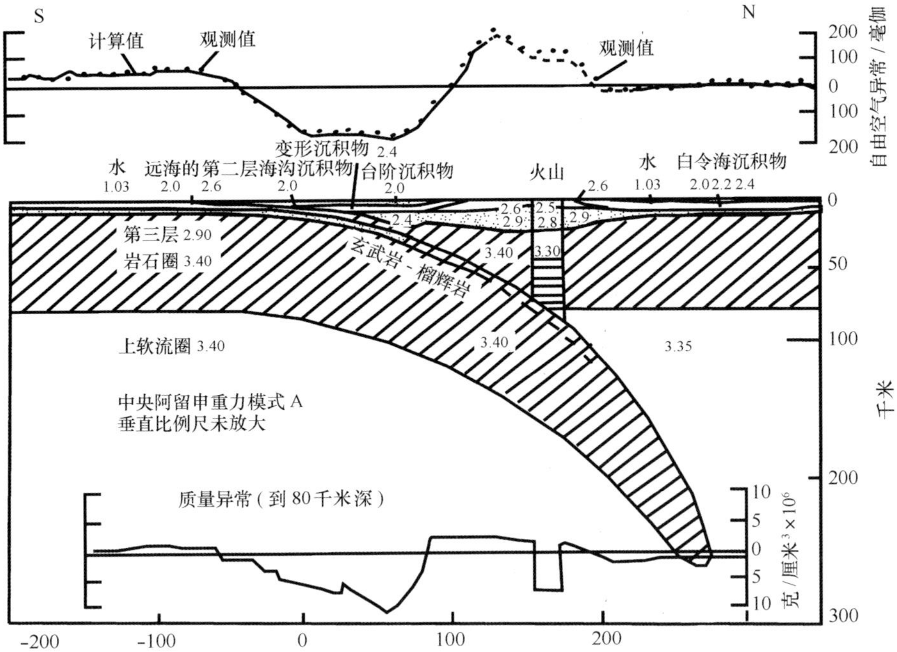

图 3.5　过阿留申海沟的重力异常及根据地质资料建立的模式（Grow，1973）

1 伽 $=1\times10^3$ 毫伽 $=1$ 厘米/秒^2

磁化岩石下沉到居里等温线以下造成的。海沟区仅有微弱的正或负磁异常，有的海沟处（如阿留申海沟和日本海沟）已发现条带状磁异常与海沟轴斜交，条带状磁异常越过海沟轴，延入海沟内壁下数十千米，其异常幅度向陆侧逐渐减低，反映了大洋板块向陆侧的俯冲。

3.2.2　构造特征

对于俯冲型的主动陆缘，其构造变形包括火山弧前的挤压作用以及弧后盆地的伸展作用。弧前区是俯冲板块和上覆板块交互作用异常强烈的区域，主要表现为俯冲增生作用。

大洋板块以及海沟中的物质在板块俯冲的过程中被刮落，通过叠瓦状逆冲断层增生与上覆板块的前缘，形成增生楔体，最新沉积位于最底部，随持续汇聚而楔入老沉积断片下，并推挤后者使之向上拱起，内部广泛发育叠瓦状的断层和同斜褶皱，类似于陆上的褶皱冲断带。根据增生楔发育程度的不同，主动陆缘又可以分为增生型主动陆缘（增生楔发育，较宽，图 3.6a）、弱增生或非增生型主动陆缘（增生楔发育较差，大部分俯冲的沉积物已经俯冲消减，图 3.6b）以及消减汇聚型主动陆缘（上层板块的沉积物在其板脚或者从其板底被俯冲板块侵蚀，图 3.6c）。

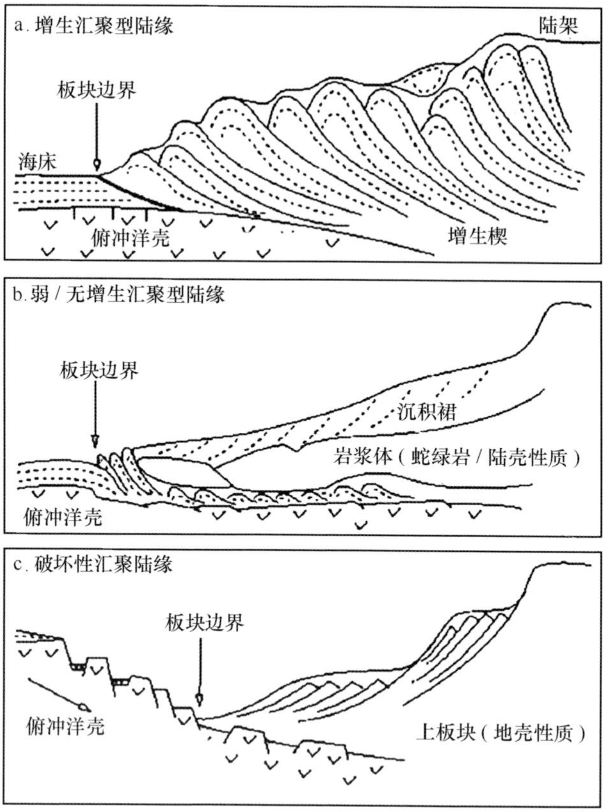

图 3.6　根据增生楔发育程度划分的主动陆缘类型（CLCS，1998）

弧前盆地区位于岩浆岛弧和增生楔之间，其成因可能包括沉积载荷导致的沉降、高密度洋壳俯冲引起的均衡反应以及较冷板块俯冲引起的较热上部板块的迅速冷却。比如在印度洋东北部爪哇–巽他俯冲带的火山岛弧带上就常常发育了弧前盆地（图 3.7）。

弧后盆地发育在岩浆岛弧后侧的地壳上，由于地幔上涌活动，以及俯冲带后撤等产生伸展作用而形成，其拉张方向往往与火山弧垂直（图 3.8）。地壳的性质可能是陆壳、洋壳或者过渡壳。在陆壳环境下，弧后地区的早期演化主要特征为与俯冲相关的伸展和裂谷作用，随后为新生洋壳的增生作用。另外，盆地在靠近岛弧端一侧受到褶皱和逆冲作用的强烈影响，有类似于前陆盆地的构造演化特征。在洋壳之间的沟弧系统中，弧后盆地就像一个小规模的洋盆，其沉积特征与有沉积物源的大型洋盆类似。弧后盆地在世界许多大洋边缘均有分布，西太平洋

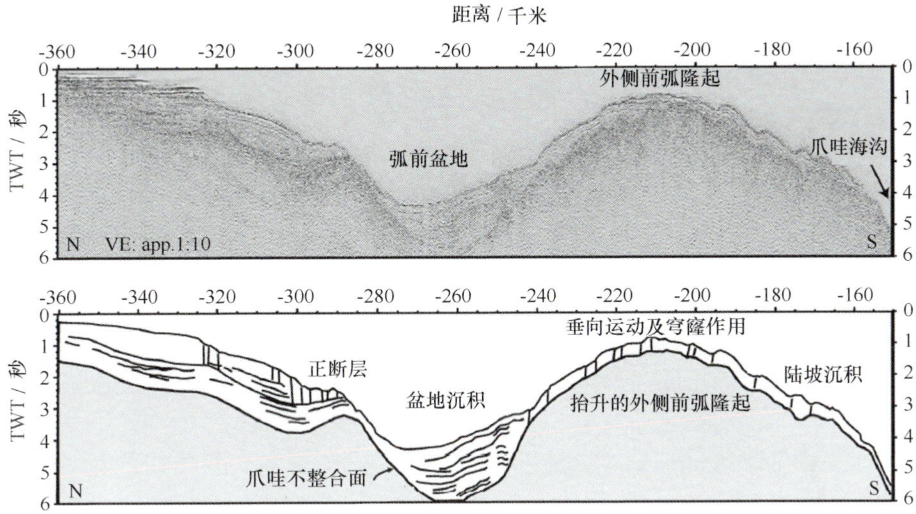

图 3.7 印度洋东北部爪哇 - 巽他俯冲带发育的弧前盆地（Kopp et al.，2006）

边缘最典型。按地质和地球物理特征，分 4 种成因类型：边缘海盆地及弧间盆地、前陆盆地、弧后转换断层盆地和弧后硅铝层上裂陷盆地。而对于碰撞型的主动陆缘比如岛弧 - 大陆的碰撞作用，往往会隆升造山，而在大陆边缘形成山脉，比如北美的加利福尼亚山脉，南美的安第斯山脉和台湾造山带等。

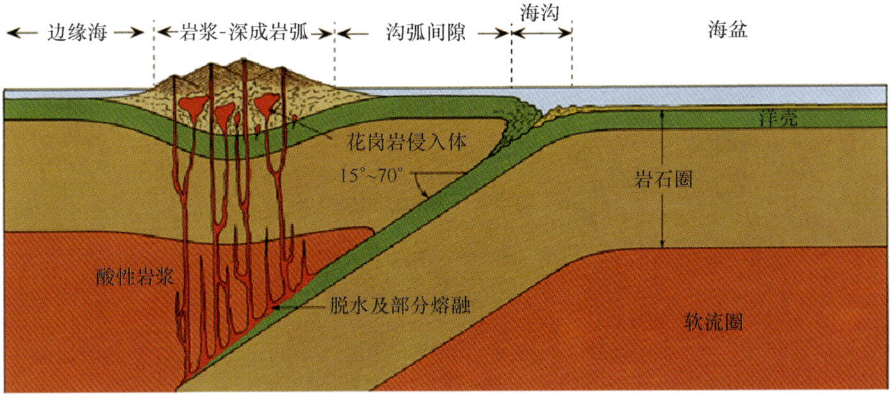

图 3.8 主动陆缘横剖面示意图（Stern R J，2002）

3.2.3 板块边界带

本次研究讨论的主动大陆边缘涉及洋向陆以及洋向洋的俯冲，因此，用洋陆过渡带很难全面反映主动陆缘区的板块边界，因此这里应用板块边界带的概念，可以指代洋壳和陆壳之间的转变，也可以指代不同年代洋壳之间的转变。但是不论何种情况均与洋壳向陆壳或者先存洋壳俯冲而形成的海沟相关，在重力异常特征上，向洋一侧的外部隆起上会有一个较小的正重力异常（大约50毫伽）。海沟及增生楔处有振幅高达20毫伽或更高的负重力异常，而在火山岛弧处则为100～200毫伽的正重力异常。因此从地球科学的角度，主动大陆边缘的板块边界带可由增生楔朝海边缘界定（图3.5）。

3.3 主动大陆边缘的演化特征

环太平洋活动大陆边缘主要有两种类型：俯冲边缘和转换边缘。其中俯冲边缘有两种，一种是安第斯型俯冲大陆边缘。弧后地区以挤压作用为主，主要分布在太平洋板块的东侧，即美洲板块的西缘；一种是日本海型俯冲大陆边缘，也称岛弧—海沟型，弧后地区以拉张作用为主，主要分布在太平洋板块的西侧，包括欧亚板块的东缘、东南缘区域。环太平洋地区不同大陆边缘的盆地类型不同，日本海（西太平洋）型大陆边缘主要为岛弧-海沟型，与其有关的盆地主要有弧前盆地、弧间盆地、弧后盆地和陆架盆地；南美西部亦为俯冲型大陆边缘（安第斯型），这种大陆边缘发育弧后前陆盆地，由于其主要位于大陆上。以下将按照区域分别进行讨论。

3.3.1 西太平洋地区

西太平洋地区是现今世界上构造活动最为活跃的地区之一。印度板块和澳大利亚板块向北的俯冲碰撞以及西太平洋板块向西俯冲在该地区造成了一系列的火山活动以及边缘海的扩张和年轻洋壳的形成。西太平洋被由东西两条锋线组成的向南凸出的不同阶段的山链所包围，该山链从巴基斯坦，经印度河缅甸和中南半岛的造山带，向南过印度尼西亚群岛，再折返经过菲律宾、马里亚纳和日本岛弧，为一条环形的长达17 000千米的褶皱冲断及岛弧山链（图3.9）。近20年来的研究表明，形成此条环形山链的地球动力学背景有三种：①冈瓦纳大陆（印度部分）与增生的欧亚大陆南缘青藏地块的陆—陆碰撞聚敛，其表现为印度板块以A型俯冲至青藏地块之下；②澳大利亚板块与欧亚大陆南缘火山岛弧与菲律宾海板块局部碰撞，形成著名的亚洲南部向南突出的班达弧以及北部的具弧后性质的盆地；③太平洋板块自晚白垩世—古新世以来以B型俯冲（洋—陆）与欧亚大陆东缘发生俯冲消减，形成火山岛弧以及包括鄂霍次克海、日本海、冲绳海槽以及菲律宾海在内的弧后盆地。其中东海的冲绳海槽区域代表了弧后拉张的初始阶段，日本海代表了陆壳的进一步拉开，而菲律宾海代表了成熟的弧后盆地。

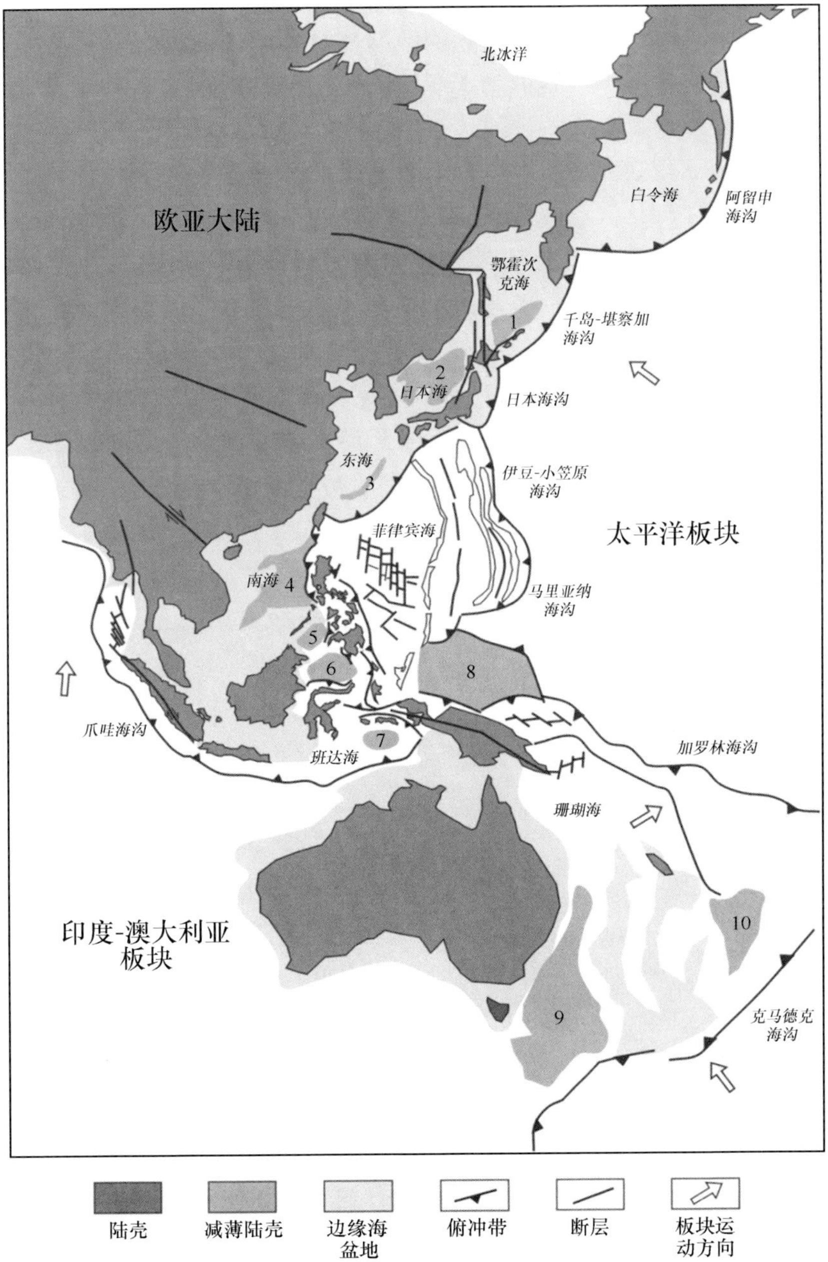

图 3.9　西太平洋地区构造简图（据 Hall，2002 改编）

西太平洋陆缘盆地东段演化特征比较简单，均为太平洋板块自晚白垩世—古新世以来以 B 型俯冲（洋—陆）与欧亚大陆东缘发生俯冲消减的产物，形成火山岛弧以及包括鄂霍次克海、日本海、冲绳海槽以及菲律宾海在内的弧后盆地。当然在不同的弧后盆地其发育的时间和特征各不相同，比如鄂霍次克海盆地早期裂谷阶段开始于古新世，大规模的拉张期从晚渐新世开始，并受到日本海开启形成的北海道—萨哈林剪切带的影响，形成转换拉张的过程；而日本海的早期张裂活动开始于约 25 Ma 左右，受到其东西两侧走滑带的调节，使得日本海盆开始具有拉分盆地的性质，在 16 Ma 左右地幔上隆，形成洋盆。岩石圈的破裂首先发生在东缘主剪切带附近，然后扩张轴向西南延伸至陆壳拉张区。上新世太平洋板块对日本岛弧的俯冲，加剧了这些裂谷的拉张，大陆地壳被拉伸减薄。

西太平洋陆缘盆地的东南段由于受到印度 - 澳大利亚板块、太平洋板块和欧亚板块的共同作用，构造极为复杂，形成了诸多的小洋盆和地块间杂的构造格局，这些地块中，有一部分是新生代经构造运动从印支和华南分离出来的，另一部分是从澳大利亚板块分离并向北漂移过来，而大部分小洋盆是在地块运动过程中由海底扩张形成的。以下将详述该地区的地质特征及演化过程。

在约 90 Ma 前，位于欧亚板块边缘的加里曼丹地块和从澳大利亚板块漂移过来的米拉塔斯（Meratus）地块发生了碰撞，形成了西加里曼丹地块，即西南婆罗地块。米拉塔斯地块包含现今的东北爪哇岛、西南加里曼丹和西苏拉威西岛。这次碰撞引起古南海洋盆向加里曼丹—苏禄地块俯冲，在北部亚洲边缘产生一次北东向张裂构造运动。

在大约 85 Ma 时，燕山造山带的岩石圈发生拆沉，也产生北东向张性构造运动。这两次时间间隔很短的运动叠加在一起。在南海北部被命名为神狐运动，在南海南部被命名为礼乐运动。神狐运动在东亚边缘产生北东向断裂、地堑和半地堑，后来发育成沉积盆地。在米拉塔斯地块南部，即苏门答腊和爪哇南部，印度—澳大利亚板块向北俯冲，印度洋沿爪哇海沟斜向俯冲于欧亚板块之下。菲律宾海板块此时位于赤道之南，在其南部，印度洋板块向北俯冲；在其北部，北新几内亚板块向南俯冲；在 44 Ma 前，菲律宾海开始弧后扩张，形成西菲律宾洋盆（图 3.10）。

在 65 Ma 时，印度板块和欧亚板块发生了碰撞，此次碰撞是板块边缘的接触碰撞；到约 43 Ma 时，两大板块开始硬碰撞，即板间海域消失，大陆岩石圈开始碰撞。此次碰撞引起欧亚板块向东南方向运动。在东亚边缘产生了又一次张性构造运动，南海地区称南海运动（南海北部）或西卫运动（南海南部）。此次运动在该地区引起又一次张裂活动，神狐运动形成的地堑半地堑被进一步

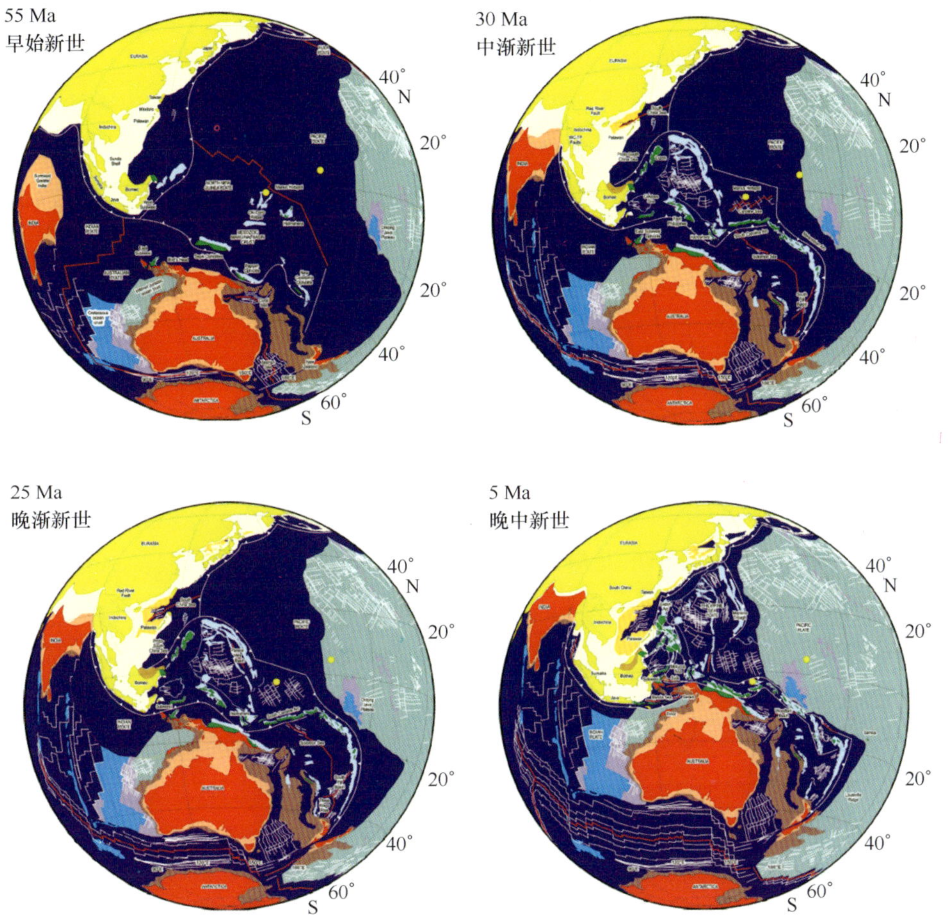

图 3.10　欧亚大陆东南缘构造演化示意图（Hall，2002）

拉开，沉积盆地发展史进入第二阶段——坳陷阶段。此次运动之后，南海地区发生第一次海底扩张：南沙地块向东南方向运动，在其后面，由海底扩张而形成了南海西南海盆与西北海盆。在 43 Ma 前，太平洋板块的运动方向由北北西转向北西西，北新几内亚板块已俯冲殆尽，新几内亚 - 太平洋脊的俯冲引起伊豆 - 小笠原 - 马里亚纳前弧安山岩喷发，三描理士 - 吕宋蛇绿岩是这个玻古安山岩弧的西部。印度 - 澳大利亚板块继续向北俯冲于欧亚板块之下，西菲律宾海盆的扩张脊向西延伸到吕宋岛之南，苏拉威西海盆在 43 Ma 前开始海底扩张。由于南海西南海盆在 42 Ma 前开始海底扩张，古南海洋盆继续俯冲于西南婆罗之下（图 3.10）。

在 32 Ma 时，位于华南地块东南边缘的礼乐 - 东北巴拉望地块开始和亚洲大陆分离，向南漂移。引起此次地块漂移深部构造原因可能是由于印度板块和欧亚板块的碰撞而引起的亚洲大陆上地幔向东南方向之地幔流，受到东部边缘向欧亚板块俯冲的太平洋板块之阻挡，转而向南流动，带动亚洲板块东南边缘地块向南运动，从而使有些地块（如礼乐－东北巴拉望地块）与亚洲大陆分离。在 34 Ma 前，西菲律宾海盆和苏拉威西海盆的海底扩张停止了，东菲律宾海（帕里西威拉海盆）开始海底扩张。而古南海洋壳继续向东北婆罗－西南巴拉望地块之下俯冲，带动礼乐－东北巴拉望地块向南运动（图 3. 10）。

在约 25 Ma 时，逆时针方向旋转的菲律宾海板块南端俯冲带和澳大利亚板块北端发生了碰撞，澳大利亚板块北部的印度洋向菲律宾海板块的俯冲停止了，俯冲带逐步变成了左旋走滑断裂，即索琅断裂。在此时，印支地块仍在向东南方向挤出，但它的挤出量可能被其他陆架和泰国湾的伸长所吸收。此次碰撞运动对南沙地块和礼乐－东北巴拉望地块产生影响，造成区域上的挤压。到大约 17 Ma 前，该地块和东北婆罗－西南巴拉望地块碰撞，海底扩张停止，南海中央海盆诞生。在约 15 Ma 时，菲律宾海板块上的吕宋岛与欧亚板块的卡加延脊（苏禄海盆内）及北巴拉望发生了碰撞，引起了苏禄小洋盆向苏禄弧的俯冲。在 13 Ma 时，从澳大利亚板块分离出来的东南苏拉威西地块和西苏拉威西地块（属巽他地块）发生了碰撞，此次碰撞加快了巽他地块的逆时针方向旋转。在 11 Ma 时，礼乐－东北巴拉望地块和加里曼丹－苏禄地块发生了碰撞，东北婆罗（沙巴地区）的浅层区域不整合面就和此次碰撞有关。这 3 次时间间隔很短的碰撞事件对南沙地块都产生强烈影响，形成了新生代沉积中的晚中新世区域不整合面，在南沙地区被命名为万安运动（图 3. 10）。

在 6 Ma 时，斑垓－苏禄地块和巽他地块发生了碰撞，这次碰撞在东爪哇盆地产生背斜构造，对南沙地区也产生一定影响。在 5 Ma 时，菲律宾弧和巴拉望地块发生过碰撞。引起吕宋岛边缘的俯冲带从西边跃迁到东边。这次碰撞对西北巴拉望盆地和沙巴盆地产生影响，对南沙地区也产生一定影响。这两次时间相隔很短的碰撞事件在南沙海域新生代沉积中产生了中新世和上新世之间的不整合面。在 5 Ma 前，向北运动的菲律宾海板块在台湾地区与欧亚板块发生碰撞。台湾岛开始出现并逐渐隆升（图 3. 10）。

3. 3. 2　北美西部陆缘地质特征及演化特征

北美西部陆缘为典型的主动型大陆边缘，由于太平洋和北美板块俯冲碰撞而形成的科迪勒拉山系从北部的阿拉斯加一直向南延伸到墨西哥，由西向东，北美西部陆缘科迪勒拉山系可以分为 6 个构造单元：太平洋俯冲带（现代海沟）、俯冲杂岩和地体增生带、西科迪勒拉带（内华达岩浆弧）、盆岭构造带、东科迪勒拉带（科罗拉多高原、前陆推覆带、黄石地幔柱）、北美克拉通（图3.11）。

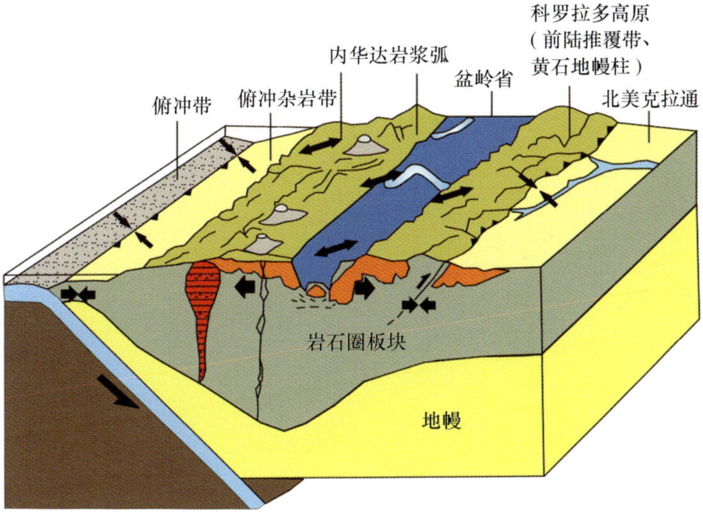

图3.11　北美西部陆缘构造单元划分（舒良树等，2006）

太平洋俯冲带在地貌上为现代海沟，其南端为著名的圣安德烈斯断层，是世界上唯一一半在海洋、一半在陆地的转换断层，也是一个至今活动频繁的断裂构造带（图3.12）。俯冲杂岩和地体增生带既是中生代－古新世大洋岩石圈俯冲－铲刮的增生带，也是各种成因外来地体的增生带。该单元中最醒目的标志当属科迪勒拉山西南部的大峡谷以及代表古大洋碎块的蛇绿混杂岩带——圣佛朗西斯科蛇绿混杂岩最为著名。俯冲杂岩带的边界为逆断层所限。西科迪勒拉带既是一个隆起带，又是一个地壳变形相对微弱的构造——岩浆带。由中生代大洋岩石圈朝北美大陆的俯冲消减—深部熔融—岩浆上涌侵入—喷发而成，主要出露在内华达山脉。该岩浆弧宽约百余至数百千米、近南北向延伸，由中生代—古新世Ⅰ型花岗闪长岩—花岗岩和对应的火山岩系组成。盆岭构造带在位于内华达岩浆弧和科罗拉多高原之间，属于构造应力拉张区，其东西两侧均以正断层和山岭耦合，正断层朝盆岭带中心方向倾斜，总体上表现为巨型裂谷构造。东科迪勒拉带包括科罗拉多高原和黄石地幔柱，近南北向展布，南段比北段略宽。在此单元存在一系列从东向西逆冲的前陆褶皱冲断岩片，各岩片相互堆叠，构成高地。其东侧以逆断层和北美克拉通接触，断面西倾。北美克拉通为大面积的前寒武纪结晶基底区，出露大量元古代和太古代中高级变质岩，构造变形程度低（图3.13）。

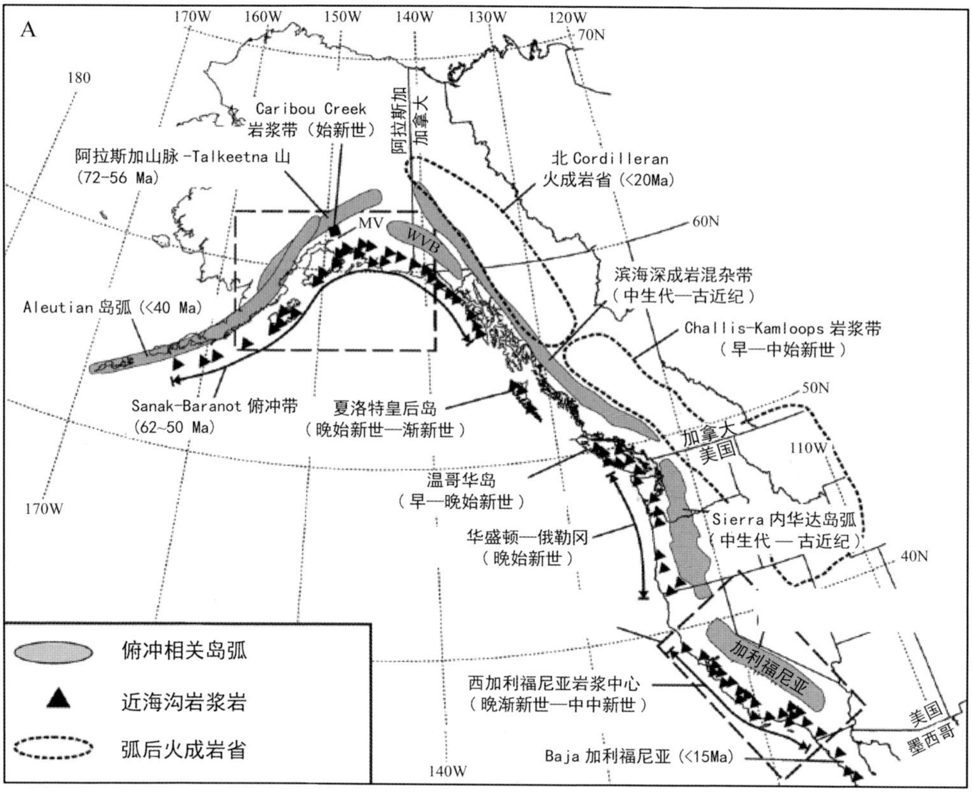

图 3.12　北美西部陆缘构造简图（Cole and Stewart, 2009）

大约距今 170 Ma 前，法拉隆板块朝北美克拉通低角度俯冲，形成了一个宽阔的活动大陆边缘带。在早—晚白垩世之交，法拉隆板块朝北美克拉通俯冲的角度发生变化，从低角度俯冲转为高角度俯冲，导致内华达岩浆弧东侧的盆岭省开始小规模拉张，形成若干引张型弧内沉积盆地。发生在始新世初期的拉拉米构造事件是一次区域挤压事件，之后盆岭省一带发生强烈弧后伸展、垮塌、岩石圈减薄，诱发深部岩浆上涌，使得洛基山河东科罗拉多地区发生大面积隆升。距今 16 ~ 17 Ma 开始，黄石地幔柱开始出现并不断增大，被圈闭在最大拉伸减薄区之下，黄石地幔柱上方发生显著的伸展作用，导致玄武岩上升喷发，形成大陆溢流玄武岩高原和一系列变质核杂岩。距今 5 Ma 左右俯冲作用停止，黄石地幔柱影响占据主导，盆岭地区进一步伸展变形，引起地壳的强烈沉降，岩浆活动继续，现今盆岭格局形成（图 3.12）。

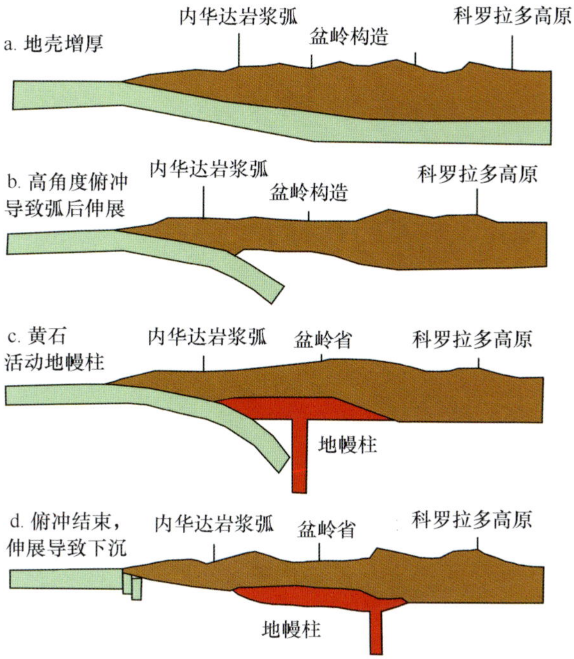

图 3.13　北美西部陆缘构造演化模式图（Parsons et al.，1994）

3.4　沉积发育特征及演化

主动陆缘区外缘隆起区的沉积主要为大洋中的深水沉积，靠近海沟一侧可能有少部分陆缘物质（如北美及南美安第斯型俯冲带）或者岛弧剥蚀物质（如西太平洋伊豆－小笠原俯冲带）。安第斯型主动陆缘火山岛弧区已经造山隆起，剥蚀强烈，同时其上发育大量河谷，这些河谷会通过主动陆缘区狭窄的陆架和陆坡将沉积物输送至洋盆，因此在洋盆上会有较厚的沉积的发育。而在西太平洋发育的沟弧盆区，如伊豆－小笠原－马里亚纳俯冲带，火山岛弧带绝大部分均位于海平面以下，剥蚀量低于北美西部陆缘区，而且远离大陆，陆缘物质几乎可以忽略不计，因此在外缘隆起上的沉积物主要以大洋沉积为主，沉积厚度较小。

主动陆缘区深海海沟是地球上最深的部位，由于俯冲作用，这里的沉积速率一般不能补偿沉积物俯冲进入增生楔的损失。在沉积速率特别高的地方，下伏的海沟被巨厚的沉积物充满，形成类似被动陆缘平缓大陆坡或者大陆隆的地形。这时输送到海沟的沉积物可以通过海沟外缘沉积在平坦的深海海底。深海海沟沉积物的来源包括：①陆缘侧通过深海峡谷和重力流输送的、来自岩浆岛弧的硅质碎屑，一般沉积在海沟内侧形成海沟扇。②向洋一侧，由俯冲大洋板块的沉积盖层搬运至海沟，包括深海钙质和硅质软泥、红色黏土和半深海的淤泥或者黏土。在一些主要的河流三角洲附近，一些浊流物质也可能沉积在俯冲的大洋板块上。③在海沟的轴向上，大量的硅质碎屑沉积沿海沟从较远区域输送过来。④深海、半深海的沉积物也可以从上层水体直接沉积到海沟中，沉积量相对较少。

弧前盆地区位于岩浆岛弧和增生楔之间，其成因可能包括沉积载荷导致的沉降、高密度洋壳俯冲引起的均衡调整反映，以及较冷板块俯冲引起的较热上部板块的迅速冷却导致的沉降。弧前盆地的沉积物源包括盆地附近的岩浆岛弧以及来自增生楔的部分物质，也有可能来自陆缘河流或者盆地附近非火山的高地。与残余盆地和弧后盆地类似，弧前盆地也可能在相对较短的时间（10 ~ 50 Ma）堆积数千米至大于10千米的沉积序列，如在巽他－爪哇岩浆岛弧带区（图3.7）。在欠沉积的温暖的赤道区域，礁类和碳酸岩类可能沿较浅的盆地边缘发育，形成很厚的碳酸岩沉积。弧前盆地中深水、浅水和陆缘沉积序列的比例主要取决于盆地的沉积模式，如果在演化初期能够迅速充填，那么后期沉降时沉积物主要由浅水和非海相的沉积物组成。相反，缓慢的沉降和充填导致较长时间的深水环境，产生较厚的深水沉积序列。

弧后盆地发育在岩浆岛弧后侧的地壳上，地壳的性质可能是陆壳、洋壳或者过渡壳。在陆壳环境下，弧后地区的早期演化主要特征为与俯冲相关的伸展和裂谷作用，随后为新生洋壳的增生作用，另外，盆地在靠近岛弧端一侧受到褶皱和逆冲作用的强烈影响，有类似于前陆盆地的构造演化特征。在洋壳之间的沟弧系统中，弧后盆地就像一个小规模的洋盆，其沉积特征与有沉积物源的大型洋盆类似。

构造背景、沉积物源和海洋环境的区别，导致弧后盆地的沉积充填也有较大的差别，总体上沉积充填有以下规律：①许多弧后盆地具有典型的不对称性，在岩浆岛弧侧有较陡的逆冲断层，克拉通一侧坡度较缓，沉积物包含来自盆地两侧边缘的碎屑物质，远端物源输入的沉积物也占有一定比例；②发育在陆壳上的弧后盆地演化初期为粗粒的碎屑沉积，随后演变成浅海相环境，最厚沉积来自于岩浆岛弧的巨厚磨拉石沉积；③由于空间较小，临近沉积物源，发育在洋壳或裂谷盆地中的弧后盆地比大型洋盆填充更快。

3.5 主动大陆边缘与外大陆架划界

主动大陆边缘的大陆—大洋过渡带比被动大陆边缘复杂多变，典型的太平洋主动边缘地貌由陆架和陆坡组成，向海方向的边界为海沟或海槽（图3.10）。陆坡上沉积物的聚积一般比被动边缘少，由于主动大陆边缘地貌原因，特别是海沟处，从大陆到大洋缺乏沉积物块状输运，陆隆一般缺失。主动大陆边缘的构造、沉积和火山作用具有复杂的相互作用关系，使得大陆边缘的类型、特征和性质具有很大的变化。

3.5.1 消亡型主动陆缘

消亡型主动大陆边缘位于洋壳和陆壳的消亡带（一个岩石圈块在相邻另一个之下消亡），以在其向海方向（前弧）发育深海槽为特征（图3.14）。大多数具有活动火山弧，并发育裂谷（弧后）盆地。

消亡型主动大陆边缘的陆坡在地貌和沉积厚度两个方面变化非常大。大陆坡脚在前弧位于海沟内，如日本大陆与伊豆-小笠原群岛的大陆坡脚主要位于日本海沟和伊豆-小笠原海沟靠近陆的一侧，并且较易确定。而在弧后由于从岛弧区到弧后盆地海底坡度的变化使得大陆坡脚的位置比较模糊（图3.14a，b），如日本四国海盆靠近伊豆-小笠原一侧的大陆坡脚位置非常难以确定，地形地貌变化复杂，最终确定应以相反证据——洋陆过渡带的位置来确定。控制地貌和地质构造的主要因素是进入海沟/弧后地区的沉积物的量，而沉积物输入量的大小取决于海沟/弧后盆地到主要河流体系的距离。其他变化则取决于陆壳或洋壳是在前弧消亡，还是在弧后发生裂离。

前弧 前弧地区与大陆相邻，一般有明显的沉积物充填在海沟或靠近（汇聚而来）的大洋板块之上，并具有大的、增生为前弧的沉积楔状体（图3.14a）。这些增生“棱柱体”由海沟俯冲边界层状堆积和高度变形并强烈脱水的大洋板块沉积物构成（Huene & Scholl，1991）。发育宽增生棱柱体的海沟地貌向海方向通常较浅（水深小于4 500米），由于巨厚的沉积物充填（常常超过2 000米）而消亡。大陆坡脚（FoS，Foot of the continental slop）与前冲断层向海方向边缘坡度的主要变化点对应，同时也与上冲板块和下插板块的过渡带对应。向海方向倾斜俯冲的增生棱柱体，该交界处通常变化突然并且容易界定。但是，在向陆方向俯冲的地区，例如俄勒冈（Oregon）海上（Mackay et al.，1992），大陆坡脚（FoS）多出现在被海沟沉积物超覆的、抬升的俯冲前缘。

增生棱柱体的坡度一般比较小，近陆坡的趾部发育被陆坡沉积物充填的小盆地（陆坡盆地：Moore & Karig，1976）。位于上陆坡的盆地（前弧盆地；图3.14）一般比较宽（大于75~100千米），并被大量的来自岛弧台地的沉积物充填（例如，巽他海沟、南海海槽、东阿留申海沟）。这些前弧盆地的“基底”通常比向海沟边缘方向增生的沉积物老（例如巽他海沟、日本南海海槽）。火山弧

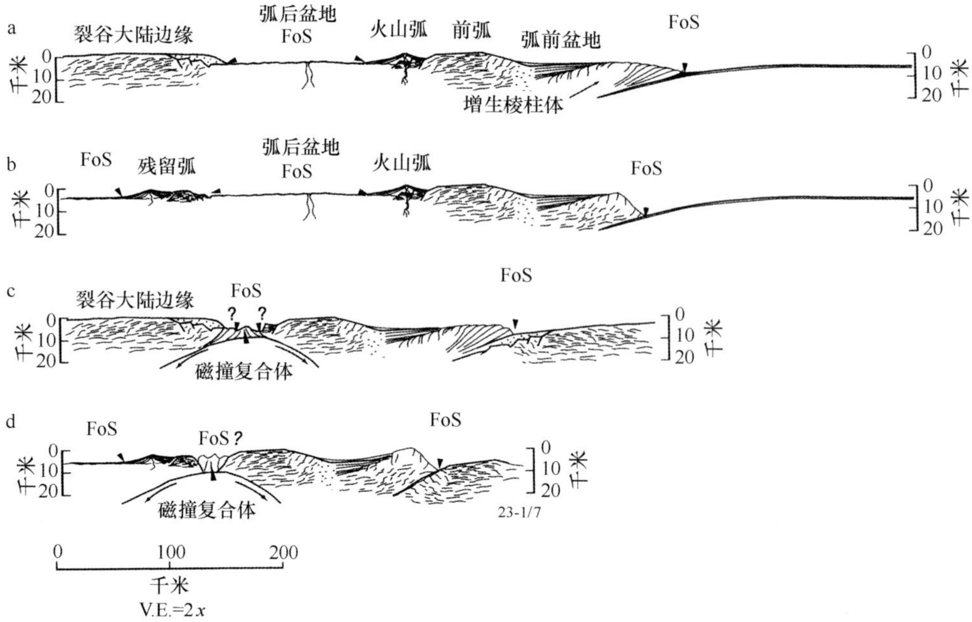

图 3.14　各种主动大陆边缘大陆坡脚（FoS）位置示意图

a. 自陆壳裂离的具有大增生棱柱体和弧后盆地的岛弧体系（据 Karig，1974 修改）；

b. 没有增生棱柱体的洋内岛弧体系；

c. 展示 a 图中主动大陆边缘因与大陆边缘碰撞而导致弧后盆地关闭；

d. b 图中因与大洋板块碰撞而导致弧后盆地关闭

和海沟之间的整个前弧宽度大于 300 千米。根据沉积物厚度、基底类型和地貌整个前弧地区应被认为是陆架、陆坡、陆隆的一部分。

洋内前弧地区　洋内前弧地区（图 3.14b），无论是在正在消亡的大洋板块、还是在海沟内都缺乏大量的沉积物。这种类型的前弧发现于西太平洋，远离主要沉积物源的地区（例如汤加海沟和马里亚纳海沟）。海沟非常深（9～11 千米）并相对较窄（宽度小于 25 千米）。大陆坡脚（FoS）通常变化突然并且容易界定为平坦的海沟底与向陆方向海沟坡基线的结合点。因为只有少量沉积物增生，不发育大的增生棱柱体（图 3.14b）。前弧地区可能遭受活动构造剥蚀导致大量前弧碎块被搬运至其他地区。前弧坡非常陡峭且相对较窄（从火山弧到海沟的距离小于 150～200 千米），很少或缺乏沉积覆盖。这些前弧的基底通常为构成岛弧基础的铁镁岩/超铁镁岩，与向下俯冲的洋壳组成完全不同。

介于这两个端元之间的前弧，可具有窄的增生棱柱体，但坡度较陡，海沟深度中等（5～8 千米）。前弧基底可以是增生沉积物或陆壳。实例如日本、秘鲁－智利海沟和中美洲海沟。

弧后盆地 弧后盆地（图 3.14a，b）通过靠近主动大陆边缘活动火山弧的裂谷作用而形成（Taylor，1995）。弧后盆地大陆坡脚的界定与典型的离散裂谷大陆边缘相似，一侧的活动火山和另一侧的残留岛弧增加了界定的复杂性（图 3.14b）。弧后盆地通常由海底扩张作用生成，其地壳与洋壳非常相似。两种典型的弧后盆地为与大陆边缘相邻型（图 3.14a）和远离大陆边缘型（洋内盆地，图 3.14b）。与大陆边缘相邻型盆地（例如，南中国海、日本海和安达曼海）可被数千米厚的陆源沉积物充填，进入盆地内沉积物通常薄，远离大陆坡脚（FoS）。洋内岛弧体系的弧后盆地（例如，巽它和马里亚纳岛弧）由于远离大陆边缘沉积作用的影响具有相对薄的沉积物盖层。大陆坡脚（FoS）应位于源自盆地翼部的沉积物和深盆底之间的陆坡的转折处。

3.5.2 碰撞型主动陆缘

由于碰撞改变了消亡板块地貌、构造特征，例如大陆边缘、岛弧体系、洋脊和海山等（图 3.14c，d），主动大陆边缘大陆坡脚和沉积厚度变化非常显著。碰撞之前，主动大陆边缘的面貌主要的变化集中于沉积物的厚度和类型。当形态不规则，或大量沉积物进入海沟时会引起前弧的改变。例如澳大利亚北部大陆边缘与东印度板块碰撞并消亡于其下，巨厚的沉积物进入海沟并增生形成前弧（图 3.14c），形成了与上冲的澳大利亚大陆边缘断块伴生的异常厚的增生棱柱体建造，并且导致了伴随帝汶岛升至海平面之上的复杂的碰撞造山带发育（Snyder 等，1996）。

大陆边缘/岛弧碰撞的实例如发育于中国台湾地区的中国东部边缘与吕宋岛弧体系的北部碰撞，增生棱柱体生长引起地形的巨大变化，目前出露于台湾，作为碰撞复合体中国台湾目前是地貌大陆架的延伸。

洋内岛弧体系碰撞的实例可见于印度尼西亚东北部地区，桑义赫（Sangihe）和哈马黑拉（Halmahera）岛弧碰撞。每个岛弧体系都发育小的增生棱柱体，由于来自棉兰老（Mindanao）完全碰撞的沉积物大量输入马鲁古海（Molucca），棱柱体随时间增长（Moore & Silver，1983）。两个前弧持续生长直至相接，完全封闭马鲁古海。这两个岛弧体系受力上升至海面之上，因此，完全破坏了陆坡基部的形态。

虽然在主动大陆边缘活动消亡带与大陆地块之间发育宽阔的区域被当做过渡带，实际上汇聚板块之间的边界一般容易定义（图 3.14）。因此，在主动大陆边缘，所有的洋陆过渡带（COT，continent - ocean transition）都非常窄，大陆自然延伸的外界一般较容易界定。

3.5.3 主动陆缘地貌和大陆架外部界限确定

在主动大陆边缘的前弧地区，大陆坡脚（FoS）的界定相对容易，特别是在沉积欠发育的洋内前弧，由于它位于增生棱柱体的前缘，海沟的内壁而更加简单。但是在弧后盆地，与裂谷边缘一样，大陆坡脚（FoS）的界定在很大程度上取决于沉积物的供给。

（1）距离公式线

在主动大陆边缘的前弧地区，由于大陆坡脚（FoS）点一般位于海沟的靠陆一侧，偏离大陆基线并不远，大陆坡脚外推 60 海里的距离公式线一般位于 200 海里之内。但是在弧后盆地，与裂谷边缘一样，大陆坡脚（FoS）的限定在很大程度上取决于沉积物的供给和地形地貌的变化，大陆坡脚外推 60 海里的距离公式线就起到了关键作用。

（2）沉积物厚度公式线

在成熟的沉积丰富边缘使用《公约》第七十六条中沉积物厚度的有关准则对最大的范围圈定大陆架扩展区非常重要，例如印度尼西亚提出的苏门答腊岛西北部划界案里，其中主要的关键点就是 1% 沉积物厚度点。但是在绝大多数主动大陆边缘里，由于陆坡的沉积物非常薄，由 1% 沉积物厚度点组成的 1% 沉积物厚度线就偏向于大陆一侧，很难超过 200 海里限制线，在外部界限的确定中一般不起作用。

（3）相反证明

当利用地形地貌数据无法准确可靠地确定“其陆坡基部坡度变化最大之点”方法来解决大陆坡脚（FoS）位置时，可选择用“相反证明”方法。它表明当“坡度变动最大之点不适用时，可根据地质、地球物理资料对大陆坡脚的位置进行识别，例如，可等同地质边缘界限”，这表明象洋陆过渡带的一部分在某些情况下可用来取代大陆坡脚（FoS）点。该方法意味着边缘地质延伸的界限标志，例如 COB 可以作为起点应用于第七十六条中的各种准则。在极端情况下，替代的大陆坡脚（FoS）点甚至可以超越地貌边缘位于相邻洋盆之下。相反证明的直接使用，需要引用大量的高精度重磁数据，这就需要沿海国付出更大的经济和技术能力来调查，而高精度的近海底的地球物理调查成本耗费非常高，洋陆过渡带（COB，continent – ocean boundary）的确定变得非常困难，目前在提交的划界案里，较少见到相反证明的使用。

（4）2 500 米外推 100 海里限制线

2 500 米等深线是 2 500 米外推 100 海里限制线的起算点，然而，小的、分隔封闭的等深线一般在向海方向连续，在主动大陆边缘的前弧地区与俯冲构造和火山构造伴生，在典型的沟弧盆体系里，由于海沟的阻挡，其 2 500 米等深线一般接近于向陆一侧，生成的 2 500 米外推 100 海里限制线在绝大多数主动大陆边缘位于 350 海里限制线之内。

（5）大陆架外部界限的确定

大陆架外部界限的确定，取决于两条公式线（FoS 外推 60 海里线和 1% 沉积物厚度线）和两条限制线（2 500 米外推 100 海里限制线和 350 海里距离限制线）的组合情况。沿海国最终提交的大陆架外部界限将参照上述任意一条界线或两者兼具，通常选择最有利的界线。在大多数主动大陆边缘，最外部限制线一般是 350 海里限制线，最外部界限一般是 FoS 外推 60 海里公式线或没有 200 海里以外大陆架。

3.6 主动陆缘外大陆架划界实例分析

与主动陆缘有关的外大陆架划界案主要分布在太平洋东西两侧，东北印度洋海域也有分布，但大多集中在太平洋西侧主动陆缘，如俄罗斯划界案、日本划界案、斐济划界案、新西兰划界案等。

日本于 1983 年 7 月签署《公约》，同年 10 月海上保安厅就展开了大规模的大陆架调查行动，经过 25 年多的调查研究工作，最终于 2008 年 11 月提交了其划界案，提出的外大陆架面积达 74.7 万平方千米，几乎是日本陆地面积的 2 倍。更重要的是，这些大陆架海域不仅蕴藏着丰富的石油、天然气和矿物资源，而且还包括中国向东和东南深入太平洋、美国向西进入东亚以及俄罗斯南下的必经通道，获得这些海域的大陆架管辖权可大大拓宽日本的防御范围。

3.6.1 日本划界案概况

日本划界案包括日本主要岛屿以南和东南的 7 个海区（图 3.15），分别为九州南部 - 帕劳海脊区（KPR，Southern Kyushu - Palau Ridge）、南硫磺岛区（MIT，Minanmi - Io To Island region）、南鸟岛区（MTS，Minami - Tori Shima Island region）、茂木海隆区（MGS，Mogi Seamount region）、小笠原海台区（OGP，Ogasawara Plateau region）、冲大东海脊南部区（ODR，Southern Oki - Daito Ridge region）和四国海盆区（SKB，Shikoku Basin region）。

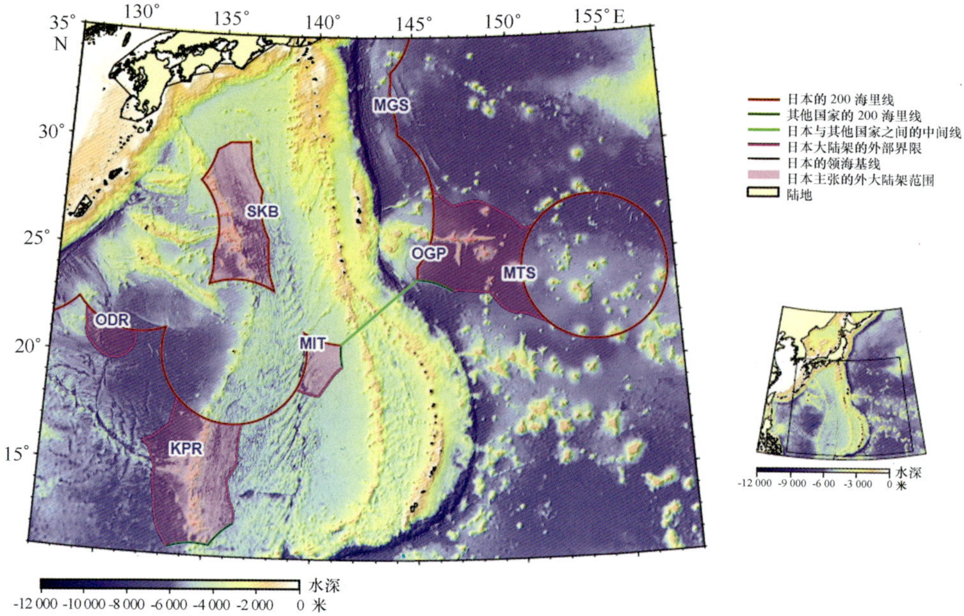

图 3.15　日本划界案主张的外大陆架范围示意图①

日本认为除某些特定地区外，其划界案不存在日本同其他国家之间的争端，这些特定海域包括日本和美国在母岛和南鸟岛区、南硫黄岛区有可能存在主张重叠；日本和帕劳共和国在冲之鸟礁区有可能存在主张重叠，但日本认为就这些海域提出的任何建议不会妨碍日本 200 海里以外大陆架的划界问题。

（1）九州南部－帕劳海脊区（KPR）

日本划界案认为该区的大陆边缘延伸至九州－帕劳洋脊以南，是以冲之鸟礁（Oki－no－Tori Shima）为代表的陆块的大陆架自然延伸。其大陆架外部界限为相邻之间不超过 60 海里的 618 个定点连接的直线，其中：490 个为大陆坡脚外推 60 海里确定的点，34 个为 350 海里限制线上的点，88 个为 2 500 米等深线外推 100 海里限制线上的点，1 个为大陆坡脚外推 60 海里包络线和 350 海里限制线的交点，1 个为大陆坡脚外推 60 海里包络线和 2 500 米等深线外推 100 海里限制线的交点，1 个为大陆坡脚外推 60 海里包络线和日本 200 海里界限的交点，其他 3 个分别为日本、帕劳群岛和密克罗尼西亚联邦的 200 海里界限上的点。

① 日本划界案摘要，http：//www.un.org/Depts/los/clcs_new/submissions_files/submission_jpn.pdf。

（2）南硫磺岛区（MIT）

日本划界案认为该区的大陆边缘包括伊豆－小笠原岛孤和马里亚纳岛弧以及附近海底隆起，它们共同构成了以南硫黄岛（Minami－Io To）为代表的陆块的大陆架自然延伸。其大陆架外部界限为相邻之间不超过60海里的147个定点连接的直线，其中：53个为大陆坡脚外推60海里确定的点，91个为350海里限制线上的点，1个为大陆坡脚外推60海里包络线和350海里限制线的交点，1个为日本的200海里界限和350海里限制线的交点，1个为美国200海里界限上的点。

（3）南鸟岛区（MTS）

日本划界案认为该区的大陆边缘包括一大片海底隆起区，构成了以南鸟岛（Minami－Io To）为代表的陆块的大陆架自然延伸。其大陆架外部界限为相邻之间不超过60海里的574个定点连接的直线，其中：572个为大陆坡脚外推60海里确定的点，另2个位于日本的200海里界限上。该区主张的外大陆架与小笠原海台区（OGP）有部分重叠。

（4）茂木海隆区（MGS）

日本划界案认为该区的大陆边缘包括伊豆－小笠原岛弧和茂木海山，它们共同构成了八丈岛（Hachijo Shima）为代表的陆块的大陆架自然延伸。其大陆架外部界限为相邻之间不超过60海里的41个定点连接的直线，其中：39个为大陆坡脚外推60海里确定的点，2个为大陆坡脚外推60海里包络线和日本200海里界限的交点。

（5）小笠原海台区（OGP）

日本划界案认为该区的大陆边缘包括伊豆－小笠原岛弧、小笠原海台和上田诚也洋脊，它们共同构成了以父岛（Chichi Shima）为代表的陆块的大陆架自然延伸。其大陆架外部界限为相邻之间不超过60海里的584个定点连接的直线，其中：580个为大陆坡脚外推60海里确定的点，2个为大陆坡脚外推60海里包络线和日本200海里界限的交点，另2个分别为日本和美国的200海里界限上的点。该区主张的外大陆架与南鸟岛区（MTS）有部分有重叠。

（6）冲大东海脊南部地区（ODR）

日本划界案认为该区的大陆边缘包括冲大东海岭（Oki－Daito Ridge）和冲大东高地（Oki－Daito Rise），它们共同构成了以冲大东岛为代表的陆块的大陆架自然延伸。其大陆架外部界限为相邻之间不超过60海里的588个定点连接的直线，其中：586个为大陆坡脚外推60海里点，另2个为日本200海里界限上的点。

（7）四国海盆地区（SKB）

日本划界案认为该区的大陆边缘由两部分组成。东部地区包括伊豆－小笠原岛弧，形成了以鸟岛（Tori Shima）为代表的陆块的大陆架自然延伸。西部地区包括九州、帕劳、大东和冲大东海岭，它们共同构成了以北大东岛（Kita - Daito Shima）、冲大东岛（Oki - Daito Shima）和冲之鸟礁（Oki - no - Tori Shima）为代表的陆块的大陆架自然延伸。不管是东区还是西区，该地区200海里以内面积已经涵盖了四国海盆的大部分范围，只在海盆中间还留下小片海域，剩余部分就是该区的200海里以外大陆架范围。

3.6.2 区域地质构造特征

日本位于欧亚大陆以东、太平洋西部，由数千个岛屿组成，众列岛呈弧形（图3.16）。日本东部和南部为一望无际的太平洋，西临日本海、东海，北接鄂霍次克海，隔海分别和朝鲜、韩国、中国、俄罗斯、菲律宾等国相望。日本海岸线全长33 889千米，日本位于亚欧板块和太平洋板块的消亡边界，为西太平洋沟—弧—盆体系弧后的一部分。志留—二叠纪地槽发育，日本海可能为与中朝陆台连接的古陆，从中生代起，日本列岛经历多次造山运动和岩浆活动，成为大陆的边缘，在西北部出现山间坳陷，而东南部保留地槽环境。渐新世

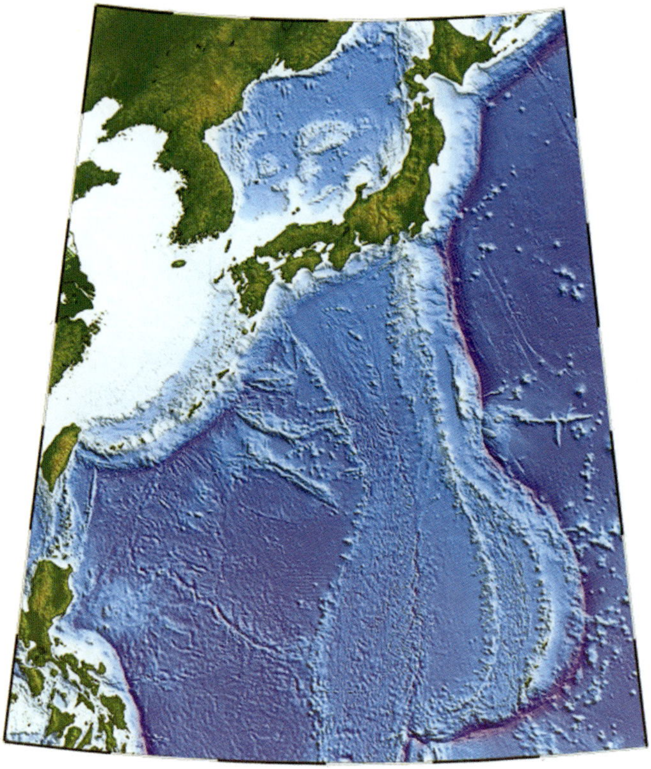

图3.16　日本外大陆架划界区域海底地形图

末，古陆开始解体，进入晚第三纪，日本海开始沉降接受海侵，日本列岛成为岛弧，沿海沉积有陆相和部分浅海相地层。中中新世海侵规模最大，日本海东南开始沉降。

西太平洋是现今地球上超巨型俯冲带发育区，主要的弧后盆地分布在欧亚板块的东缘和菲律宾海板块的东部（图 3.17）。位于菲律宾海板块东缘的四国海盆和帕利西维拉海盆是世界上最大的两个弧后盆地，其东侧是小笠原 - 马里亚纳海沟弧系。这两个边缘海盆地在几何学上显示出对称特征，并平行于俯冲带分布，它们的形成和演化主要与太平洋板块的俯冲有关。菲律宾海位于西太平洋边缘，介于东海、南海和西太平洋之间，被众多岛弧和海沟所包围，是西太平洋最大的边缘海（李常珍等，2000）。从区域地质上看，菲律宾海海底地貌和构造有以下几个重要特征：第一，海底的整个边界实际上都是由深海沟体系和与之毗邻的活动性岛弧所确定的；第二，海区内比较宽阔的海盆与分割盆地的狭长海岭有规律地间隔出现，而且海盆深度和海岭高度从西向东逐渐减小；第三，所有海盆的地壳均属于大洋型地壳。海盆沉积盖层基底由玄武岩组成；第四，海盆中沉积盖层的平均厚度非常小，只有 100 ~ 200 米，而且其中没有强烈褶皱变形的标志，所有近南北向海岭的西坡沉积层的厚度有所增加，这种增加与这里的火山岩沉积有关，而在陡峭的东坡山麓沉积了厚度不大的深海和半深海沉积；在西临和东临深海沟沟底，沉积物主要呈透镜体，厚度不大。

菲律宾海最大的特点是其整个海区边缘环绕着世界著名的、活动的岛弧和深海沟，其海底地形复杂，包含了岛弧、海脊、海岭、海山、高原、海盆、深海沟、海槽、裂谷等地形。海底地势的主要特征是南北长，北窄南宽，水深较大。海沟的包围使得菲律宾海与直接输送大量陆地物质的大陆源地相阻隔，除了临近岛屿的物质外，大量的陆地物质被阻隔在海盆以外，只有少量悬浮体通过海流等进入海盆。因此，在海区的中部，现代沉积速率只有 1 ~ 3 毫米/千年。这种极低的沉积速率决定了海底平均的沉积速率很低，有助于保留大部分地区不平坦的原始地形。菲律宾海沟位于菲律宾海西南缘，菲律宾岛弧东侧岛坡脚，呈北北西—南南东向延伸，北至本哈姆高原西南面，南至哈马赫拉岛附近，长约 1 400 千米，宽约 60 千米，最大深度 10 479 米。琉球海沟位于菲律宾海盆西北边缘，琉球岛弧的东南坡脚，北端以九州海岭与南海海槽相隔，西南延至台湾岛的东部海域，长约 1 350 千米，宽约 60 千米，最大深度 7 881 米。西菲律宾海盆位于西菲律宾海的西北部，海盆深达 5 000 ~ 6 000 米。其北面有大东海岭—冲大东海岭，西北有台湾岛至吕宋岛之间的海脊和格德岩海岭，东面有九州 - 帕劳海脊，西南有菲律宾海沟，南缘有帕劳海沟。在该海盆中央呈北西—南东向的中央断裂带位于乌尔达内塔高原和本哈姆高原之间。西菲律宾海盆为低山丘陵的海底，东南和

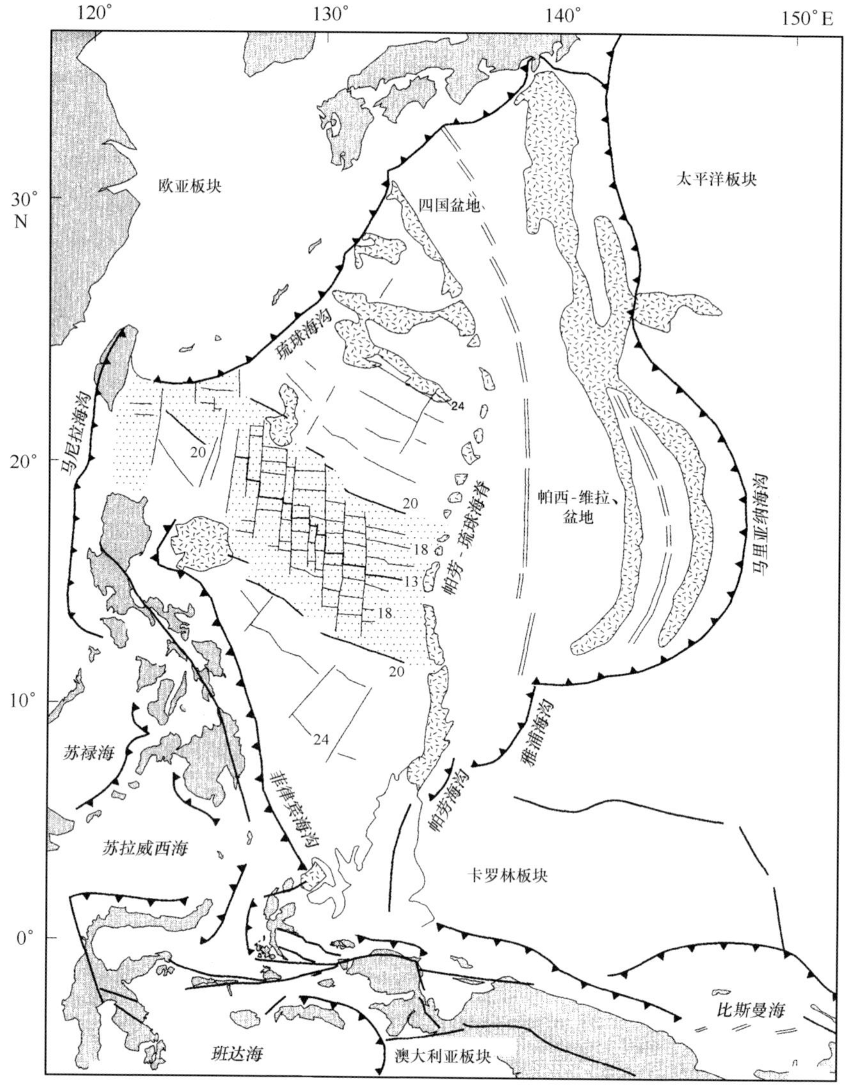

图 3.17　太平洋西部构造背景图（Hall，1996）

西北面的盆底有轻度切割，海底地形表现为起伏不平的锯齿状和地堑状的特征。

从空间重力异常上（如图 3.18a 所示）看，菲律宾海盆呈现明显的分区特征，南海海槽、琉球海沟、菲律宾海沟、雅浦海沟和马里亚纳海沟呈现较高的负异常，为菲律宾海盆的重力异常边界效应。小笠原和马里亚纳岛弧表现为正异常，这和板块俯冲产生的特殊应力场有关；四国海盆和帕里西维拉海盆（除帕里西维拉裂谷外）主要表现为明显的低值正重力异常，推测和板块在地幔中的滞留有关；南海海槽与琉球海沟在空间重力异常上组成了北北东—南南西向的低值异常带，在九州－帕劳洋脊与九州岛交汇处，低值空间重力异常很明显，由洋脊上的高值正重力异常（接近100毫伽）快速降低为海沟俯冲交汇处的负异常值，与琉球海沟和南海海槽重力异常值相同，为九州－帕劳洋脊在海沟的重力异常边界效应。九州－帕劳洋脊呈一连串完全断开的近NS向的正重力异常圈闭分布，将菲律宾海盆一分为二，东西幅值差别较大，西侧的西菲律宾海盆±40毫伽，冲大东脊和大东脊表现为EW走向的正重力异常，幅值在0～125毫伽。东侧的四国海盆为正重力异常，帕里西维拉海盆（除帕里西维拉裂谷外）主要表现为明显的低值正重力异常，西菲律宾海盆的中央扩张脊表现为明显的负异常。菲律宾海盆布格异常整体表现为正值，南海海槽、琉球海沟、菲律宾海沟、马里亚纳海沟组成一个正的低值带，围绕着海盆，幅值在125～200毫伽之间。九州－帕劳洋脊表现为200～300毫伽，在北纬18度位置布格重力异常明显断开，不连续。整个菲律宾海盆表现为洋脊和海沟低值，海盆高值，以九州－帕劳洋脊为界，西部高于东部，南部低于北部。

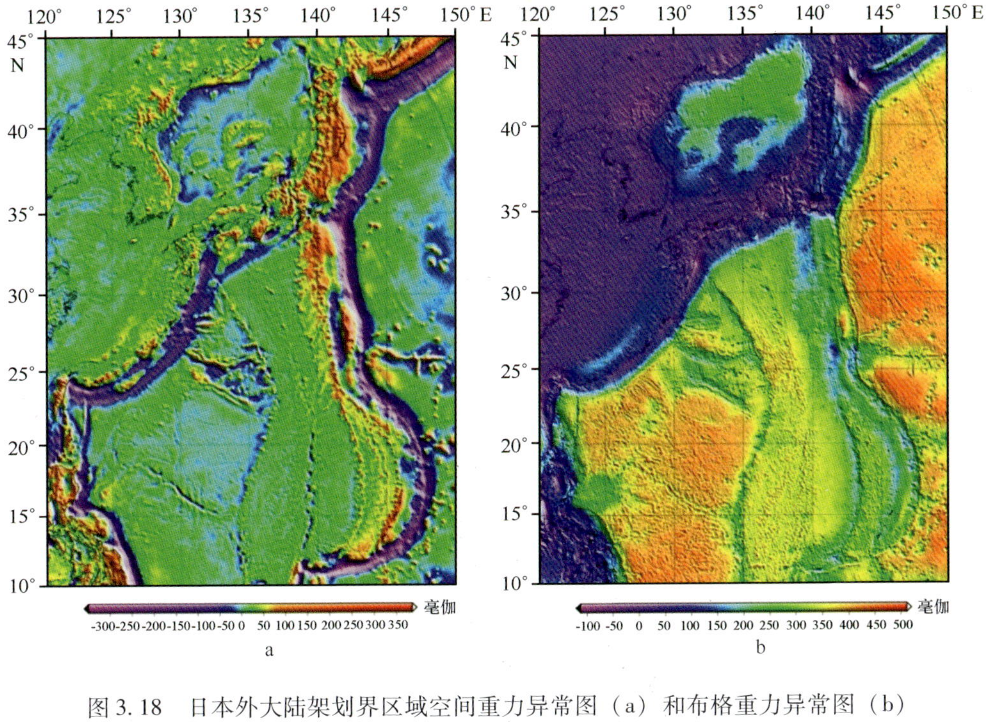

图3.18 日本外大陆架划界区域空间重力异常图（a）和布格重力异常图（b）

琉球岛弧隆褶带构造上由“三脊两坳”组成，自西向东依次为吐噶喇火山脊、奄美坳陷、琉球脊、弧前坳陷（奄美东坳陷、岛尻坳陷、八重山坳陷带）和弧前增生脊（奄美东海脊、岛尻海脊、八重山海脊）。吐噶喇火山脊是新生代

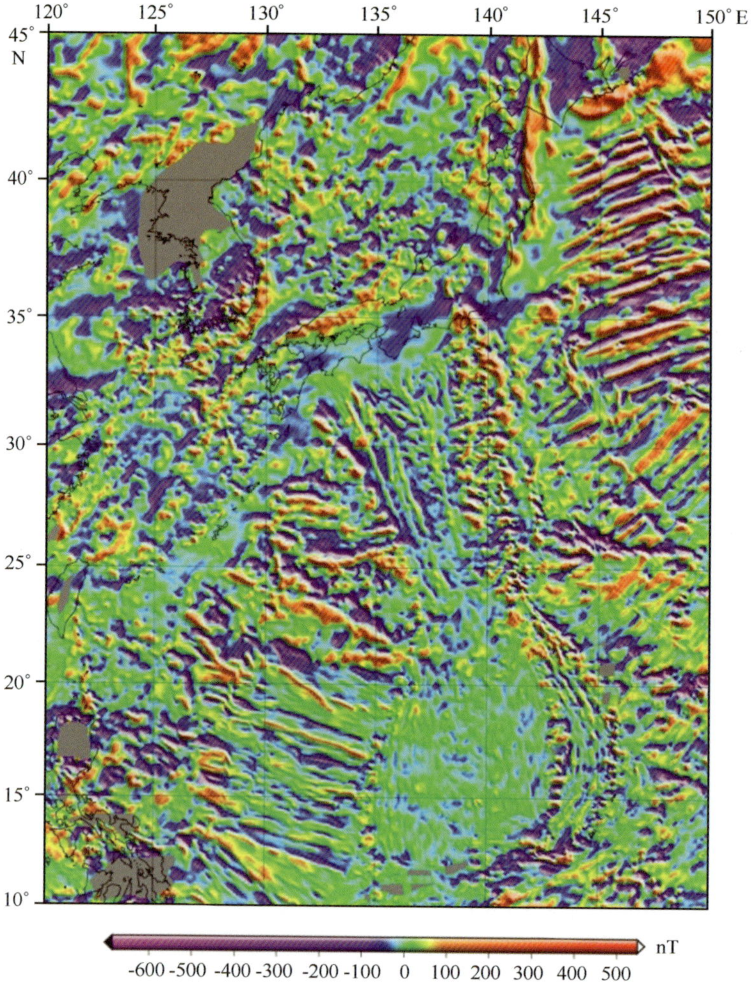

图 3.19　日本外大陆架划界区域磁力异常图

火山脊，在磁力异常图上表现为强烈变化的 NE 向正磁异常带。奄美坳陷是分隔吐噶喇火山弧与琉球岛弧的坳陷带，磁异常图（图 3.19）上表现为平静的过渡带，磁异常变化较弱。琉球褶皱脊是西南日本列岛向南延伸的部分，其基底由与日本列岛主要部分相同的晚古生代、早新生代变质岩系组成，时代自西向东变新。磁异常图上，琉球褶皱脊表现为变化较剧烈的正磁异常带，弧前坳陷带是琉球褶皱脊与弧前增生脊之间的断陷带，磁异常图上表现为平静变化的低负异常，该坳陷带的西北侧由张性断裂控制，东南侧为逆冲断层控制。弧前增生脊是欧亚板块与太平洋板块俯冲带的大陆边缘增生楔构成的岛坡海脊，磁异常表现为由海脊向琉球海沟方向急剧变化的梯度带，其延伸方向与海脊的地形走向相同。琉球海沟位于太平洋板块与欧亚板块的碰撞带，太平洋板块从海沟轴部向下俯冲到欧亚大陆板块之下，琉球海沟从日本奄美大岛东侧岛坡坡麓延到台湾岛以东约120千米处的加瓜海脊西北侧，水深在6 000米以上，最深处达7 881米，深海底有若干海丘，地形起伏大。

3.6.3 日本划界案审议过程

2008年11月12日，日本向联合国提交了关于划定其大陆架外部界限的划界案。大陆架界限委员会是根据《公约》成立的机构，负责对沿海国所划定的外大陆架外部界限是否具有充分的科学技术和法律依据进行审议，然后以“建议”的方式对沿海国提交的外大陆架主张做出认可、部分认可或否定的决定。根据《公约》规定，沿海国在委员会建议基础上建立的大陆架外部界限才是最终的和固定的。委员会由21名委员组成，这些委员都是地质学、地球物理学或水道测量学方面的专家。从委员会的组成结构我们不难看出，委员会对划界案的审议主要是一个科学和技术的过程，不处理法律争端。

由于日本划界案的KPR区，以冲之鸟礁为基点主张了面积约25.5万平方千米的外大陆架，此外，日本主张的SKB区和MIT区的外部界限也与冲之鸟礁的200海里线相关，主张面积分别约17.7万和4.6万平方千米。日本以冲之鸟礁为基点主张外大陆架，其前提必须是冲之鸟礁拥有主张200海里专属经济区和大陆架的权利基础。根据《公约》第一二一条第3款规定，不能维持人类居住或维持其自身经济活动的岩礁不应有专属经济区和大陆架。冲之鸟礁是位于菲律宾海的九州－帕劳洋脊上的两块孤零零的礁石，高潮时露出海面的总面积不足10平方米。很显然，冲之鸟礁不具有主张200海里专属经济区和大陆架的权利基础，更不可能拥有200海里以外的大陆架。因此，日本提出划界案后，中国和韩国先后向联合国递交外交照会，对日本关于冲之鸟礁的专属经济区和外大陆架主张提出质疑，并要求委员会不对日本划界案涉及冲之鸟礁部分采取行动。

2009年8月举行的委员会第24届会议上，委员会决定成立小组委员会着手审议日本划界案并提出建议，但考虑到中韩两国照会的关切，委员会同时决定，不对小组委员会撰写的涉及中韩两国照会中提及地区部分的建议采取行动，直至委员会决定这样做。也就是说，除非委员会另有决定，否则将不讨论、不通过小组委员会撰写的与冲之鸟礁相关区块的建议草案。日本划界案小组委员会经过长达2年多审议，形成的建议草案在2011年8月举行的委员会第28届会议上提交委员会审议。

由于KPR区完全以冲之鸟礁为基点，冲之鸟礁法律地位问题无法回避，因此，2012 年 4 月召开的委员会第 29 届会议上讨论 KPR 区之前，首先就对“应否对建议草案中与九州－帕劳洋脊南部区有关的内容采取行动”这一问题举行表决。由于委员会内部的不同意见，该表决在进行过程中演变成了两次表决。第一次表决是要确定“应否对建议草案中与九州－帕劳洋脊南部区有关的内容采取行动”这一问题属于实质事项还是程序事项，第二次表决则是在第一次表决所确定的，该问题确为实质事项的基础上，进行的正式表决。

“大陆架界限委员会第 29 届会议主席的说明”（以下简称“主席声明”）第 19 段提及“有人提出此事为实质性还是程序性的问题。对此，主席裁定此为实质性问题，需要 2/3 的多数票决定之。这一裁定引起争议，随后以 8 票对 7 票、1 票弃权的简单多数得以维持”。也就是说，第一次表决结果确定该问题为实质性问题，因此必须获得参加表决成员的 2/3 多数同意才能通过。但随后举行的第二次“对关于建议草案中与九州－帕劳洋脊南部区有关的内容采取行动的提案进行表决”，没有得到 2/3 多数票的支持。表决结果是，参加会议的 16 位委员中，有 5 人支持，8 人反对，另有 3 人弃权。这一表决结果表明多数委员都不支持委员会对 KPR 区采取行动。

经过委员会第 28 和第 29 两届会议的讨论，委员会最终完成了对日本划界案的全部审议工作并做出建议，于 2012 年 6 月 3 日在联合国网站上公布了委员会建议摘要①。

3.6.4 日本划界案的审议结果及分析

根据建议摘要，日本主张的 7 个区块中，对完全以冲之鸟礁为基点主张的 KPR 区，委员会决定不采取行动；对位于深海海盆的 MGS 区和 MTS 区，委员会认为延伸大陆架不超过 200 海里；而 MIT、OGP、ODR、SKB 四个区块被委员会部分认可，被认可的总面积约 29.2 万平方千米，约占日本主张总面积的 39%（图 3.20）。划界案中与冲之鸟礁有关的 MIT 和 SKB 区也完全脱离与冲之鸟礁的关系，其中 MIT 区由于大陆坡脚（FoS）的重新选取，其外部界限与冲之鸟礁的 200 海里线无关；至于 SKB 区，委员会的修改图件中也有意去除了其南部冲之鸟礁 200 海里线，只标明开天窗部分，此举再次体现了委员会对冲之鸟礁岛屿地位不持立场的态度。下面将分区块逐一进行介绍：

3.6.4.1 九州－帕劳洋脊南部区（KPR 区）

日本认为 KPR 区的大陆架是以冲之鸟礁为代表的陆块领土的水下自然延伸，

① 日本划界案委员会建议摘要，http：//www.un/org/Depts/los/clcs_ new/ submissions files/ jpn08/ com_ sumrec_ jpn_ fin.pdf。

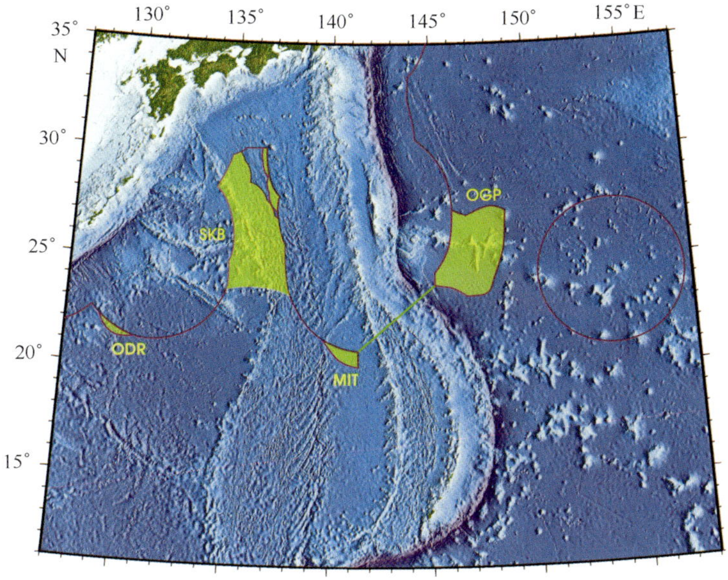

图 3.20 日本划界案委员会建议认可的外大陆架范围

并向南一直延伸至帕劳 200 海里线。由于 KPR 区是完全依据冲之鸟礁为基点主张的外大陆架，而冲之鸟礁本身的法律地位受到国际社会的严重质疑，且委员会本身不具备判断冲之鸟礁是岛还是礁的职权。因此，委员会在建议里明确表明了立场，即在中国、韩国、日本照会中提及的关于冲之鸟礁法律地位的问题得到解决之前，委员会无法就建议草案中关于 KPR 区块的内容采取行动。该决定表明，委员会没有认可冲之鸟礁是岛屿，更没有认可日本以冲之鸟礁为基点主张的专属经济区和大陆架。

3.6.4.2 南硫磺岛区（MIT 区）

MIT 区地处伊豆小笠原岛弧和马里亚纳岛弧连接处。其东部马里亚纳海岭外弧和西部帕里西维拉海盆之间的内弧区域内，分布有几个北东—南西向的与海底突起和海山链有关的雁式洋脊，包括大寒海山和南硫磺岛隆起。

日本认为 MIT 区为 Shichito - Io To 海岭上的南硫磺岛陆地领土的水下延伸，包括南硫磺岛隆起和西马里亚纳海岭西部陆坡。日本在该区提交了 3 个关键的大陆坡脚点，2 个与南硫磺岛隆起有关，1 个与西马里亚纳海岭的内弧陆坡有关。

小组委员会认为该区的陆坡基部确实位于沿来自西马里亚纳海岭火山碎屑沉积建造的沉积扇向海一侧，认可了 FoS - 113 的位置，该点位于大寒海山链向海坡度变化明显之处（坡度从 1.3°降至 0.2°）。

被日本认为是最大雁式洋脊之一的南硫磺岛隆起，是西马里亚纳海岭弧后扩张发育而成，它由两部分组成，分别是其西南端的大正海山内陆坡突起，和向西与位于帕里西维拉裂谷东北的洋脊拼合在一起的外部区域。日本认为南硫磺岛隆起是在帕里西维拉海盆弧后海底扩张过程中沿转换断层发育形成的。

小组委员会指出，南硫磺岛隆起的两部分相对于海底高度不一样。包括大正海山的隆起内坡明显高出邻近海底，而其外坡水深变化较大，特别是在隆起之间的鞍状区水深较大，只高出邻近海底200米，从地形上看是不连续的，而且平均坡度也逐渐变小。此外，小组委员会指出在隆起外坡东南分布有几个孤立的高出海底200~300米的海丘，以及数量众多的、复杂的、细长状突起，这些海丘向西北延伸构成帕里西维拉海盆的海底。尽管这些海丘高出周围海底1 000米，但水深均达3 900~4 200米。因此，委员会认为这些海丘的地形特征正是弧后扩张的典型特征，因而它们更可能是帕里西维拉海盆洋壳的一部分。

因此，小组委员会认为像MIT区这样具有复杂地质特征、水深变化大、与邻近海域差异大的非传统大陆边缘，仅从地形上不足以判断是大正海山的水下自然延伸。而且小组委员会认为目前的地质和地球物理数据不仅不支持这种延伸，反而从南硫磺岛隆起向海到大正海山的地壳逐步减薄，并出现典型弧后扩张洋壳现象，有力地说明了南硫磺岛隆起外坡是深海盆的一部分，而非岛弧陆坡的一部分。

综上所述，小组委员会认为，MIT区的陆坡基部应该位于大正海山向海一侧的鞍状区，因此不认可与硫磺岛隆起有关的2个大陆坡脚（FoS－030和FoS－046）。小组委员会建议应根据陆坡基部的位置重新确定大陆坡脚（FoS），其位置应比原来的更靠近陆地。日本根据建议提交了2个新的大陆坡脚，获得小组委员会的认可。

MIT区的外部界限基于上述3个大陆坡脚采用了距离公式线划定，委员会核可的面积为0.9万平方千米，只有原来4.6万平方千米的约20%。由于大陆坡脚的调整，据此划定的大陆架外部界限向西未延伸至冲之鸟礁的200海里线位置，因此MIT区外大陆架与冲之鸟礁无关（图3.20）。

3.6.4.3　南鸟岛区（MTS区）

MTS区位于水深5 700~6 200米的西北太平洋深海平原。海盆内分布有大量北西—南东向的海山和海丘，北边有马尔库斯－威克海山，南边有麦哲伦海山。南鸟岛位于该区的中东部，是该区唯一的陆地领土，它是马尔库斯－威克海山的一部分。该区西南的拓洋第5海山是该区最大的平顶海山，其他平顶海山如拓洋第4海山、咸临海山和东咸临海山都位于该海山的北西侧。这些平顶海山均位于水下1 000~1 300米深处，并高于周围深海平原4 000米。

日本在该区提交了13个关键大陆坡脚，均未得到小组委员会的认可，因为这13个大陆坡脚都是基于海山群确定的，而这些水下海山之间凹陷区是深海盆的一部分。

综上所示，小组委员会一致认为，南鸟岛的水下延伸未扩展至周围海山，其陆坡基部和大陆坡脚均位于锥状海山的基部，其外扩60海里包络线均未超出其200海里，因此，该区无外大陆架（图3.20），与英国阿森松岛划界案委员会建议原则一致。

3.6.4.4 茂木洋脊区（MGS区）

MGS区位于菲律宾海和西北太平洋之间，该区分为两部分，分别为西边的伊豆－小笠原岛弧和东边的西北太平洋海盆。东部的西北太平洋海盆水深5 000～6 200米，是晚侏罗—早白垩期间洋中脊的海底扩张作用形成的深洋底，其主体为深海平原，零星分布有白垩纪板内火山作用形成的海山和海丘，茂木洋脊位于海沟处，西侧延伸至伊豆－小笠原岛弧陆坡，高出海沟底约800米。

日本认为，MGS区是Shichito－Io To海岭上的陆地领土如八丈岛的水下自然延伸。日本在该区提交了1个关键大陆坡脚。

日本根据地形和测深证据，以及地质与地球物理佐证资料，指出茂木洋脊的鞍状区各点均高出海沟800米，鞍状区已经与伊豆－小笠原岛孤西侧外弧陆坡的下部相连，茂木洋脊是陆坡的一部分。

小组委员会注意到，海沟东侧的太平洋深海盆、海沟东侧陆坡和海沟海底以及零星的深海海丘、洋脊、断裂带和海山等都是深海海底的典型特征。小组委员会认为鞍状区深度大大超过茂木洋脊东部斜坡带基部，无足够数据证明茂木洋脊和伊豆－小笠原岛弧在地形上是连续的。因此，该区的任何大陆坡脚都应落在伊豆－小笠原海沟内，而不是落在属于深海底一部分的茂木洋脊周围，相应的其外扩60海里包络线均未超出其200海里，表明该区无外大陆架（图3.20）。

3.6.4.5 小笠原海台区（OGP区）

OGP区包括南北向的伊豆－小笠原岛弧东翼和东西向的小笠原海台和上田洋脊。日本认为，该区是西侧小笠原海岭上的小笠原群岛和Shichito－Io To海岭上的Minami－Io To岛陆地领土的自然延伸。

日本认为，OGP区是一个复杂的、由多个海山组成的复合型海底高地形，分为西部的海台区、东部的海脊区和东南部的海山区。西部的小笠原海台区，水深在3 000米至不足2 000米之间，由Minami和Higashi两个大海山和一个Nishi小海山组成，它目前正与伊豆－小笠原岛弧碰撞，堵塞在俯冲海沟，该处正是马里亚纳海沟和伊豆－小笠原海沟连接处。东部的迈克尔逊洋脊区，水深与西侧海台区类似，从西到东的平顶海山有 Yabe，Hanzawa 和 Katayama 海山等。日本认为海台区和海脊区在 2 500 ~3 500 米水深范围内地形上是连续的。东南部的海山区是个相对独立的海山群区。

小笠原海台被日本人认为是《公约》第七十六条中的海底高地，海台区西侧与伊豆 - 小笠原岛弧发生增生形成横跨海沟的桥梁，东侧则进入太平洋深海盆。小笠原海台水深 3 300 米，比相邻海沟的最深处高出 6 000 米，比东部的深海平原高出 2 500 米。小组委员会基于地形特征，认可日本沿与伊豆 - 小笠原岛弧相关的海沟内侧基部以及海台和海脊区周围确定的大陆坡脚。

但是，委员会不同意 Hotokenoza 海山群的大陆坡脚。因小组委员会认为，这些海山，没有出露成岛，还是典型深海海底的一部分，在太平洋广泛发育。这个认识跟小组委员会对 MIT 区的建议是一样的。

日本在小笠原海台区提交了 15 个关键大陆坡脚，7 个与小笠原海台有关，7 个与 Hotokenoza 海山群有关，1 个与上田洋脊有关。基于上述事实，与 Hotokenoza 海山群和上田洋脊有关的 8 个 FoS 无效。小组委员会认可了小笠原海台的 5 个大陆坡脚，其余两个（FoS -069 和 FoS -203）小组委员会认为应选在更靠近陆地的地方。日本为此重新提交了 7 个新的大陆坡脚点为小组委员会认可。

OGP 区的限制线，日本划界案采用了距离和深度两种公式线。因为利用深度限制线，就必须审议小笠原海台区是否是大陆边自然组成部分的海底高地。日本提供了大量佐证数据说明小笠原海台区被低角度逆冲断层所切断，使得海台区地壳与太平洋板块洋壳被分隔开，部分海台已经增生至伊豆 - 小笠原岛弧。此外，该区穿过海沟的鞍状区明显高于海沟向海侧海底，满足《大陆架界限委员会科学和技术准则》第 7. 3. 1 段的规定，因此委员会认可海台区已经增生至岛弧，并将继续其增生作用，是第七十六条所定义的海底高地，适用于 2 500 米等深线外推 100 海里的深度限制线。而东部洋脊区是远离俯冲区和岛弧环境下，在大洋环境下形成的，与深海海底特征一致，因此，它不是海底高地，而是海底洋脊，只适用于 350 海里的距离限制线。

OGP 区的外部界限就是基于上述 7 个大陆坡脚采用了距离公式线划定的，由于大陆坡脚的调整和深度限制线的约束，委员会核可的面积减少为 12. 2 万平方千米，是原来 20 万平方千米的约 53%（图 3. 20）。

3. 6. 4. 6 冲大东海脊南部区（ODR 区）

ODR 区位于菲律宾海的西北，分为两部分，分别为北部的冲大东海岭和冲大东隆起，以及南部的菲律宾海盆。该区陆地领土为冲大东海岭上的冲大东岛。

日本在该区提交了 4 个关键大陆坡脚，均位于冲大东隆起沿南冲绳断崖向南延伸的一个深部的相对隆起区内，该区域构成冲大东隆起的最南端。

在冲大东隆起最南端和冲大东隆起主体之间向陆有个较深的鞍状区，该区比日本定义的陆坡基部高 200 米。小组委员会认为，鞍状区海底起伏属于周围海底正常地形起伏范围内，而且鞍状区是陆坡坡度变化最大之处，其平均坡度从冲大东隆起主体的 0.4°变为沿南冲绳断崖鞍状区和日本确定的最外大陆坡脚之间区域的不到 0.1°。因此，尽管沿鞍状区有 200 米隆起，显示微弱的形态连续性，小组委员会仍认为仅凭地形数据不能认为冲大东隆起最南端是日本陆地领土的水下自然延伸，还需要地球物理和地质佐证资料来证明地质的连续性。

日本补充提交了相关佐证数据，但小组委员会认为其提供的重力数据和磁异常数据都无法清楚地判断冲大东隆起最南端的构造特征；而地球化学证据也显示冲大东断崖也是不连续的，采自冲大东隆起和断崖北段的 DSDP 294/295 样品显示出典型的洋岛玄武岩（OIB）特征，而冲大东隆起最南端和冲大东断崖本身的样品则表现出富集的大洋中脊玄武岩（E－MORB）特征。因此，小组委员会认为，日本提供的重磁场和地质佐证数据未提供该区冲大东隆起主体部分和冲大东隆起南段末端之间的地质连续性，反而支持相反的认识，即两者是不连续的。

日本在此区内重新确定了 4 个大陆坡脚并获委员会同意。ODR 区的外部界限就是基于上述 4 个大陆坡脚采用了距离公式线划定的，由于大陆坡脚的调整，委员会核可的面积只为 0.37 万平方千米，是原来 3.8 万平方千米的约 10%（图 3.20）。

3.6.4.7 四国海盆区（SKB 区）

SKB 区位于菲律宾海北部，四国海盆西接九州－帕劳洋脊北部，北接南海海槽，东接伊豆－小笠原和马里亚纳岛弧，南接帕里西维拉海盆。

日本划界案认为该区的大陆边缘由东、西两部分组成。东区为伊豆－小笠原岛弧的水下自然延伸，其陆地领土为 Shichito－Io To 海岭上的鸟岛；西区为大东海岭和九州－帕劳洋脊的水下自然延伸，其陆地领土为大东海岭上的北大东岛和南大东岛冲大东海岭上的冲大东岛和九州－帕劳洋脊上的冲之鸟礁。

（1）西侧外部界限

日本在 SKB 区西侧提交了 6 个关键大陆坡脚，均位于 KPR 东翼。

小组委员会认可了除 FoS－136 外的其他 5 个大陆坡脚。FoS－136 位于该区南部一个很小的、几乎与 KPR 垂直、从陆坡伸入四国海盆的突出部分向海末端。小组委员会指出这个突出部分在地形上和规模上都更像是深海盆的一部分而非陆坡的一部分。

基于日本新提供的地球化学数据和该区的构造模式资料，小组委员会基本同意其陆坡基部和 FoS－136 的确定。

（2）东侧外部界限

日本 SKB 区东侧大陆边缘主要由伊豆－小笠原岛弧北部的西侧大陆边缘组成。南伊豆台地是该陆缘的主要组成部分，并与纪南断崖西部相连。基于日本提交的地质、地球化学和地球物理数据，小组委员会同意日本提出的南伊豆台地是伊豆－小笠原岛弧的岛弧地壳和四国海盆弧后扩张地壳之间的过渡带，纪南海山链是 SKB 弧后扩张最后阶段形成的海山链。

日本认为该区的陆坡基部大致位于纪南断崖的基部，但是有两个区域除外。

一个是在地形上与南伊豆台地连续的纪南海山链区，日本认为其陆坡基部沿着海山群的西翼分布。地形连续性主要体现在沿纪南断崖分布的两个特征地形单元，南部是高出纪南断崖基部 400 米的狭窄脊状隆起，北部的地形单元更显宽缓，只高出纪南断崖基部 200 米左右。但小组委员会发现纪南断崖西部的海底表现为沿北北西向线性的弧后扩张地形特征，分布有无数的北西向不连续的、小的洋脊和海底突起及其突起间的局部凹陷，其地形特征与邻近的与弧后扩张相关的南伊豆台地的平缓海底完全不同。小组委员会还发现上述提及的两个地形单元，更像是纪南断崖西部崎岖海底的一部分，而不是弧后扩张区和台地区之间地形连续，因此，小组委员会不认可纪南海山西翼的大陆坡脚。

另一个是西部的南伊豆台地区。日本指出，SKB 的张开和弧后扩张始于磁异常条带 7，但是盆地东部 7 和 6B 好像被弧后扩张作用之后的伊豆－小笠原岛弧向西生长的岩浆活动所改造。小组委员会同意日本的观点，接受以这种方式改造过的初始弧后扩张地壳，是伊豆－小笠原岛弧地壳的一部分。

小组委员会认为 28°～30.5°N 之间的纪南断崖是伊豆－小笠原岛弧在该区的陆坡基部区域，而大陆坡脚应该位于那些断崖外缘明显高于邻近深海海底、且整个台地平均高度明显高于（至少 300 米）邻近崎岖深海海底的区域。

日本根据小组委员会的建议，对 SKB 区的大陆坡脚做了修改，在该区重新提交了 7 个大陆坡脚点并基本为小组委员会认可。SKB 区的外部界限就是基于西侧的 6 个大陆坡脚和东侧的 7 个大陆坡脚采用了距离公式线划定的。但委员会认为外部界限的直线连线应基于同一条公式线，也就说，直线连线不能将西部陆缘的定点和东部陆缘的定点连接起来，这样在该区 200 海里以外区域内部还存有一块面积约 1.8 万平方千米空白。扣除这 1.8 万平方千米，委员会核可的该区块面积约为 15.8 万平方千米，是原来 17.7 万平方千米的约 90%（图 3.20）。

特别需要指出的是，从委员会建议可以看出，SKB 区块大陆架外部界限是基于四国海盆东西两侧大陆边缘向海延伸的，与南部的冲之鸟礁毫无关系。而且委员会为体现对冲之鸟礁岛屿地位不持立场态度，在该区的外大陆架范围示意图中

（图 3.21），还有意去除了 SKB 区块南部的冲之鸟礁 200 海里线，显然委员会认可的 SKB 区外大陆架主张与冲之鸟礁没有任何关系。

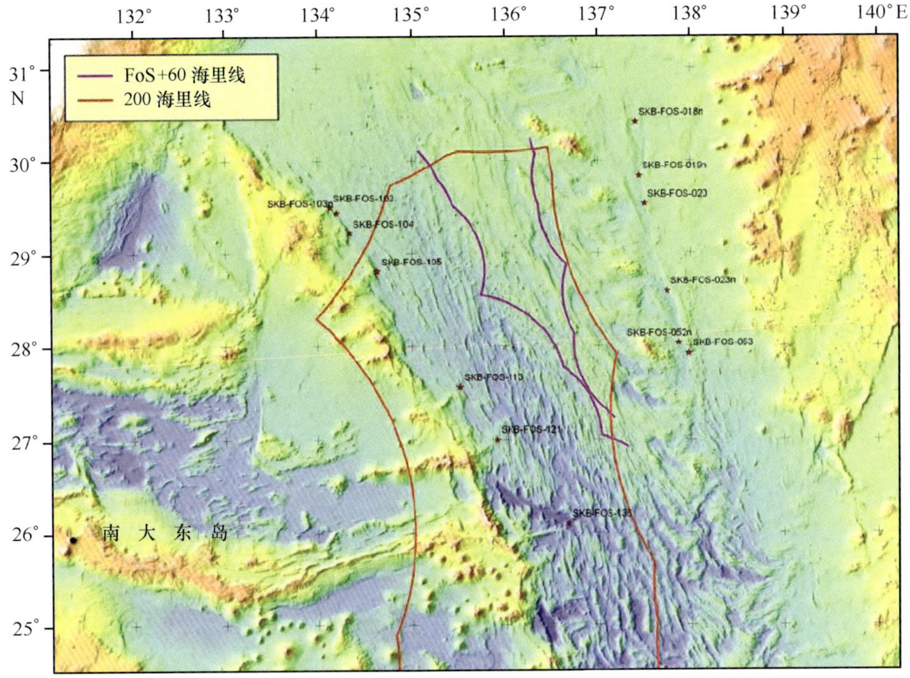

图 3.21　获委员会核可的 SKB 区外大陆架范围①

沿海国外大陆架划界是沿海国和国际海底区域之间的利益划分，如何确保这两种利益的平衡，《公约》第 300 条“诚意和滥用权利”有明确规定，要求缔约国应诚意履行根据本《公约》承担的义务并应以不致构成滥用权利的方式，行使本《公约》所承认的权利、管辖权和自由。一方面，沿海国应正当行使《公约》权利而不滥用权利；另一方面，沿海国扩展外大陆架不应侵蚀区域，不能片面运用《公约》的部分条款，过度主张外大陆架。

日本划界案企图利用《公约》相关规定追求本国利益的最大化，不仅体现在基于冲之鸟礁的主张外大陆架上，还体现在对深海海底各类洋脊的权利认定上，如把位于深海海盆和深海平原上的南硫磺岛隆起、南鸟岛、茂木洋脊、上田洋脊、迈克尔逊洋脊区、Hotokenoza 海山群、冲大东隆起南段、纪南海山、南伊豆台地等一系列洋脊均看做是日本陆地领土的水下自然延伸和大陆边缘自然组成

① 日本划界案委员会建议摘要，http：//www. un/org/Depts/los/clsc_ new/ submissions files/ jpn08/com_ sumrec_ jpn_ fin. pdf。

部分的海底高地，并据此主张大面积的外大陆架。委员会在日本划界案审议过程中，坚持《公约》基本原则，基于大量艰苦细致的工作，完成了委员会建议。

在关于日本划界案的委员会建议中指出，在中国、韩国、日本照会中提及的关于冲之鸟礁法律地位的问题得到解决之前，委员会无法就建议草案中关于 KPR 区块的内容采取行动。从目前看，无论是《公约》相关规定，还是学术界主流观点，还是相关国际实践，都不支持冲之鸟礁是具有专属经济区和大陆架权利的岛屿。因此，委员会的决定基本上打消了日本指礁为岛，利用外大陆架问题强化其冲之鸟礁专属经济区和大陆架主张的企图。在南硫磺岛隆起、南鸟岛、茂木洋脊、上田洋脊、迈克尔逊洋脊区、Hotokenoza 海山群、冲大东隆起南段、纪南海山、南伊豆台地等一系列洋脊的地质属性认定上、陆坡基部的确定和大陆坡脚的审核上也严格把关，维护了《公约》制度的严肃性和海洋正义，维护了全人类的国际海底区域利益，定将对世界海洋划界发展产生深远的影响。

第四章　被动大陆边缘特征与外大陆架划界

被动大陆边缘是联合古陆（Pangaea）内形成裂谷带后的继续发展，海底扩张导致分裂的大陆与新生洋底之间的交界带，理论上提供了从早期断裂、火山活动到裂谷阶段转化为漂移阶段的拉伸变形的完整记录，蕴含着大陆分裂和海底扩张洋壳形成的重要信息（图 4.1）。

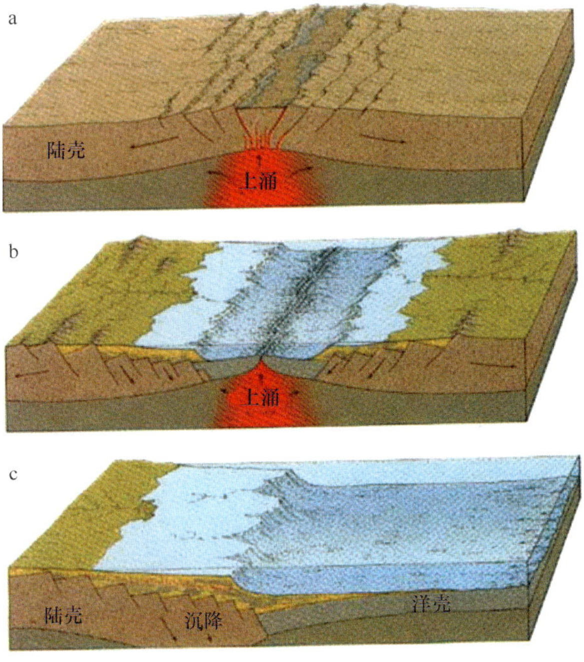

图 4.1　被动陆缘发育模式图

根据形成过程中岩浆活动的强度差异，被动大陆边缘又可以分为火山型被动大陆边缘和非火山型被动大陆边缘（图 4.2）。火山型被动大陆边缘以大量的喷发和侵入岩浆活动为特征，表现为主要由玄武岩流组成的向海倾斜反射层系列以及地震速度在 7.2 千米/秒以上的底侵物质组成的厚层高速下地壳层。如大洋钻探 104 航次在挪威岸外 VΦring 边缘与 152 航次在格陵兰东南大陆边缘对向海倾斜反射层的钻探证实了在裂谷作用晚期与海底扩张早期大量的玄武质喷发活动，火山岩系中所夹的沉积岩表明火山岩是在陆上或者浅水环境下喷出的。在厚厚的张裂后沉积物覆盖的美国大西洋大陆边缘也发现了类似的特征（Holbrook and Kelemen，1993）。而非火山型被动大陆边缘岩浆活动有限，以岩石圈的拉伸作用占据主导地位，具有下地壳相对低速（6.3～6.8 千米/秒）、块断基底与减薄陆壳、缺乏向海倾斜反射层系列的特征，典型的如比斯开湾北部边缘（White and McKenzie，1989）、加拿大 Nova Scotian 边缘（Keen and Potter，1995）以及伊比利亚非火山型边缘。在伊比利亚非火山型陆缘，强烈的拉张作用所伴随的构造剥蚀作用使得橄榄岩出露在被动陆缘的底部，并有蛇纹石化现象。

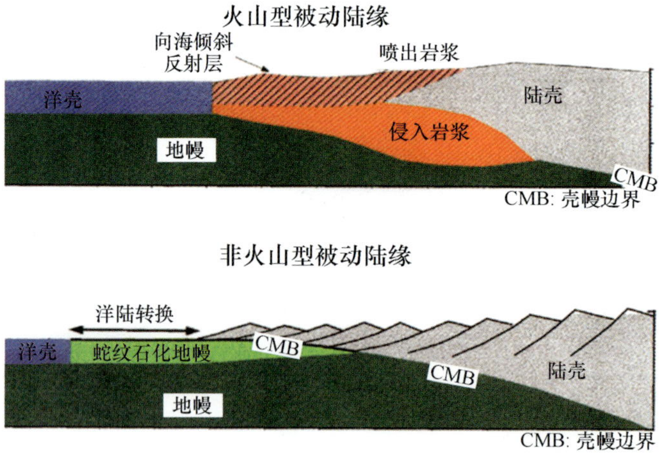

图 4.2　被动陆缘分类图

上图为火山型被动陆缘，下图为非火山型被动陆缘

4.1　地形地貌特征

被动大陆边缘上通常覆盖着巨厚的沉积层，包括大陆架、大陆坡和大陆基等地形（图 4.3）。大陆架坡度平缓，坡度一般小于 1∶1 000，自海岸线到相对容易界定的陆架边缘或者陆架坡折处平均水深约 130 米，地貌起伏小，宽度可从数千米到 400 千米（平均 78 千米；Kennett，1982）。大陆架与大陆坡的分界处称为陆架坡折带，水深迅速由 100～200 海里增加到陆坡处的 1 500～3 500 米。陆坡带的宽度通常小于 40 千米，且相对较陡，大陆斜坡的坡度一般为 1∶4 至 1∶24，其上常被较多的水下峡谷所切割。大陆基位于陆坡和深海洋盆之间，宽度范围在 100～1 000 千米之间，坡度平缓，坡度常常小于 1∶100。大陆基之下为深海洋盆。

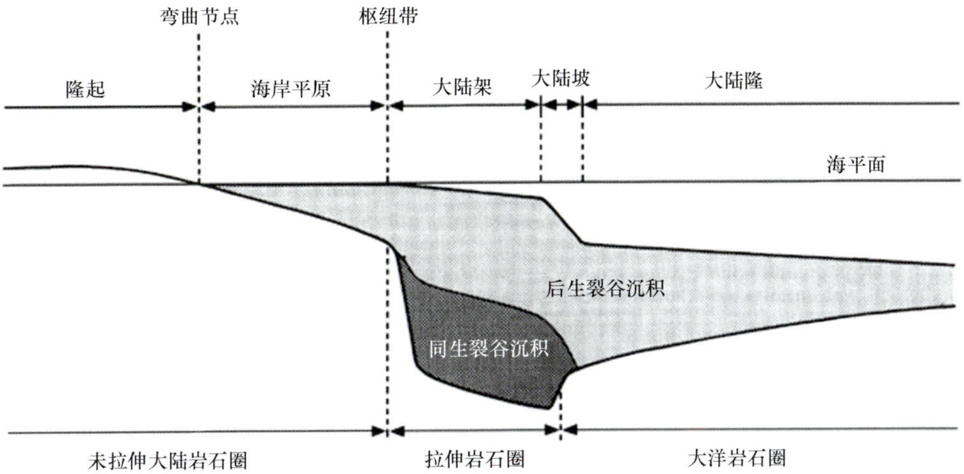

图 4.3　被动大陆边缘主要构造和地貌要素图

被动大陆边缘地形地貌均比较类似，只是由于构造以及沉积特征的差异，而在陆架、陆坡和陆隆的长度、宽度和坡度方面有区别。大陆边缘的宽度主要受陆壳的影响，而陆壳的宽度又取决于漂移之前的张裂作用。大西洋边缘的宽度一般为 200 ~ 300 千米，比如南大西洋西非陆缘是被动大陆边缘发育的典型地区，这些陆缘具有平缓的大陆架，坡度不是很大的陆坡，如南非陆缘的桔子盆地（图 4.4）。

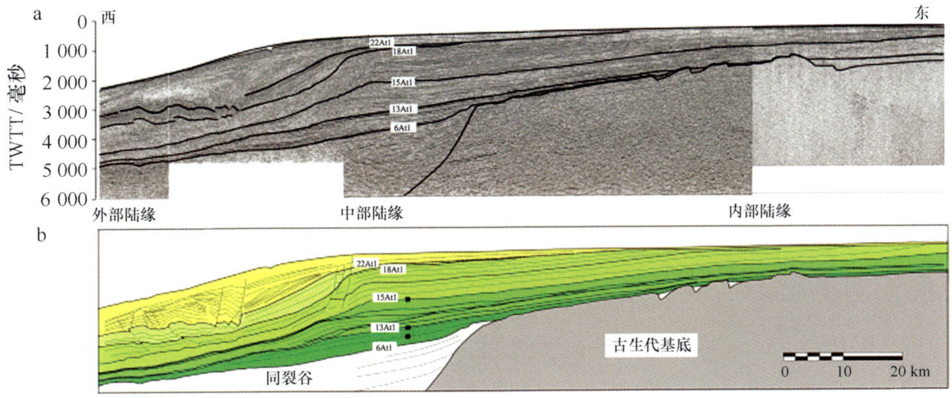

图 4.4　西非被动陆缘桔子盆地横剖面图（Hirsch et al.，2010）

但有些被动大陆边缘却很窄。在很多情况下，当前的陆架边缘或者陆坡底部大体与沉积陆壳与洋壳的边缘吻合。有多种原因可能造成狭窄的陆架，比如较强的洋流会阻止物质沉积（佛罗里达外的湾流），沉积物供应不足或者强烈风暴等。不对称的大陆张裂也会导致共轭陆缘陆架—陆坡在地貌上的差异，比如南大西洋共轭陆缘南美一侧的陆架—陆坡区就远远窄于西非陆缘一侧区域（图 4.5）。这样，沉降的陆壳就会形成边缘型海底高原，这些高原的表面位于海平面以下数百千米至1千米，如在年轻的挪威－格陵兰海就存在各种宽度的大陆边缘和沉降的海底高原（图4.6）。

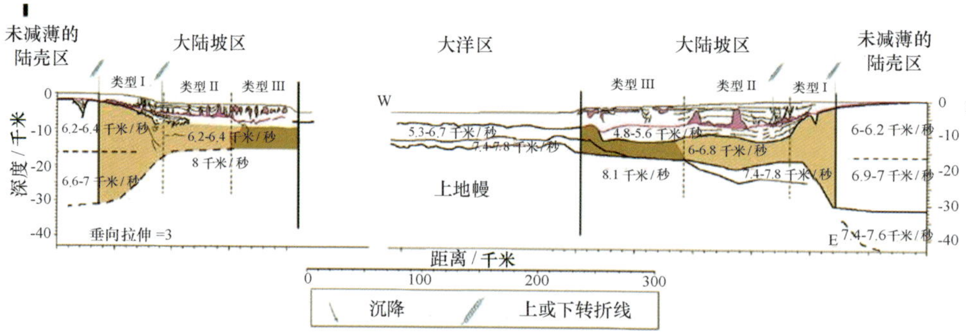

图4.5　南大西洋不对称扩张所导致的南美陆缘区和西非陆缘区的不对称性

Aslanian et al. , 2009

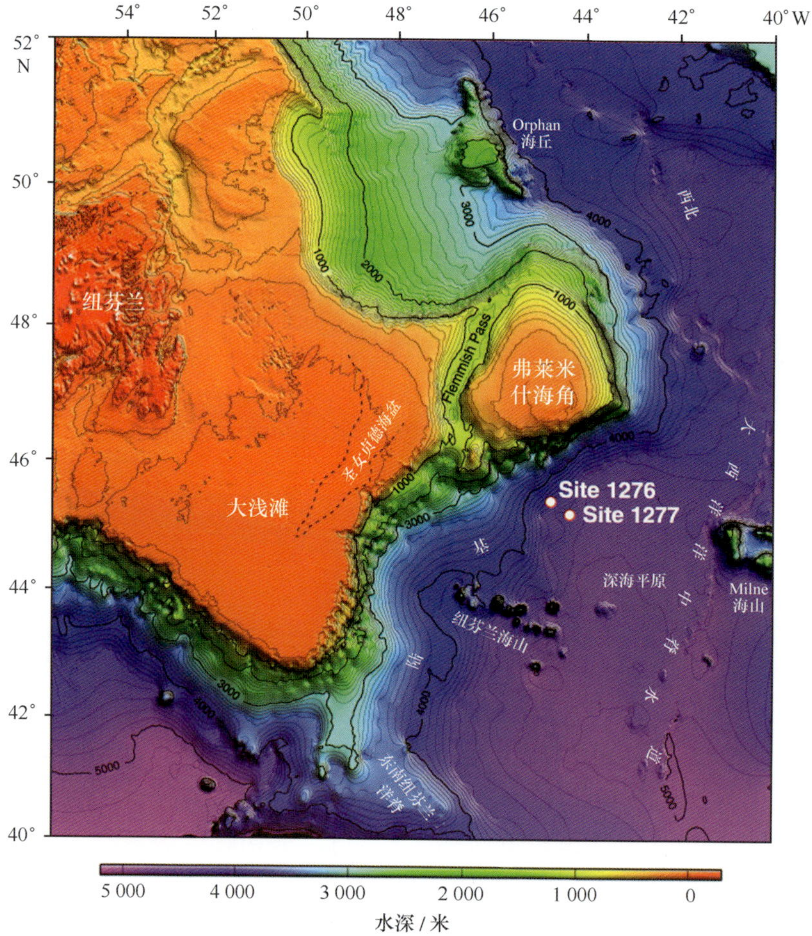

图4.6　格陵兰岛弗莱米什海角区地形图（Hopper et al. , 2004）

在被动大陆边缘，除上述地形单元外，在低坡度区域常常有伴生的复杂陆坡的出现，成为台地或者海台（图 4.7）。这些地貌往往被明显的海槽所分隔，例如澳大利亚东北海上的昆士兰海台和海槽区，格陵兰东部陆架区的 Orphan 海丘和弗莱米什海角海台（图 4.6）。当然也有不发育海槽的地区，比如北美东部陆缘的布莱克海台。

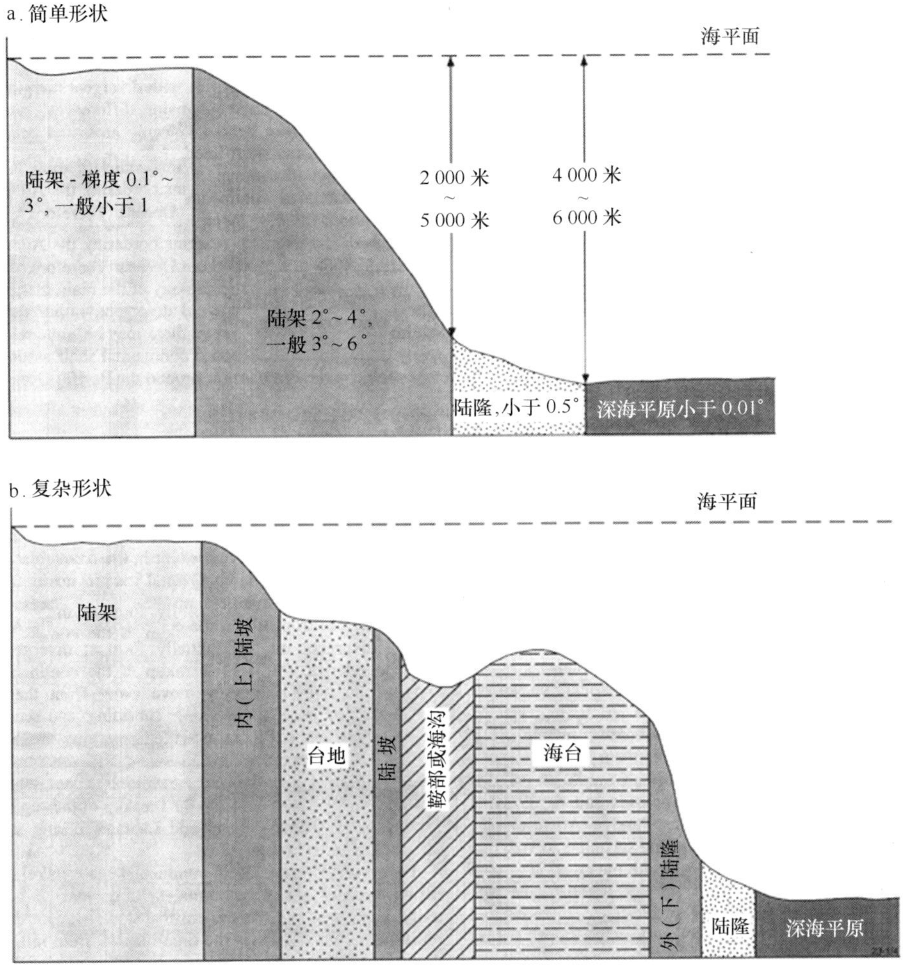

图 4.7　显示海底地貌和坡度的常规横剖面图（Symonds & Willcox，1989）

4.2 地球物理、构造特征和洋陆过渡带

4.2.1 重磁特征

被动大陆边缘的重磁特征多表现为在洋陆过渡带区具有明显的重力异常和地磁异常。重力异常最为显著的是边缘效应，表现为沿着大陆架的外缘，自由空间重力异常急剧升高，同时在向陆一侧有一个重力低，异常值可达到100毫伽，这可能与不同密度的洋壳和陆壳接触相关。在被动大陆边缘洋壳基底中存在隆起构造也会导致这种均衡重力异常的升高，如西非的加蓬－刚果海区、厄加勒斯－福克兰（Agulhas－Falkland）海区。

Watts 和 Marr（1995）认为这种典型的自由空间异常高－低值形态是“强”边缘（其弹性厚度为25千米左右）的特征；他们还在研究围绕非洲和美国东海岸的板块边缘的基础上，识别出两种与弱陆壳（按简单艾里模式的要求，其弹性厚度接近0千米）有关的“双边缘”效应类型（图4.8）。这种方法对东北大西洋的一个更特殊的运用（Watts & Fairhead，1997）显示了有火山型被动陆缘建模和无火山型被动陆缘建模概念上的不同。变薄陆壳的存在向重力模式中引入了附加的参数。

沿大陆海岸线存在两类明显的地磁异常带，一类是沿着北美东岸的大陆架外缘分布的，称为东岸地磁异常（east coast geomagnetic anomaly 或 slope geomagnetic anomaly），它可能是大洋基底尖灭的边缘效应，或者反映了海底基底的隆起，或者就是一条地磁异常条带。另一类是地磁低缓异常带（magnetic smooth），或者称为磁静区（magnetic quiet zone），表现为较为平缓的磁异常。

4.2.2 构造特征

被动陆缘主要表现为伸展作用，形成了陆缘伸展盆地，并显示双层构造。下部构造层为裂谷期形成的高角度的正断层和犁形断层以及由这些断层控制的地堑－半地堑，而上部构造层主要为后裂谷期热力学沉降而形成的坳陷沉积。由于漂移前后地壳的差异运动，同张裂沉积和张裂后沉积存在一个较为明显的“破裂不整合”。

以西非被动陆缘为例。从剖面的结构图上看，西非被动边缘由东向西、从陆到海方向地壳一般由正常陆壳、减薄陆壳、过渡壳和正常洋壳组成（图4.9）。正常陆壳的厚度、成分与边缘东侧大陆相似，没有伸展减薄及比较明显的物质成

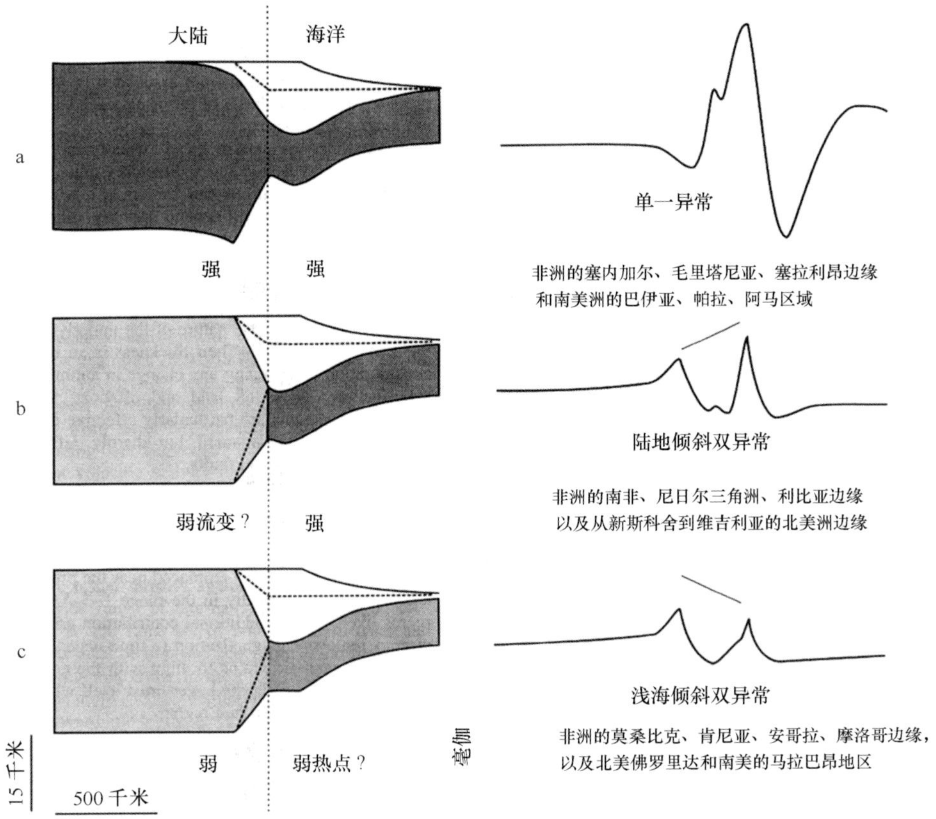

图 4.8　从自由空间重力异常的边界效应推导出的大陆边缘类型

模型中虚线指示出原始的地壳结构。计算出的褶曲和边界效应是以同样的原始地壳/地幔结构和沉积负载为基础（Watts & Marr，1995）

分变化。减薄陆壳的厚度减薄了 5～10 千米，莫霍面有所抬升，其上发育了一系列裂谷期形成的、裂谷轴近似平行于海岸线的裂谷。减薄陆壳之上的陆架很宽、坡度很缓，陆架坡折带位于减薄陆壳的外侧、洋陆过渡带附近。过渡壳位于陆隆向海方向的下部，由溢流玄武岩、破裂陆壳剥落下来的沉积物等组成。过渡壳与减薄陆壳间的大致边界即为洋陆边界。过渡壳西侧为正常洋壳，其上逐渐过渡为深海平原，再向西即为洋中脊。因此，西非陆缘与世界上许多被动大陆边缘相同，属于火山型被动大陆边缘。

被动陆缘另外一个重要特征是发育大型的与陆缘展布方向垂直的横向构造带，这些构造带往往错断了伸展作用形成的断裂带。如北美大西洋被动陆缘 NE 向的构造带被 NW 向的断裂带所切割。而南海北部陆缘也表现出类似的特征，NE 向的构造带被众多的 NW 向断裂带切割，这些 NW 向断裂带活动时间较早，

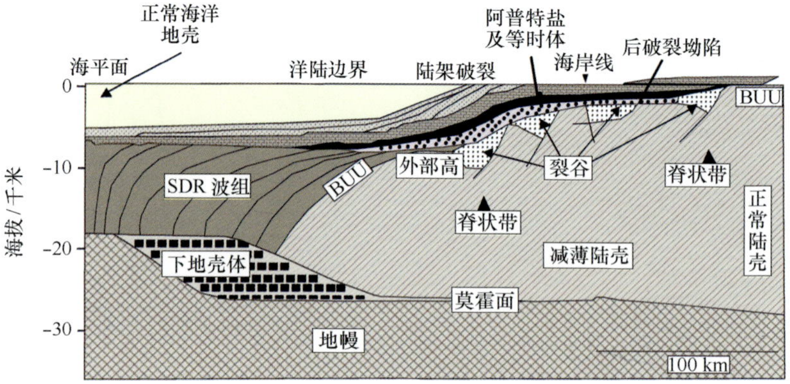

图 4.9　西非陆缘剖面示意图（马君等，2008）

而在晚期又有重新活动（图 4.10）。

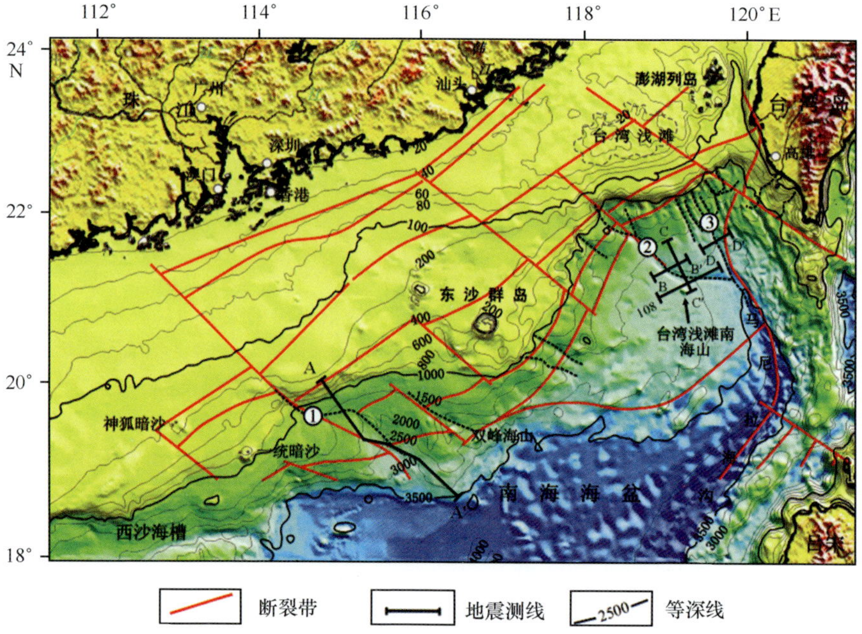

图 4.10　南海北部陆缘断裂分布图

4.2.3　洋陆过渡带

在前文地球物理特征中已经对洋陆过渡带的识别加以阐述，重力和地磁数据可以作为确定洋陆过渡带的重要依据。但是对这些边缘效应、磁静区等重磁场特征的起源具有不同的解释，并非是针对洋陆过渡带唯一和普遍的指示特征。实际上大陆裂谷－海底扩张构造的复杂性使得洋陆过渡带往往存在多种可能性。在快速海底扩张系统中，洋壳和陆壳的基底变化是很明显的，在陆坡的坡脚区很可能就是洋壳和陆壳的分界区。但是如果裂谷期扩张是幕式的或者跳跃式的，或者海底扩张是缓慢的，岩浆侵位较低，或者拉张期具有强烈的岩浆作用，或者具有上地幔裸露的情况，往往会使得洋壳和陆壳之间缺乏足够显著的密度和磁性差异，使得过渡带的识别变得非常困难。这些情况下要综合研究区构造地质、地球物理以及地貌等方面的因素综合加以分析。

深反射地震技术的发展为地壳深部结构的识别提供了新手段，尤其是这些年来 OBS（Ocean Bottom Seismic）技术的广泛应用，使得在被动大陆边缘洋陆过渡带的识别得到了长足的发展。以西非被动陆缘区纳米比亚和安哥拉陆缘为例，利用深反射地震资料所得到的地壳深部结构清晰地反映出了洋陆过渡带的位置，这些洋陆过渡带的位置并不是一个简单的线性带，而是一个渐变带，分隔了洋壳和陆壳，而沿着该带往上的位置大致位于陆坡坡脚处。

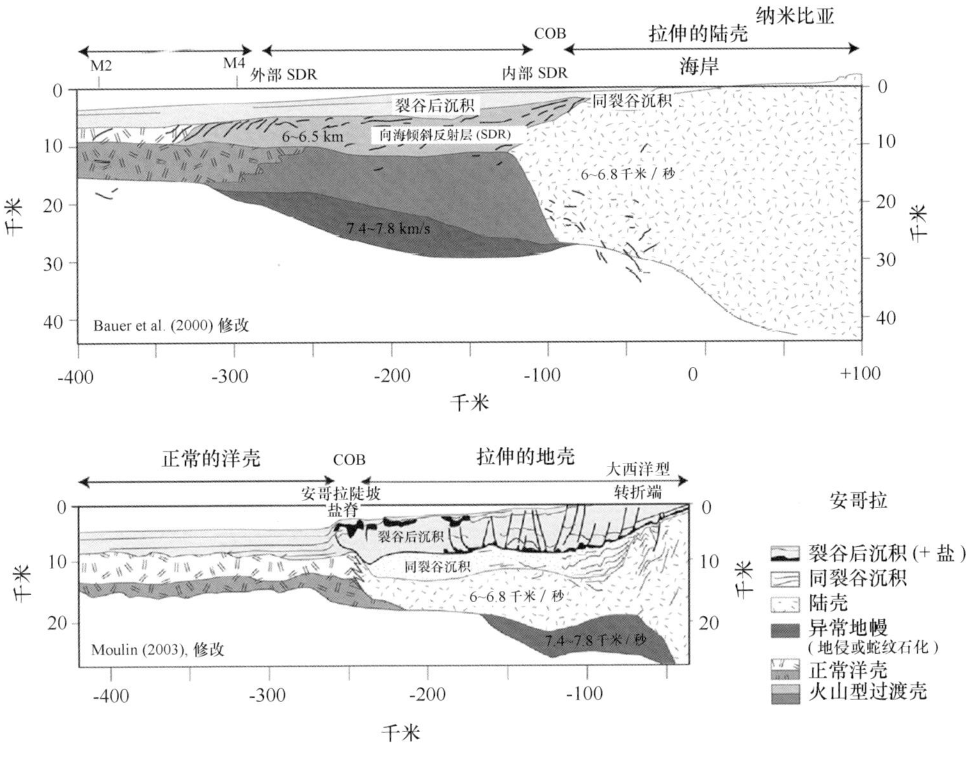

图 4.11　西非陆缘深反射地震剖面所反映的洋陆过渡带（Aslanian et al.，2009）

4.3 被动大陆边缘的演化特征

被动大陆边缘的演化均与泛古陆的裂解以及大洋的拉张事件相关，比如北大西洋的拉张形成了北美东部和欧洲西部的被动陆缘，南大西洋的拉张形成了非洲西部及南美东部被动陆缘，而非洲东部陆缘及印度、澳大利亚陆缘与印度洋的拉张事件相关，这些被动陆缘往往均经历了裂前期、裂谷期和漂移期的演化阶段。以下将分区域对被动大陆边缘的演化特征进行详述。

4.3.1 非洲西部陆缘

西非被动大陆边缘位于南大西洋东侧，从几内亚湾东侧的尼日尔三角洲盆地起向南到纳米比亚这一段最为典型，沿着这一带边缘延伸方向发育了一系列的沉积盆地，包括尼日尔三角洲盆地、杜阿拉盆地、穆尼盆地、加蓬盆地、下刚果盆地、宽扎盆地和纳米比亚盆地等（图 4.12）。各盆地之间一般以构造隆起或地形高地为分隔［如圣胡安卡布隆起（Cabo San Juan Arch）、卡萨马雷隆起（Casamaria Arch）、安布里什隆起（Ambriz Arch）和本格拉高地（Benguala High）］等。

西非大陆边缘经历了 4 个构造演化阶段（图 4.13）：

前裂谷阶段（晚侏罗世—早白垩世贝利亚斯期）：南美和非洲大陆仍是一个统一的、连续的大陆。但在 Tristan 地幔热柱（距今约 130 Ma）的影响下，南美洲、非洲大陆上均发生了玄武岩的喷发，并在非洲和南美洲大陆之间形成了沃尔维斯脊（非洲一侧）和里约格兰德脊（Rio Grand Ridge）（南美一侧）火山岩带（该火山岩带持续活动到大洋漂移后）。

同裂谷阶段（早白垩世凡兰吟期 - 巴列姆期）：地壳减薄，非洲大陆和南美大陆间发生陆内裂谷作用，形成了一系列裂谷盆地及深水湖泊，沉积了富有机质深水湖相沉积，是西非边缘重要的同裂谷期烃源岩。这些裂谷盆地沿西非边缘由南向北发展，就像在非洲和南美大陆间从南向北逐渐打开一条拉链一样。

过渡阶段（阿普第期 - 早阿尔必期）：持续的伸展最终导致大陆破裂，南大西洋开始打开，受横向展布的沃尔维斯脊和里约格兰德脊火山岩带形成的地形高的影响，南侧的海水周期性地涌入该火山岩带北侧的沉积盆地，于阿普第期沉积了对西非油气勘探极为重要的蒸发盐层序（其原始沉积厚度一般可达 1 000 米）。

后裂谷（漂移）阶段（早白垩世阿尔必期至现今）：主要表现为海平面升降、非洲大陆抬升/掀斜，沿岸边缘发育碎屑岩、浊流沉积等。阿尔必期陆架区

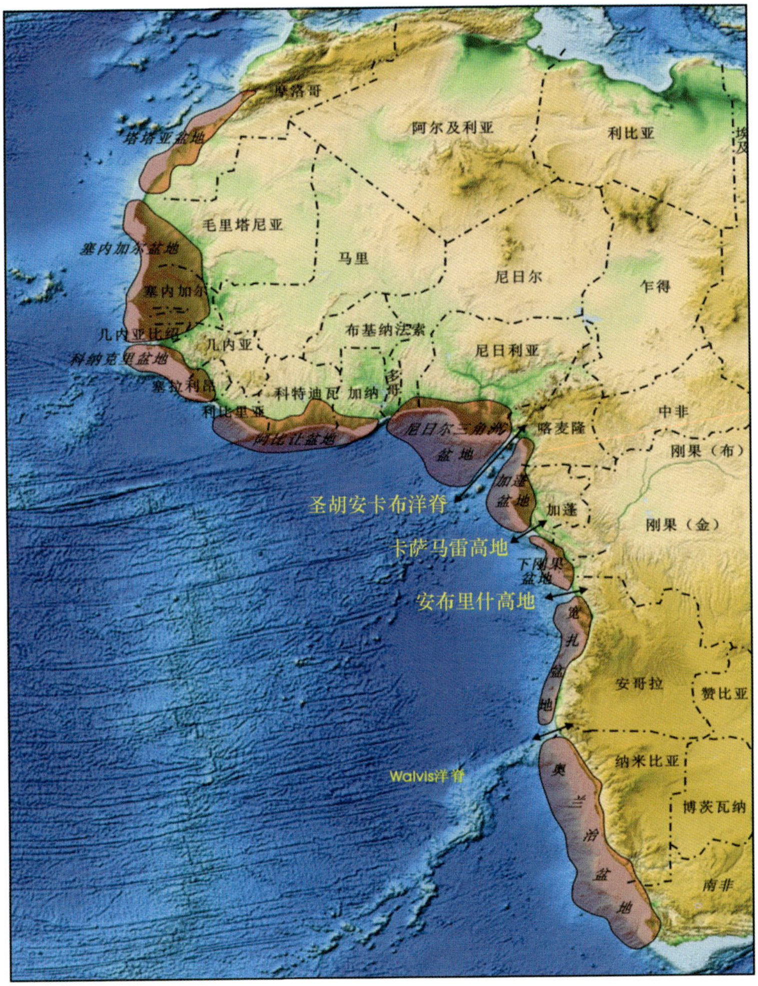

图 4.12　西非被动大陆边缘盆地分布图

为浅水碳酸盐岩沉积，深海区为页岩沉积。赛诺曼期初沃尔维斯脊火山岩带被海水永久淹没，西非沿岸边缘成为真正的广海环境。晚白垩世坎佩尼－麦斯特里希特期为全球性海平面上升及缺氧环境，海侵影响范围最广，沉积了富有机质海相页岩。

中始新世起到中新世（尤其是渐新世），海平面大幅下降，加上渐新世初在东非发育的阿法尔热柱的作用，使西非大陆抬升剥蚀，陆源碎屑沉积被带到深水盆地沉积下来，形成规模不等的深水浊积扇（如尼日尔三角洲、刚果扇、宽扎扇等），因东侧非洲大陆抬升及西侧海上重力负载，西非边缘块体向西（向海方向）掀斜，因重力滑动作用（或重力均衡作用）而形成大量盐构造（或泥构造）。

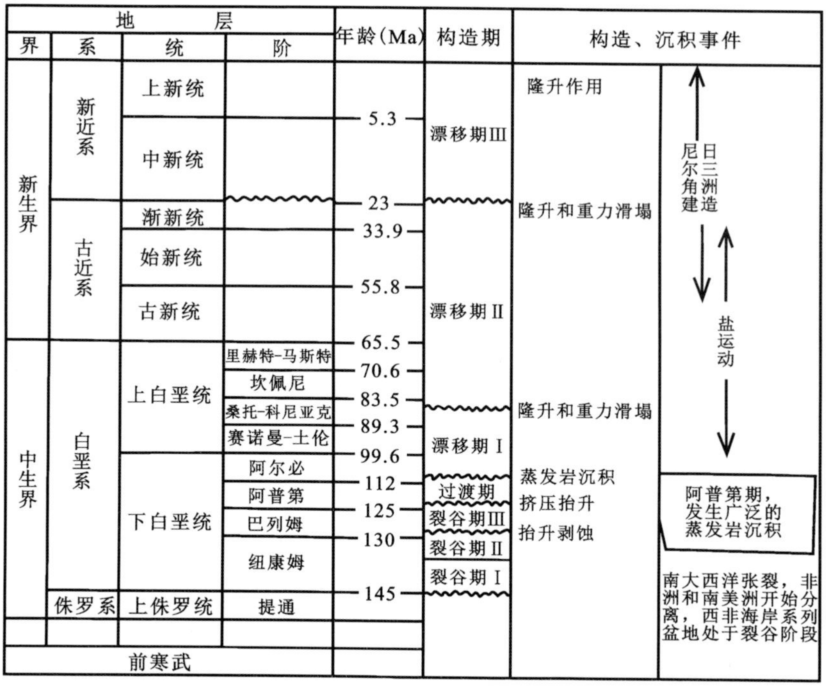

图 4.13　西非被动大陆边缘盆地主要构造－沉积事件（刘剑平等，2008）

4.3.2　南美洲东部陆缘

南美洲东部的被动陆缘主要分布在巴西东部陆缘，包括 Espirito Santo 盆地、Campos 盆地、Santos 盆地等。巴西东部陆缘和非洲西部陆缘为共轭陆缘，因此这些盆地在构造沉积演化方面与西非大陆边缘盆地具有很多相似之处，都受控于南大西洋的张裂作用和持续的漂移。

巴西大陆边缘范围内可划出 11 个沉积盆地，它们沿海岸线从北向南展布并占据了陆地和海区。包括亚马孙三角洲、巴雷拉斯、赛阿拉、波帝瓜尔、帕南布格－帕拉伊巴、赛尔希培－阿拉戈斯、博约、圣埃斯皮里托、坎波斯、桑托斯和佩罗塔斯盆地。这些盆地被背斜隆起和巨大的基底突起隔开。因为巴西被动陆缘的年龄相对不大（它形成于早、晚白垩世的交替时期），在该区的深部结构中还明显地表现出地垒—地堑构造。实际上，在每一个巴西大陆边缘盆地中可追踪到被相对隆起地段隔开的大致平行的地堑或地堑链系统。例如在塞尔希培－阿拉戈斯盆地中，地堑系统呈雁行分布。大部分沉积盆地平行海岸延伸，而博约盆地则可以看成是一个向大陆深处延伸的大盆地。后者被分解为以下几个凹陷：雷科卡瓦、卡马穆、阿尔马达、热基蒂奥尼亚、卡穆鲁克萨蒂巴、土卡诺和雅托巴凹陷。

除了在Santos和Pelotas盆地之间有少量声呐地震折射数据，在巴西陆缘尚无广角反射数据。据在Campos陆缘（安哥拉陆缘的共轭陆缘）获得的地震数据，上地壳的速度在非洲侧为6～6.2千米/秒，在巴西侧为6.2～6.4千米/秒。下地壳的速度在非洲一侧为6.9～7.0千米/秒，在巴西一侧减为6.6～7千米/秒。在重力模型中未发现有高速层的存在（图4.14）。

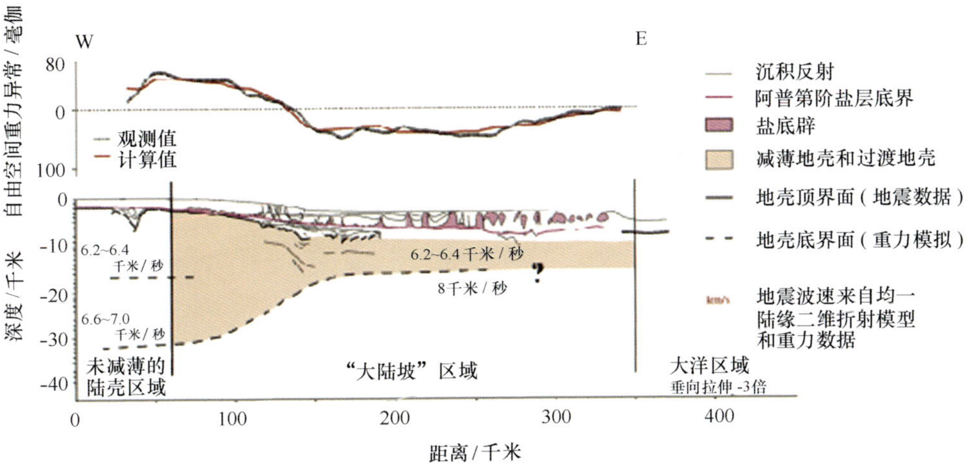

图4.14　大陆边缘深部结构图（Aslanian et al.，2009）

与西非陆缘类似，南大西洋的裂开及其后持续的漂移期，控制了盆地的沉降和沉积。在晚侏罗—早白垩世，冈瓦纳大陆解体，南大西洋开始裂开，南美和非洲之间出现了裂谷，形成了陆相湖盆。之后南美和西非持续的张裂增大了盆地的可容纳空间，两岸的陆缘因大量的构造剥蚀供应大量的陆源碎屑物质，纽康姆期到阿普第期中期，发育了巨厚的裂谷期陆源湖相层序。在南大西洋地区共发生了5次明显的构造隆升剥蚀作用，形成了几期不整合面。巴列姆晚期发生的构造反转产生了第一次区域性抬升，形成了西非沿岸裂谷盆地的区域不整合和抬升剥蚀；阿普第早期发生了第二期盆地挤压抬升，发生准平原化作用，形成了裂谷期和过渡期之间的不整合面；桑托期发生了第三期隆升及重力滑塌，形成了漂移期内部的第一个区域性不整合面；第三纪中期发生了第四期隆升，引起重力滑塌；第三纪晚期最后一期隆升作用，引起了沉积物的变形。构造活动直接控制着洋盆可容纳空间和沉积物的供给，控制着裂谷期陆相地层、过渡期盐层及漂移期海相地层发育的整个过程，漂移期盐丘和岩浆活动形成了许多的底辟构造，直接控制油气的运移聚集及其分布。

4.3.3 北美洲东部陆缘

北美现代大西洋陆缘从湾内的巴芬岛到南部佛罗里达以及巴哈马的东南角，距离超过7 500千米（图4.15）。这是地球上连续性最长的被动大陆边缘，这里包含了重要的油气产区，即纽芬兰岛的Grand浅滩。北美大西洋陆缘代表了典型的“大西洋型”陆缘，尤其是美国东海岸区域的陆缘部分。北冰洋的北美大陆边缘也属于被动类型，其形成发育和包括阿拉斯加北部以及附近的北冰洋、楚科奇海域的前寒武地台分裂相关。

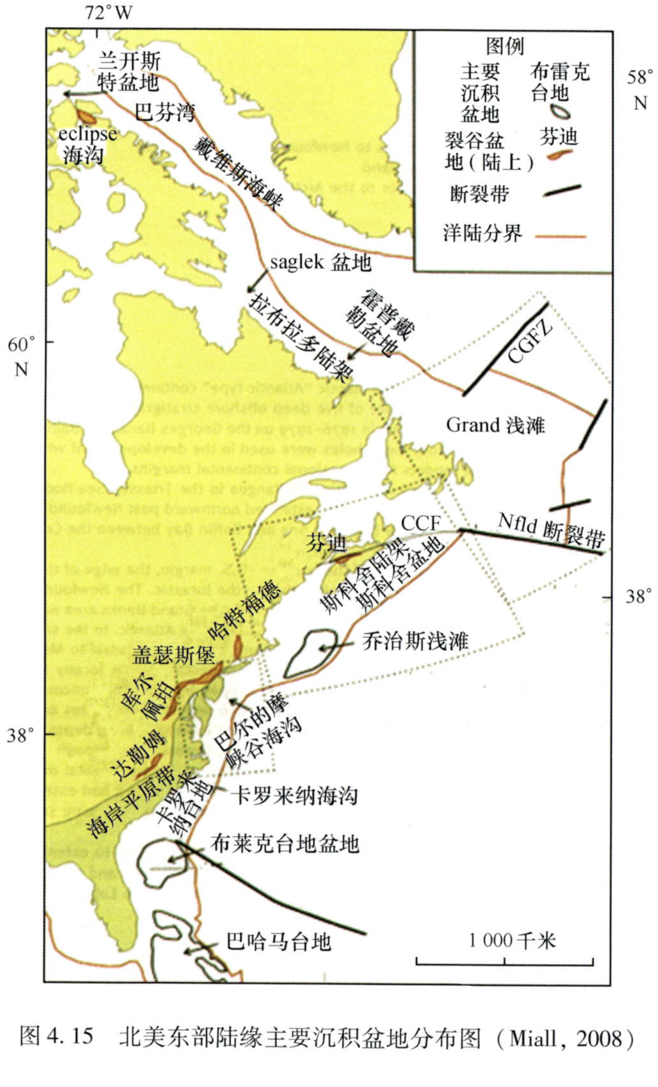

图4.15 北美东部陆缘主要沉积盆地分布图（Miall, 2008）

在美国大西洋陆缘，最大的沉积盆地是墨西哥湾盆地，在这里巨大的密西西比河在几个 Ma 期间输送了大量的陆源物质，不仅形成了三角洲，而且还有深水冲积锥，沉积盖层巨厚，在密西西比河附近都超过了 20 千米。

北美大西洋型盆地的地层和构造都具有被动陆缘盆地的典型特征。盆地裂谷期的构造主要由和海岸线平行的线性大型铲式正断层控制，期间有近乎正交的断裂连接，这些断裂向海延伸，为洋盆的转化断层。在地震剖面中，裂谷表现为非对称性，边界断层为铲式正断层。深部古地形会影响后期的沉积，比如在斯科舍陆缘和 Grand 浅滩的裂谷期断裂的展布与其下的古生代阿巴拉契亚构造展布相一致。三叠纪—侏罗纪的蒸发岩是裂谷期重要的沉积，同时也形成了斯科舍陆架和 Grand 浅滩内部一些构造。巴蒂摩海峡和卡罗丽娜海槽区域的陆缘具有厚的侏罗纪火成岩构造。整个陆缘裂谷期构造被向海倾斜的大陆 - 台地相沉积楔所覆盖，为陆源碎屑沉积。部分大西洋陆缘陆坡由于重力滑移作用而发生破裂和拆离作用。

北部盆地受到冰川作用的强烈影响。在加拿大部分，在冰河期整个陆架均位于冰川之下，冰川作用在 Hudson 海峡开始于晚上新世，在斯科舍陆缘开始于中全新世。这些冰川运动对盆地上部的充填产生影响。

北美东部陆缘由于泛古陆的裂解而形成。从三叠世至今裂解运动可以分为三个主要的阶段（图 4.16），分别形成了陆缘的 3 个部分：①南部，从佛罗里达和巴哈马区域到纽芬兰岛的破裂带；②纽芬兰滨海 Grand 浅滩；③北部巴芬岛—拉布拉多陆缘。破裂事件开始于侏罗世张裂系统的发育，影响了整个北美大西洋陆缘以及非洲板块北西部的部分和欧洲北西部的大部分，但不包括拉布拉多以及北部区域。中侏罗世（170 Ma）时期大西洋的海底扩张运动使得从纽芬兰破裂带到巴哈马以及墨西哥湾区域海域一侧形成了洋壳。在晚中侏罗世，扩张脊向外侧迁移，在现今为陆缘的区域形成了过渡壳。晚侏罗世（153 Ma）纽芬兰岛开始与欧洲（伊比利亚半岛）分离，并一直持续到阿尔必期（约 110 Ma）。欧洲与北美的分离在 97 Ma 的阿尔必期完成。晚侏罗世到阿尔必期影响 Grand 浅滩的构造运动奠定了大西洋陆缘三个部分的最终构造格局。

早白垩世在拉布拉多海和巴芬湾开始了张裂运动，海底扩张运动始于森诺曼期并一直持续到渐新世（95 ~ 25 Ma）。磁力异常条带特征表明了在格陵兰岛南端三联点的存在，时间为早—中始新世（52 ~ 43 Ma），格陵兰岛开始和北美板块一起移动。海底扩张运动一直持续到渐新世，终止于拉布拉多海。

在二叠纪末期阿巴拉契亚造山运动开始趋于停止，阿巴拉契亚山的隆升作用也达到顶峰，其隆升和剥蚀作用提供了大量的沉积物，从三叠世开始这些沉积物开始充填大西洋陆缘拉张作用形成的张裂盆地，并一直沉积到陆缘的向海一侧。

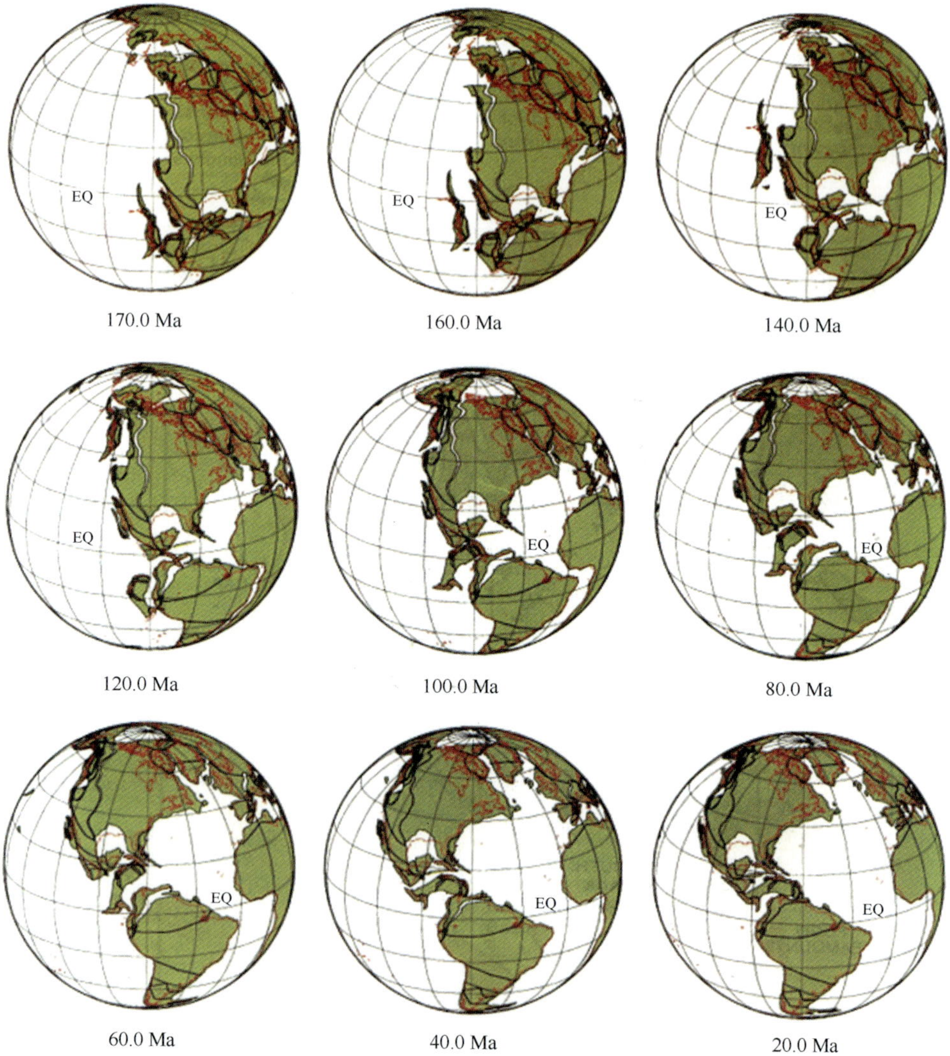

图 4.16　北美东部陆缘构造演化示意图（Miall, 2008）

另外，研究认为拉布拉多海和巴芬湾海域的沉积物部分源自加拿大西部安第斯山系的剥蚀作用，剥蚀形成的沉积物在新生代通过大型河流向东输送到大陆边缘。

大西洋陆缘南部，从佛罗里达到巴哈马，一直到纽芬兰岛破裂带代表了完全发育的，至今仍在活动的被动陆缘，沉积记录从中侏罗世一直持续至今。地球物理数据表明沿着巴芬岛陆缘一直到岛间的冲沟均有厚的沉积序列。巴芬湾和其西侧岛间冲沟在 70 Ma 由于加拿大和格陵兰岛之间的海底扩张运动而形成，在此期间格陵兰岛经历了旋转和相对于北美板块的左旋运动，导致了在北极岛东南部的拉张变形以及东北部的挤压变形，形成了 Eurekan 造山带。

从纽芬兰岛到佛罗里达，大西洋陆缘包括了宽广的陆架，其中四个地区尤其宽广，其下为陆壳：纽芬兰海域的 Grand 浅滩、乔治浅滩、布莱克海台以及巴哈马台地。下伏为侏罗世—新生代拉张陆缘沉积的滨海平原，从纽约一直延伸到佛罗里达。纽约北部的沉积楔完全在海平面以下。三叠世—早侏罗世阿巴拉契亚造山带内部的裂谷盆地从北卡罗来纳至新斯科舍形成了一个带，通常称为“内瓦克盆地”。

从佛罗里达到纽芬兰岛基底由阿巴拉契亚造山带组成，拉布拉多和巴芬岛基底为前寒武地盾。在拉布拉多和巴芬岛南部年轻的沉积下仍有部分克拉通古生代碳酸岩沉积。

4.3.4 欧洲西部大陆边缘

中生代—新生代多期伸展构造作用控制了欧洲被动大陆边缘的构造与沉积演化，在早始新世（53.7 Ma）大西洋 NE 部开始海底扩张之前，持续了将近 350 Ma 的伸展作用使得欧洲被动大陆边缘盆地区沉积了巨厚的中生代--新生代的沉积，在 Mφre 盆地厚度可达 17 千米。在陆缘的外侧，盆地的沉积还包括古新世—始新世期间与大陆破裂相关的玄武岩。在中生代欧洲被动陆缘盆地大致经历了三个主要的拉张期：早 Cimmerian 期、晚 Cimmerian 期和 Austrian 期，而新生代主要发生 Laramide 裂谷作用。

早 Cimmerian 期的裂谷作用使得被动陆缘盆地形成了裂谷构造和同裂谷沉积，已知的晚三叠世—早侏罗世的地堑和半地堑从 Scotian 陆架延伸到 Grand 浅滩地区，这些早中生代 NE 向的地堑充填了陆相碎屑岩、蒸发岩以及玄武岩，广泛分布的白云岩和灰岩覆盖在每个同裂谷期充填物上。但是在爱尔兰陆缘的外 Moray 湾地区大部分的同裂谷地层于中侏罗世被剥蚀了。北海中央的大部分地区与中侏罗世也经历了广泛的抬升和剥蚀作用。

晚 Cimmerian 期裂谷作用从晚侏罗世持续到早白垩世，是北大西洋两侧被动陆缘盆地均可识别出的拉张期。但各盆地张性断层的形成，硅质碎屑的输入及源岩的发育不同，使得与该期构造运动有关的裂谷作用的时代和程度存在很多差异。

Austrian 期裂谷作用是欧洲被动大陆边缘盆地所经历的中生代第三次拉张幕，Austrian 裂谷期早于 Flemish Cap/Orphan Knoll 和 Goban Spur/Porcupine 浅滩大陆边缘的张裂期。形成了河相、三角洲相及滨海—浅海相沉积。该期活动在不同的盆地也有不同的特点，比如在北海盆地受 Austrian 构造作用影响不大，但在爱尔兰陆缘区发生了重大的局部构造作用和砂质物质的输入。

Laramide 期裂谷作用使得格陵兰—西北欧板块从森诺期开始拉张。从 Rokck-all 和 Faeroe 海槽到格陵兰东南边缘为 Laramide 张性作用的主裂谷区和 Thulean 火山活动区。分隔北 Porcupine 和主 Porcupine 盆地的 NEE—SWW 向断层的倾向滑动生长是东南边缘地区见到的几个森诺期伸展构造显示之一。主裂谷边缘东南下盘区古新世抬升和翘倾使得 Porcupine 和爱尔兰边缘 Moray 湾盆地向南发育三角洲和水下扇沉积楔。随着 NE 大西洋的逐渐拉张，陆架—陆坡沉积格局逐渐发育，前积的海相砂岩和陆坡粉砂岩和页岩逐渐向东变为深海页岩和灰岩。

早始新世挪威—格陵兰海海底扩张后，爱尔兰大陆架和北海盆地变为构造平静区，开始进入裂后坳陷状态新近纪裂谷期后的层序包括低水位水下扇、半深海生物软泥、深海页岩等。

4.3.5 非洲东部陆缘

东非大陆边缘一般指从亚丁湾以南的索马里起沿东非海岸向南到莫桑比克，包括索马里盆地、拉穆盆地、坦桑尼亚盆地、鲁伍马盆地和莫桑比克盆地等，还包括构造属性上属于中非裂谷系的安扎裂谷（盆地）（图 4.17）。东非大陆边缘及上述诸盆地的形成演化过程与包括马达加斯加在内的冈瓦纳大陆的演化过程关系密切。

东非大陆边缘的形成主要经历了以下几个关键阶段。

自泛非运动以后直到石炭纪以来，东非大陆边缘一直都处在稳定的冈瓦纳大陆内部；二叠纪期间，泛古陆东南部的范围和构造单元，一般认为是由非洲东部与现代印度洋中的各大陆（印度、澳大利亚及新西兰）和南极洲组成，其范围和面积和上述现代各大陆相符合，以上大陆均位于特提斯海的西南部。

晚石炭世—早二叠世起，到三叠纪—早侏罗世，为早期裂谷阶段，沿现代东非大陆边缘东西两侧一定范围内发育了规模较大的近 SN 向 Karoo 裂谷。

早—中侏罗世起到早白垩世，东、西冈瓦纳裂解，东非大陆边缘经历了裂谷作用（早—中侏罗世）及海底扩张（晚侏罗世—早白垩世），包括马达加斯加的东冈瓦纳大陆向 S—SE 方向漂移。

早白垩世末期，马达加斯加相对于非洲大陆的漂移及其间的海底扩张作用停止，东非大陆边缘主要构造基本定型，洋中脊基本保持在目前的位置上。到古新世—始新世东非大陆边缘为相对稳定阶段。

晚白垩世—古新世，印度块体相对于东非边缘及马达加斯加开始分离、漂移，形成了索马里一带的东非大陆边缘北部的边缘地带。

渐新世起，东非边缘随着 Afar 热柱喷发及东非裂谷系的形成，伴随有分布广

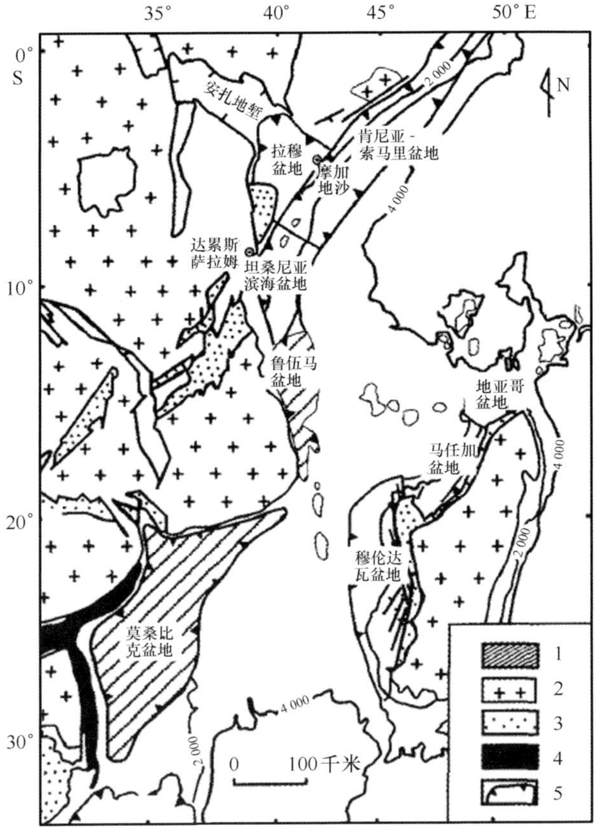

图 4.17　东非被动大陆边缘构造图（吴君等，2008b）

泛的、比较强烈的火山作用，中新世阿拉伯板块相对于东非大陆分离，同时东非裂谷逐渐发育。

4.3.6　澳大利亚陆缘

澳大利亚大陆是一个独特的大陆，属于冈瓦纳大陆的一个组成部分，具有特殊的大地构造演化进程，从太古宙到新生代形成了独特的沉积建造。其西部和中部为古老的克拉通，基底为太古界和古元古界的变质岩及花岗岩侵入体组成，部分出露地表，成为皮尔巴拉和耶尔加恩地盾，自中元古代起中西部一直处于克拉通盆地发育阶段，东部为早古生代塔斯曼活动带，至早石炭世趋于稳定。从晚石炭世开始，澳大利亚大陆处于拉张的环境。中生代以后开始了被动陆缘的演化进程，发育了一系列裂谷盆地和被动陆缘盆地（图 4.18）。不同时代和不同构造类型的盆地呈有规律的分布。西部和西北部沿海主要为中生代以来的拉张盆地区，包括 Bonaprate 盆地、Browse 盆地、Canning 盆地、Carnavon 盆地和 Perth 盆地。大陆中部为元古界—古生界克拉通盆地区，包括 Amadeus 盆地、Eromanga 盆地、Cooper 盆地、Adavale 盆地。中东部为晚古生代与中、新生代叠合盆地区，包括 Surat 盆地和 Bowen 盆地。南部和东北部为晚古生代—古近纪和新近纪的拉张盆地区，包括 Otway 盆地、Gippsland 盆地和 Bass 盆地等。

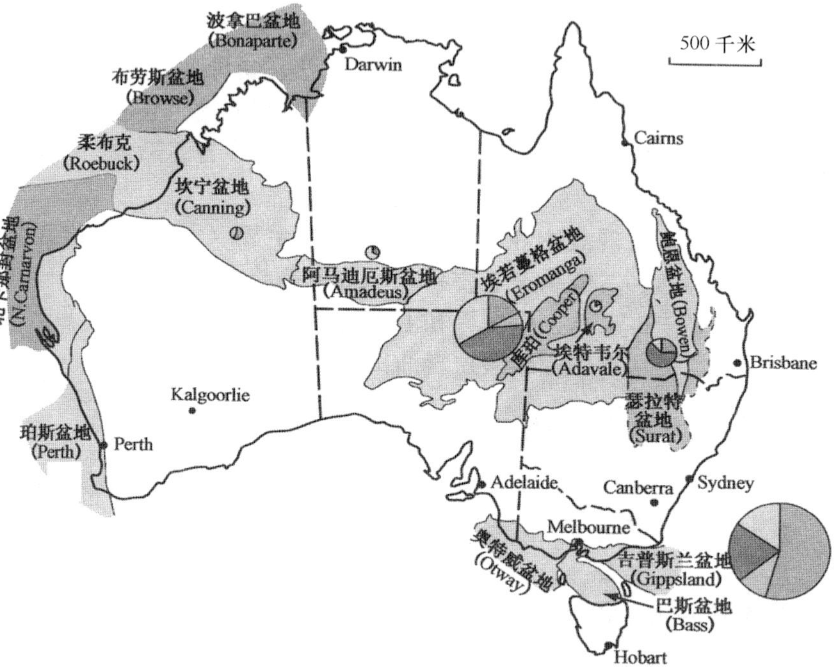

图 4.18 澳大利亚沉积盆地分布图（张建球等，2008）

澳大利亚大陆的西部和中部为古老的克拉通，基底由太古宙和古元古界的变质岩及花岗岩侵入体组成，部分出露地表，自中元古代起中西部一直处于克拉通盆地发育阶段。东部为早古生代塔斯曼活动带，至早石炭世趋于稳定。

石炭纪—早二叠世克拉通坳陷发育阶段：中、晚泥盆世—早石炭世时期，Pilbara 地块、Kimberley 地块和 Darwin 地块之间产生 NE—SW 向构造张力，导致了克拉通内 Fitzroy 坳陷、Petrel 次盆地与布劳斯盆地的形成。中石炭世—早二叠世期间，在西北大陆架剪切带发生了一次地壳减薄事件，在 NNW—SSE 的拉张应力作用下，由于地壳减薄作用形成了西澳巨型盆地，在下地壳长期处于减薄作用下，最终导致 Sibumasu 陆块从澳大利亚西北部分离出来。晚石炭世—早二叠世发生了最重要的大陆冰盖发育事件，盆地被接地冰盖所覆盖，受区域性冰川和冰河作用的近海沉积遍布整个盆地。而在南 Carnarvon 盆地，发育了与均衡补偿相关的铲式正断层，裂谷两面发生抬升作用，显示断裂作用和冰川作用是紧密相连的。在大陆冰盖发育的同时，随着石炭纪中期挤压应力的释放，区域重新回到拉张沉降状态，沿着 Pilbara 和伊尔加恩断裂带重新活化，出现了新的裂谷盆地，包括 Perth 盆地、南 Carnarvon 盆地东部裂谷盆地等。晚二叠世—三叠纪初期，发生了地壳隆升、断裂和火山活动，影响了北 Carnarvon 盆地到 Browse 盆地的西北陆架的广大地区。

早侏罗世—早白垩世裂谷阶段，西部澳大利亚边缘经历了两次裂解作用，澳大利亚从印度板块分离，导致了部分断层重新活动起来，并自北向南逐渐形成了被动大陆边缘。这两次大陆解体事件对西北大陆架盆地的构造发展和沉积影响有限，以发育区域性构造不整合为主要特征。澳大利亚西缘盆地在这次构造事件后完成定型。

早白垩世—第四纪为被动大陆边缘盆地形成阶段，盆地内的构造活动基本趋于停滞，西北大陆架经历了热沉降过程，演化为被动大陆边缘，早中—晚中新世，澳洲大陆与北部的欧亚大陆东南缘发生构造碰撞。在古生代内克拉通盆地区域下坳的基础上，形成了中生代裂谷盆地。

而在澳大利亚东南缘以 Gippsland 盆地为代表的区域，早白垩世时期 Gippsland 盆地为南极洲和澳大利亚断裂系统的一部分，早期盆地结构以多个半地堑组成的裂谷系为特征，断裂作用一直持续到晚白垩世。晚白垩世时期 Tasman 海的拉张使得中部深凹成为盆地的沉积中心，在该阶段一些早期形成的断裂重新开始活动，以拉张作用为主，一直持续到早中新世，并形成 NW—SW 正断层。

新近纪以挤压作用为主，伴随着抬升构造作用。中新世，Tasman 海的海底扩张停止，挤压构造作用开始影响全盆地，形成了一系列轴向 NE—NEE 向的背斜。中中新世以发育挤压和生长构造为主，并导致地层发生倒置。

4.4 沉积特征及演化

4.4.1 沉积特征

当板块被扩张中心所分离，并形成新的洋壳后，裂谷系统就演变为大陆边缘盆地，大陆漂移也取代了地壳伸展和裂谷作用。由于岩石圈冷却和沉积载荷，减薄的陆壳将继续沉降。由于漂移前后地壳的差异运动，同张裂沉积和张裂后沉积存在一个较为明显的“破裂不整合”。

沉积物丰富的边缘其地貌主要是沉积作用的结果，发育于美国东部海区，西北非洲海区、南大西洋两侧，北冰洋和印度与南极海区。上述地区的多数区域发育完整的陆隆。欠沉积大陆边缘的地貌仍与裂谷控制因素有关，发育于东北大西洋（如爱尔兰以南的戈班坡尖 - Goban Spu）、澳大利亚滨海和新西兰。在这些地区，扩展的大陆架大多发育于仍在形成中的构造控制的边缘隆起的高耸裂谷地块，例如边缘海台（如澳大利亚西北海上的埃克斯茅斯 - Exmouth 和博物学家 - Naturaliste 海台）。

如果沉积物来源有限，年轻大陆边缘的陆架往往比较狭窄，沉积物层序较薄，反之，成熟的被动大陆边缘往往沉积厚达 10 km 以上的沉积物。沉积物的累积同时向上和向外扩展，但往往在边缘外侧受到构造高地、礁类或者其他构造的限制。

以西非陆缘为例，该陆缘物源充分，在陆架和陆坡区一直到深水盆地都沉积了厚度大、范围广的沉积物，尤其在陆上河流入海口的位置，充足的陆源物质的注入形成了巨大的三角洲盆地。在图 4.19 中可以看出，沉积厚度较大的区域一般均与陆上河流相对应，比如尼日尔三角洲盆地区与尼日尔河，刚果盆地区与刚果河，桔子盆地区与桔子河等。

西非陆缘区陆源物质的大量涌入，甚至使得陆坡及深海盆区的沉积发生滑动，从而形成大量逆掩断层构造，这些断层构造使得三角洲趾部形成了很宽的叠瓦带，形成了前端西部和东部巨大的舌状体沉积构造（图 4.20）。

大陆边缘盆地内的同张裂沉积反应的是下伏裂谷地堑系统的沉积物。在大西洋边缘和其他由于泛古陆（Pangea）分裂形成的洋盆中，这些同张裂期沉积物的年龄在三叠至早白垩世之间，主要成分为陆源的红层、湖泊相沉积、火山岩、蒸发岩和一些厚度和范围不等的浅海相沉积物。古生代和第三纪的被动陆缘可能有不同的同张裂沉积序列，但往往以河流相、湖泊相和浅海相层序为特征。红海中新世的蒸发岩也是在海底扩张之前形成，岩层厚度的变化反映了盆地非均一的、快速的局部沉降。

欠沉积边缘盆地：当沉降速率超过沉积物垂向生长速率的时候，盆地就会加深形成欠沉积盆地。在大陆张裂开始时，被动边缘沉降速率较高，以至于沉积物不能填补沉降的空间，使得年轻陆缘加深。如加利福尼亚湾陆缘，其南端在 4 Ma 开始张裂，并导致临近的被动陆缘产生 2 千米的沉降，尽管此处沉积速率较高，覆盖在拉张地壳上的张裂后沉积也只有 100 ~ 200 海里厚。如果边缘盆地的向海一侧未能接受足够的沉积物以充填正常陆架的深度，这里可能形成深水环境。那么，这里张裂后沉积可能会表现出进积的特征，即半深水—深水的沉积物取代了浅水沉积物。

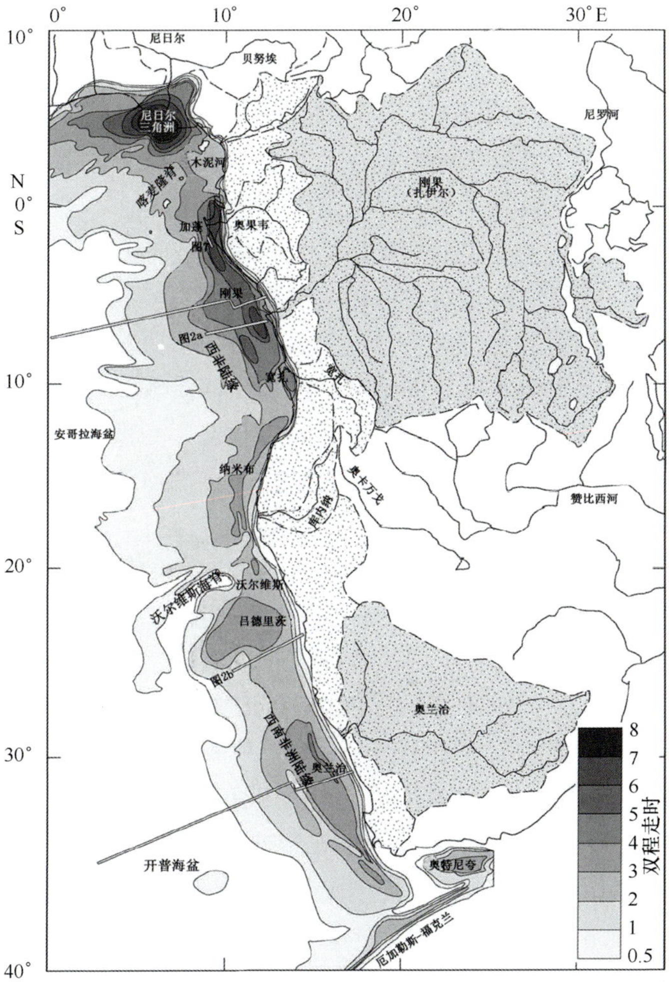

图 4.19　西非陆缘沉积物厚度图（Michel et al. , 2005）

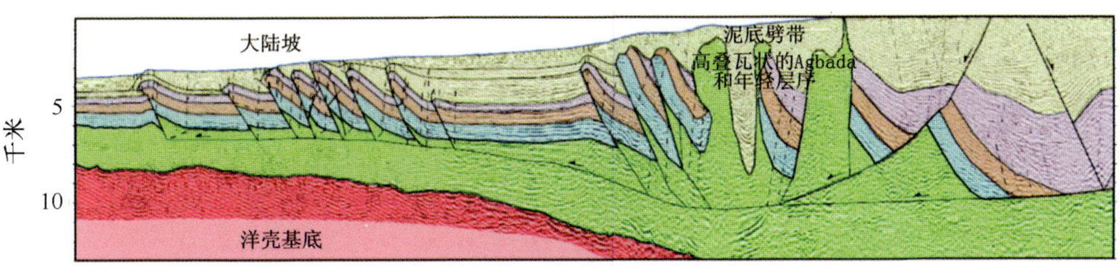

图 4.20　西非被动陆缘尼日尔三角洲盆地所显示的反转褶皱及断层（Aslanian et al. , 2009）

4.4.2 沉积演化

被动大陆边缘盆地的沉积特征与其演化阶段息息相关。在大陆裂开的初期，由于地幔热的侵入发生穹状隆起，地壳变薄，沉降并张裂成轴向地堑。在这个阶段，由于物源比较近，另外热穹窿使得地壳隆升，一般来说物源供应也比较充足。在形成的一系列小型地堑中，沉积物主要堆积在控盆断裂的坡底附近，岩性主要是一些粗粒的长石含量相对较高（长石质或长英质，主要取决于物源）的角砾岩和砾岩，磨圆和分选一般也比较差。沉积相主要是冲积扇，在冲积扇的两侧，也就是沿着裂谷的轴向，是辫状河沉积，再向两侧，则是湖相沉积，此时的湖泊由于与外界处于封闭半封闭状态，一般容易形成潟湖，在湖水中，可能形成或积累着高碱性的盐岩类物质，在湖底则沉积着黑色、富含有机质并在缺氧环境下形成的泥岩沉积。

随着初期裂谷的进一步裂开，海水侵入，扇三角洲就会发育。此时，裂谷在靠近周缘高地（地垒）处，冲积扇继续发育，不过沉积物不再是靠辫状河来搬运，而主要是以浊流的方式运输。盆地中心仍处于深水缺氧的环境，沉积薄层状暗色泥岩和分砂岩。这个时期，可以沉积数千米厚的沉积。

随着大陆的进一步裂开，最后终于完全裂离形成新洋壳，典型的被动大陆边缘沉积作用开始。这个阶段，洋壳和周边的大陆边缘（陆架）处于缓慢热冷却阶段，不断沉降，发生海侵。在海侵初期，一般先形成一层海岸沉积的石英砂岩。然后就会形成浅水陆架沉积，当大陆碎屑物质充分，则沉积物主要是碎屑岩，当流入海里的陆缘碎屑非常少，海水比较干净且气候温暖，则主要沉积碳酸盐岩。

一般裂陷期之后的大陆漂移阶段，沉降速率呈指数衰减，一般这个沉积过程会达约 100 Ma，沉积物厚度会达 10 ~ 15 千米，沉积物充填至海底（目前水深 100 ~ 200 米）。这些沉积物的结构和性质大致可分为四种类型：①硅质碎屑沉积物；②碳酸盐岩沉积物序列；③进积式三角洲；④受盐构造影响的大陆边缘。

4.5 被动大陆边缘与外大陆架划界

4.5.1 非火山型被动陆缘

非火山型被动陆缘主要发育了沉积物丰富的边缘，包括美国东部大陆边缘、西北非洲大陆边缘、南大西洋两侧、北冰洋和印度与南极海上，上述地区的多数区域发育了完整的陆架—陆坡—陆隆，因此“法律”上的 200 海里以外大陆架扩展的可能性就比较大。

大陆内的裂谷体系被海底扩张中心分为两个离散的岩石圈块演化成为大陆边缘，新的洋壳和新的板块边界由此产生。该类边缘的演化开始反映的是与裂谷有关的作用，然后是与分离有关的作用，最后是与沉降和沉积有关的作用。非火山型被动陆缘的主要构造、地貌和沉积要素概略地展示于图 4.3。同生裂谷沉积物沉积于分离前的裂谷体系内，被沉积于初始海底扩张之后的、沉积范围宽的后生裂谷或后生分离沉积物所覆盖。非火山型被动陆缘的发育通常用三个演化的相带来概括：

裂谷，包括发育于地壳上部和上地幔的脆性破裂作用（简单剪切），与同生裂谷沉降和由于纯剪切产生的下地壳和上地幔拉伸/减薄伴生（图 4.21b）。

分离（也称为阵发性漂移），包括与洋壳的初始侵入伴生的所有的构造、岩浆和沉降作用，从“正常”系统的海底扩张开始到新洋盆的形成（图 4.21c）。

后生分离（也称为后生裂谷、漂移或边缘 - 凹陷相），包括岩石圈冷却、扩张脊迁移出边缘和宽阔、平缓的洋盆形成发育与沉降（图 4.21d 和 e）。

通常非火山型被动陆缘的发育控制因素众多，同一洋盆的共轭边缘，或者同一洋盆的相邻边缘之间，或者甚至是同一洋盆的每一个边缘块的形态都可能会有很大差异。这是因为控制其最终形态的各种因素之间的相互作用复杂，这些控制因素如早先存在的地壳的结构和流变学特征、热历史、裂谷的样式、分离的几何形态，以及沉积物的特征与分布都会使边缘类型发生很大变化。因此，依据边缘地貌和沉积厚度等信息应用《公约》第七十六条应考虑界定扩展大陆架所用方法的变化。

非火山型被动陆缘的岩石圈变形主要由与上地壳的脆性断裂与下地壳和上地幔的塑性变形有关的块状断裂引起，产生宽度范围为 100 ~ 500 千米的拉张台地（图 4.21a）。岩浆活动可能仅限于岩石圈深部，上地壳的火山活动非常少。通常认为裂谷作用逐步由大陆内裂谷（如东非裂谷体系）发展为主动裂谷边缘（如红海），然后依据沉积物供给情况，发展为沉积饥饿边缘（如戈班坡尖，爱尔兰海）或沉积丰富边缘（如乔治浅滩 - George Bank，美国东部）。

大陆边缘的形成控制陆—洋边界（COB）的复杂性，在特定的环境下，可形成宽阔的洋陆过渡带（COT）。对于大陆分离带来说，大陆分离过程中各种作用的性质与变化存在很多可能（不确定）性。

初期：岩墙侵入在很窄的带内形成清晰的 COB，或在很宽的带上影响裂谷带地壳的宽度，形成宽的 COT。

早期：地表或海底玄武岩流可流过早先存在的裂谷带，掩盖 COB 的位置。

若某处正常、系统海底扩张的开始是快速的，从大陆到大洋的基底变化非常

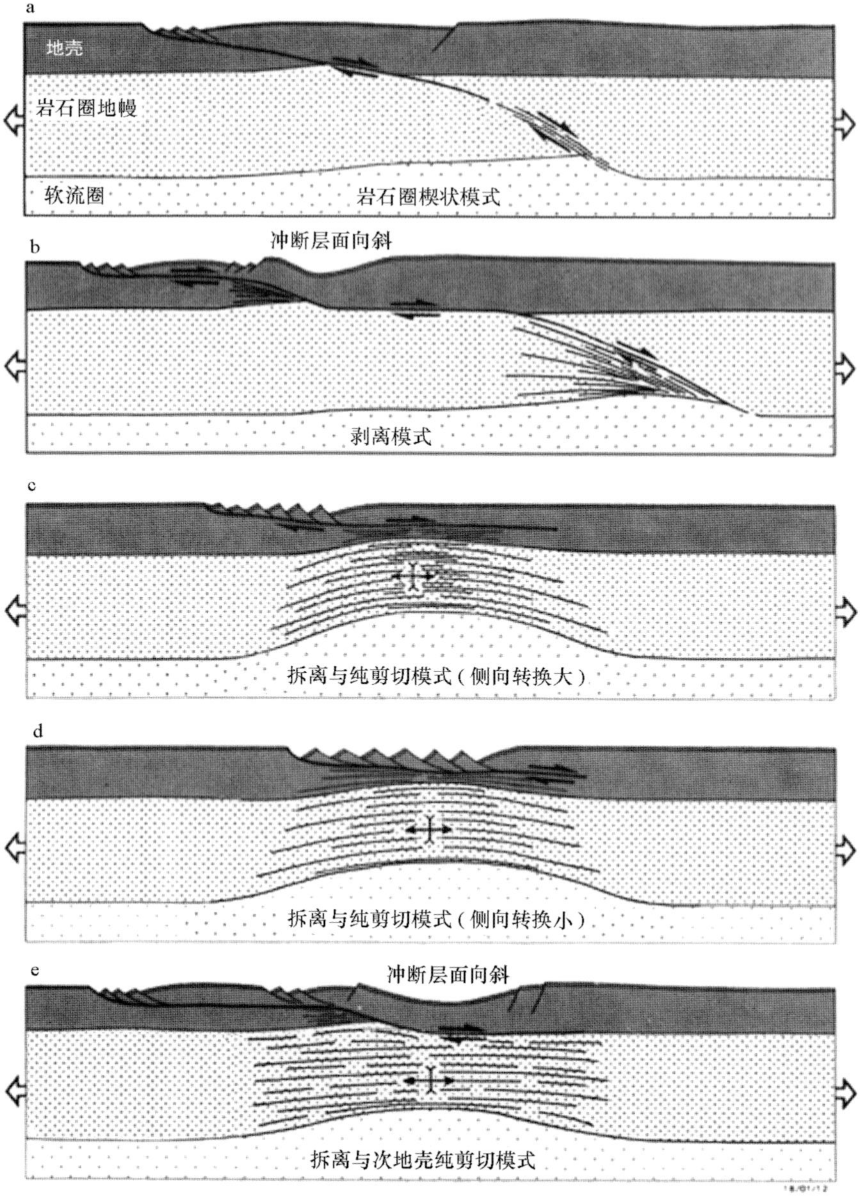

图 4.21　用地壳滑脱断层解释大陆内拉张作用的五种模式（Lister et al.，1991）

a. 穿透—滑脱；b. 滑脱之上的冲断层与洼地形成边缘海台和冲断层盆地；c. 具有纯剪切带的地壳中滑脱，上地壳的脆性断裂带补偿了位于深部滑脱之下的塑性拉伸；d. 具有纯剪切拉伸的地壳中滑脱，其下仅有少量来自上地壳脆性断裂带的补偿；e. 滑脱断层之上的冲断层与洼地，塑性拉伸加强了其基础突然，致使 COB 识别容易。但是，如果裂谷体系内扩张的开始是幕式（间歇）的和跳跃式的，复杂的 COT 将产生。

岩浆侵位低、缓慢和幕式的扩张导致大陆持续拉张，新形成的大洋基底块状断裂，从裂谷带基底中的很难辨认。

裂谷期：在拉张作用期间由于火山作用和下陆壳与上地幔裸露，使其从新形成的洋壳基底中的辨认困难。

海底扩张开始和大陆漂移分离后形成的新生边缘发生急剧变化。例如随着扩张脊移出边缘，热异常开始变冷，发生沉降并聚积沉积物。从裂谷相到后分离相的标志是海侵期区域裂离不整合（Falvey，1974）。该不整合的最深处与大洋基底的顶部一致，并代表整个边缘海相条件突然加强，发生浪基侵蚀。该不整合分隔了裂谷基底断块的顶部和共生的、由覆盖于后分离相之上的加积和前积层序构成的同生裂谷剖面。

沉降边缘和相邻洋壳为陆架、陆坡和陆隆沉积物提供了容纳空间，边缘的最终形态在很大程度上取决于这些沉积物的特征、分布和体积。沉积物供给在很大程度上影响边缘的最终形态。在沉积物丰富的非火山型被动陆缘，容纳空间被充填至接近海平面，依据沉积作用中最重要的控制因素，已识别出的主要边缘类型有四种。它们是“正常的”硅质碎屑边缘、碳酸盐岩滩（台地）、重力构造控制的三角洲和受盐丘构造控制的边缘。在沉积物丰富的边缘，例如美国东部边缘，原始的裂谷体系被厚达 10～15 千米的后分离相沉积掩盖，因此沉积作用控制了边缘的最终结构和形态。COB/COT 也被深埋其下使得从陆壳到过渡壳到洋壳的变化识别困难。然而，在饥饿（沉积贫乏）边缘，例如伊比利亚海上的加利西亚－Galicia 边缘和澳大利亚边缘的大部分地区，后分离沉积物仅有 0.5～1.5 千米，边缘的形态仍反映裂谷结构。一般来说，沉积物薄仅盖住 COB/COT，因此，为研究陆壳到洋壳的变化提供了良好的场所。

4.5.2 火山型被动陆缘

火山型被动陆缘与大陆溢流玄武岩、大洋海台和洋盆溢流玄武岩都被归为大火成岩区（LIPS，Large igneous provinces），定义为非正常海底扩张来源的以镁铁质岩石为主的大量火山侵入作用（Coffin & Eldholm，1994）。与 LIPS 伴生的幕式的大量岩熔通常与热点活动，即来自地球深部的地幔柱（thermal plums）有关（White & Mckenzie，1989；Duncan & Richards，1991；Larson，1991）。若地幔柱的顶部碰撞地球外部刚性壳（岩石圈），大陆减薄并裂离，在大陆分离过程中引起短暂的熔融发生，形成火山型被动陆缘；若大陆分离处未发生过量熔融则形成非火山型被动陆缘。

火山型大陆边缘主要分布在挪威近海、54°N 的东北大西洋、维京、豪特顿浅滩（Hatton Bank）、格陵兰东南部边缘、大西洋东北部、美国东海岸海区、鲸海岭—特罗斯海岭以南的南大西洋两侧、南极海上威德尔海边缘、沿南极海区维克斯兰边缘、澳大利亚边缘的西部和西北部、印度以西边缘、拉布拉多海边缘、挪威—格陵兰海海上的扬马延海岭和印度洋塞舌尔海区（图 4. 22）。

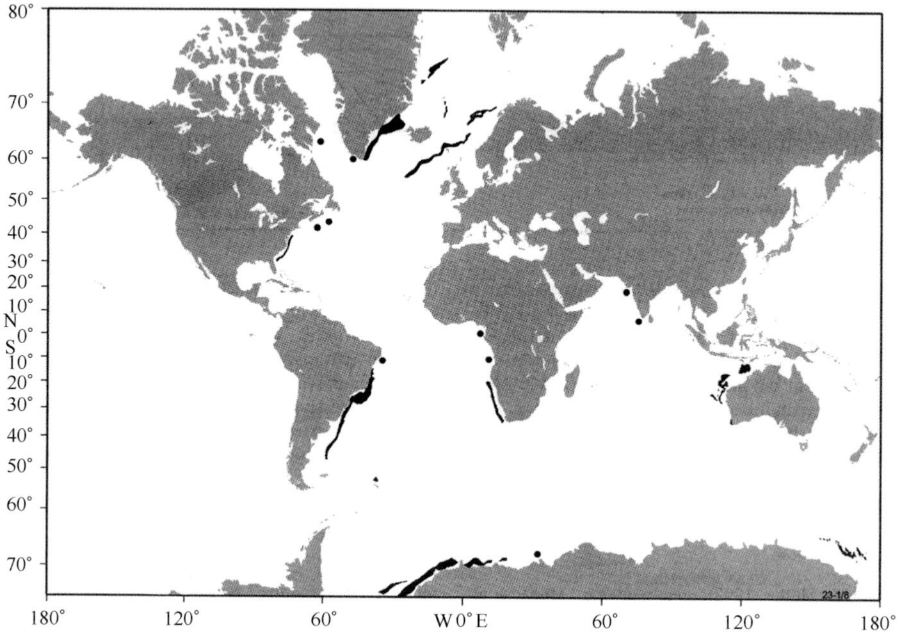

图 4. 22　火山型被动陆缘的全球分布，依据已报道的地震资料中所观察到的向海倾斜反射层序（黑色区域）和单条地震剖面（黑点）

资料来源详见 Coffin 和 Eldholm（1994）

火山型被动陆缘既有规则的陆架—陆坡—陆隆实例（如美国东海岸边缘，图 4. 23），也有陆坡被边缘海台分为上下两部分的实例（如西北澳大利亚边缘，图 4. 23）。与非火山型被动陆缘一样，明显的陆隆通常只发育于老的、成熟的火山型被动陆缘。有些火山型被动陆缘被边缘高地覆盖（如维京边缘，图 4. 23），而在其他边缘上覆层序很少发育甚至缺失。这样的构造高地既可以出现在陆架—陆坡—陆隆环境，也可以出现在边缘海台背景下。例如上述边缘高地在挪威海上沿着莫尔（规则陆坡）和维京边缘（边缘海台）都有发育。

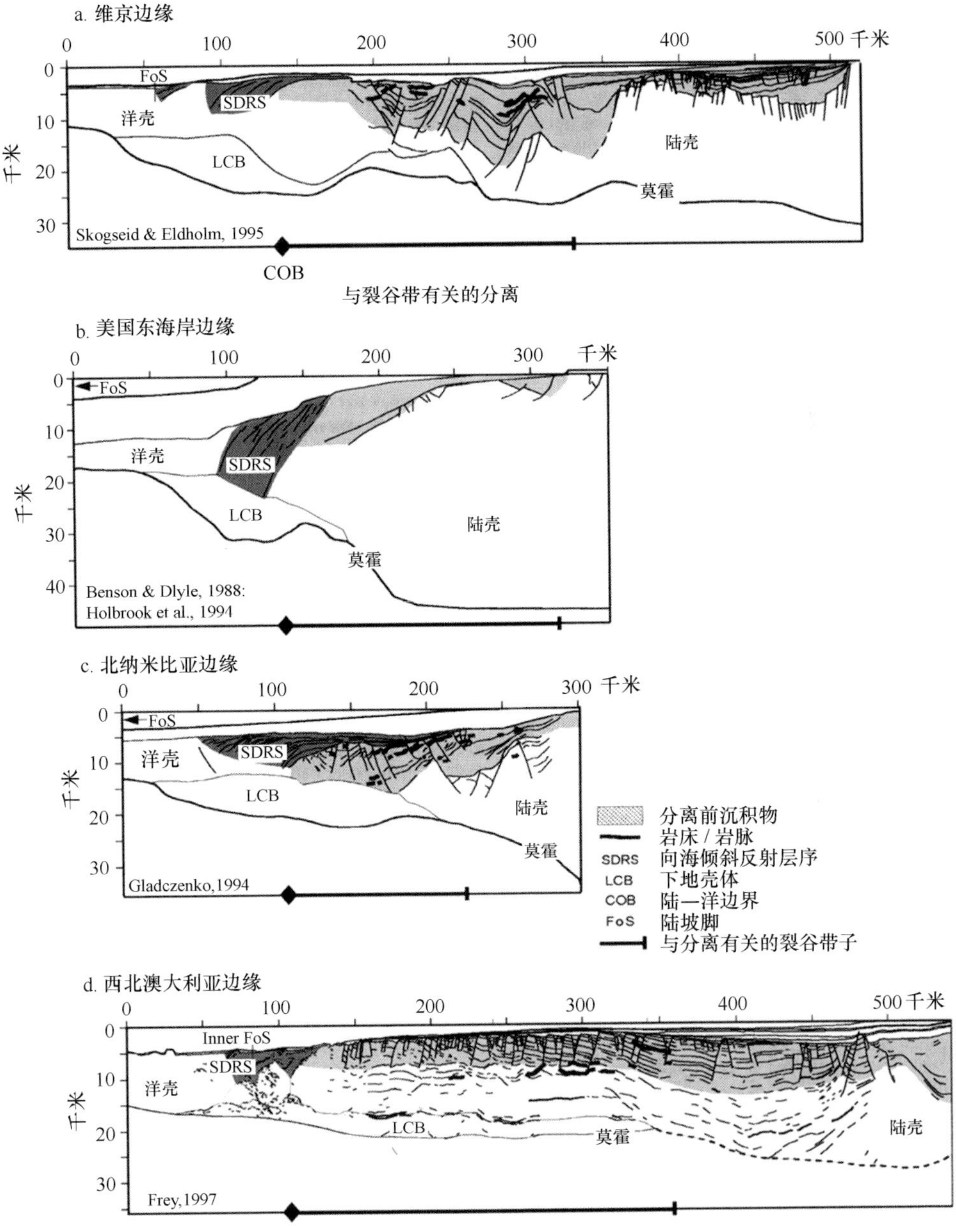

图 4.23　不同时代、不同分离火山作用程度的火山型被动陆缘简化地质横断面

a. 挪威海上维京边缘；b. 美国东海岸海上巴尔蒂莫峡谷（Canyon）海槽（EDGE 实验 801）；c. 西南非洲海上北纳米比亚边缘；c. 西北澳大利亚海上西埃克斯茅斯海台

控制火山型被动陆缘结构的主要因素包括埋藏的边缘高地和边缘海台的构成，它们是：

①陆地裂谷作用引起构造不整合的样式与分布；

②分离过程中产生岩浆的体积和速率，以及地质环境；

③分离作用引起的沉降和沉积历史。

这些因素之间的差异可能导致地貌和结构形态大范围的变化，这使得完全反映火山型被动陆缘典型剖面的建立变得困难。

火山型被动陆缘展示了与大陆裂解岩浆作用和火山型被动陆缘形成有关的系列地质特征。这些特征中的许多内容在其他火山型被动陆缘也可观察到，包括：

①陆上大陆溢流玄武岩；

②沿着陆—洋过渡带发育大量喷出玄武岩复合体，基底内反射地震资料可识别出向海倾斜反射层（SDRS）；反射层在特征、连续性、倾斜和振幅等方面变化大；

③与喷出复合体伴生的侵入体形成；

④岩床和低角度岩墙侵入裂解前沉积物；

⑤与大陆裂解火山作用同期的火山喷口和火山灰水平层；

⑥比正常洋壳厚，位于喷出复合体之下的速度高（7.1 ~7.7 千米/秒）的下地壳体。

依据挪威近海维京和莫尔边缘资料所做的火山型被动陆缘地壳断面概略图（如图 4.24），在此将地壳划分为 5 个区，这些区在其他火山型被动陆缘也很常见：

①“正常”陆壳；

②陆壳向海方向减薄，具有中等数量的侵入岩体；

③强烈拉张陆壳被下伏下地壳体侵入；

④“火山型被动陆缘”地壳（Eldholm & Grue，1994），也具有下地壳体；

⑤“正常”洋壳。

注意各区之间的侧向边界不是截然的。主要发育于 3 区和 4 区的岩熔，也可能存在于 1 ~4 区。4 区中的火成岩壳的组成与结构与大洋的 LIPS 相似，与相邻的洋壳相比，其厚度更大，反映分离过程中的构造背景和岩熔生成量大。

在火山型被动陆缘 COB 的界定比较困难。在图 4.24 中 COB 被认为是从 3 区中火成岩侵入、陆壳减薄向 4 区中大陆分离过程中地壳完全由火成岩侵入体组成变化的标志。在有些边缘 3 ~4 区之间的界限对应的是 SDRS 之下的基底内地震特征的变化。SDRS 的外部没有地震界定基线，而内部位于基底地震反射模糊带之下。在火山型被动陆缘，COB 是一个意义不大的概念，用陆—洋过渡带（COT）术语可能更恰当。COT 可解释为（图 4.24，Eldholm et al.，1995）与 3 区对应，包括广泛分布的喷出岩岩盖、侵入岩遍布、一个 LCB 和一个分离前明显的地壳减薄带。在这样的情况下，COT与该体系中过渡性大陆部分的关系比其与“异常”大洋部分的关系更密切。详细的、高分辨地磁调查可以提供进一步解决基底岩性的侧向变化和分离区中侵入岩和喷出岩相对于下伏大陆基岩的母源深度的依据。这些资料将有助于更好地界定此类COT的延伸部分。

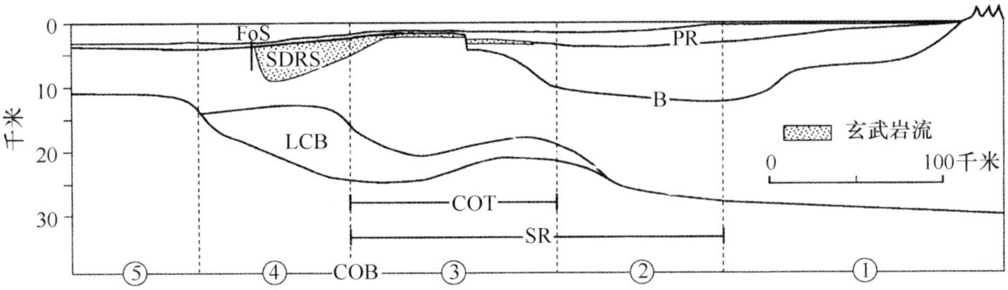

图4.24 依据挪威海上维京和莫尔边缘资料所做的火山型被动陆缘断面概略图，该边缘被进一步划分为5个次级地壳单元1～5（Eldholm et al.，1995）

PR—分离后沉积物；B—结晶大陆基底的顶部；SDRS—向海尖灭反射层序；LCB—下地壳高速体；COB—陆－洋过渡带；SR—同生裂谷带；FoS—大陆坡脚最里面的位置

利用火山型被动陆缘判定COT的另一种方法是它位于“正常”洋壳（5区；图4.24）和“正常”裂谷带（2区）之间。因此它包括与一定体积的喷出岩、侵入岩和下地壳体相伴生的所有区，类似异常“洋壳”和高度蚀变的陆壳。该解释与西澳大利亚边缘相当吻合，在埃克斯茅斯海台以西300千米宽的范围内发育多个SDRS、火山岩隆、外高地，并且比“正常”洋壳厚（Symonds et al.，1998a）。

对于非火山和火山型被动陆缘，大陆裂解作用与大陆分离和初始的海底扩张相伴随，这样岩浆活动和高角度与低角度正断层可形成复合型或过渡型地壳和地幔。在非火山型被动陆缘，拉张的下地壳和上地幔可在裂谷体系中发现，而且规律、系统的海底扩张之前发生的最初的岩墙侵入和熔岩流侵入都会蚀变并覆盖裂谷带基底和同生裂谷沉积。这些作用将产生过渡型裂谷带地壳。在火山型被动陆缘，大陆分离前和分离中过量的熔岩将导致侵入作用和熔岩流蚀变和覆盖早先存在的地壳，产生在特征、成分和厚度与“正常”陆壳和洋壳完全不同的复杂过渡火山型被动陆缘壳。在成熟的沉积物丰富的非火山或火山型被动陆缘，以陆隆的边缘作为地貌自然延伸界限，与用COB或COT方法来确定大陆边缘向海方向的地质界限存在差异。在这种情况下，协调地貌与地质自然延伸界限需要对代表地质自然延伸的来自大陆的陆坡和陆隆上沉积物进行解释，尽管沉积发育在“正常”的洋壳之上。这样的解释似乎可以与《公约》第七十六条中定义“法律”大陆边外缘的沉积厚度方法一致。

4.5.3 大陆边缘地貌和大陆坡脚的确定

在沉积饥饿非火山或火山型被动陆缘，地貌在很大程度上受控于相应的裂谷结构和火山作用。FoS 点大多位于延伸的陆壳或非火山型被动陆缘的 COT 和火山型被动陆缘的过渡火山型被动陆缘壳之上。FoS 点的位置一般相对容易确定。但是在沉积丰富的裂谷边缘，沉积与载荷挠曲之间的相互作用控制地貌，随着沉积裙边带（隆起）形成和发展，边缘的坡度降低，FoS 点的位置变浅，隆起的边缘进一步向陆地靠近，FoS 点的界定更加困难。

4.5.4 沉积厚度准则

在许多火山型被动陆缘，大陆裂解地点位于 FoS 点的向陆方向。因此，大陆分离期间喷出的岩熔将会成为巨厚“火山型被动陆缘地壳”的一部分，和/或最老的“正常”洋壳。在这种情况下，沉积物的厚度可以精确地确定，因为基底表面一般反射平缓且高。但是，如果减薄的陆壳伸展至 FoS 点之外，或者在“火山型被动陆缘地壳”形成时有火山或非火山物源供给，沉积厚度的确定将具有多解性。

同样，在有些火山型被动陆缘，例如澳大利亚边缘西部，埃克斯茅斯海台以西多个 SDRS 成为“火山型被动陆缘地壳”的一部分，宽度超过 300 千米（Symonds et al.，1998a），在此可能形成了互层状的熔岩流和火山碎屑沉积物。可能引起争议的是如果包含有沉积物，真正的结晶基底并未达到，在具有这样特征的 SDRS 区能否使用沉积物厚度方法还需要考虑。

4.5.5 相反证明

当利用地形地貌数据无法准确可靠地确定“其陆坡基部坡度变化最大之点”方法来解决大陆坡脚（FoS）位置的确定时，可选择用“相反证明”方法。这表明 FoS 位于一个可能的带内，而不是常规的选择方法。它表明当“坡度变动最大之点不适用时，可用海底资料对大陆坡脚的位置进行识别，例如，可等同地质边缘界限”，这表明像 COB 或 COT 的一部分在某些情况下可用来取代 FoS。《大陆架界限委员会科学与技术准则》阐述了不同类型的边缘在“相反证明”准则情况下的一系列特征。该方法意味着边缘地质延伸的界限标志，例如 COB 可以作为起点应用于第七十六条中的各种准则。在极端情况下，替代的 FoS 甚至可以超越地貌边缘位于相邻洋盆之下。

“相反证明”准则已经尝试应用在澳大利亚西部海上的埃克斯茅斯海台边缘的证明（Symonds et al.，1998a；图 4.25）。该斜坡超过澳大利亚 200 海里专属经济区（EEZ），地形特征复杂多变，其演化表明它是裂谷火山型被动陆缘（Symonds et al.，1998b）。有一个 250 千米宽的“斜坡带”，从最里面位于 2500 米等深线以西的可能 FoS 点，到最外面的一般用来定义加斯科因（Gascoyne）深海平原内缘的可能 FoS 点，其中有许多明显的坡度变化（图 4.26）。该边缘的地貌和其沿走向的变化，有许多可能的 FoS 选择，可被 3 个等深线剖面证实（图 4.26）。地震资料表明外“陆坡带”一般坡度较缓（162/08 测线），不是由沉积物裙形成的陆隆，代表复杂的、过渡型构造台地——“火山型被动陆缘地壳”——位于正常的加斯科因深海平原洋壳和拉张减薄的埃克斯茅斯海台岩石圈之间。地貌变化与目前构造岩浆体，例如大的火山岩隆和断层控制的向海方向倾斜的熔岩流楔状体的分布范围有关（Symonds et al.，1998b）。因此，可对“使用地震资料将外 FoS 选择为深海平原的边缘是有效的”进行争议，虽然使用常用的地貌方法依据陆坡/陆隆特征所选择的 FoS 点更靠近陆地（Symonds et al.，1998a）。

4.5.6 2 500 米等深线的使用

2 500 米等深线是用来约束该等深线外 100 海里的大陆架外部界限的限制线（第七十六条，第 5 款）。在复杂的裂谷大陆边缘连续的 2 500 米等深线一般位于外陆坡（标志特征是台地和边缘海台）顶部附近（图 4.25）。然而，小的、分隔封闭的等深线一般在向海方向连续，在沉积饥饿非火山型被动陆缘与断块伴生，在火山型被动陆缘与火山岩隆和高地伴生。

例如澳大利亚西部海上的 Joey 隆起（Symonds 等，1998a；图 4.25），是火山型被动陆缘的一部分在大陆分离过程中环埃克斯茅斯海台分布（Symonds 等，1998b）。在 Joey 隆起一个小的、独立封闭的 2 500 米等深线与一个火山岩隆伴生产生了一个明显的隆起等深线封闭（图 4.25）。Joey 隆起被划在 FoS 点之外，与埃克斯茅斯海台的西北部相接，横跨一个被加斯科因和阿尔戈（Argo）深海平原 FoS 点限定的鞍形区，FoS 点是依据图 4.24 中 162/11 深度剖面确定的。自 FoS 点开始的外推 60 海里公式线将 Joey 隆起和埃克斯茅斯海台完全围住（图 4.25）。因此，在地貌和法律条件下，Joey 隆起可以被认为是澳大利亚西部大陆边缘的自然组成部分（Symonds 等，1998a）。在埃克斯茅斯海台地区大陆架延伸的外部界限是复合型的，主要由 350 海里和等深外延线构成。FoS

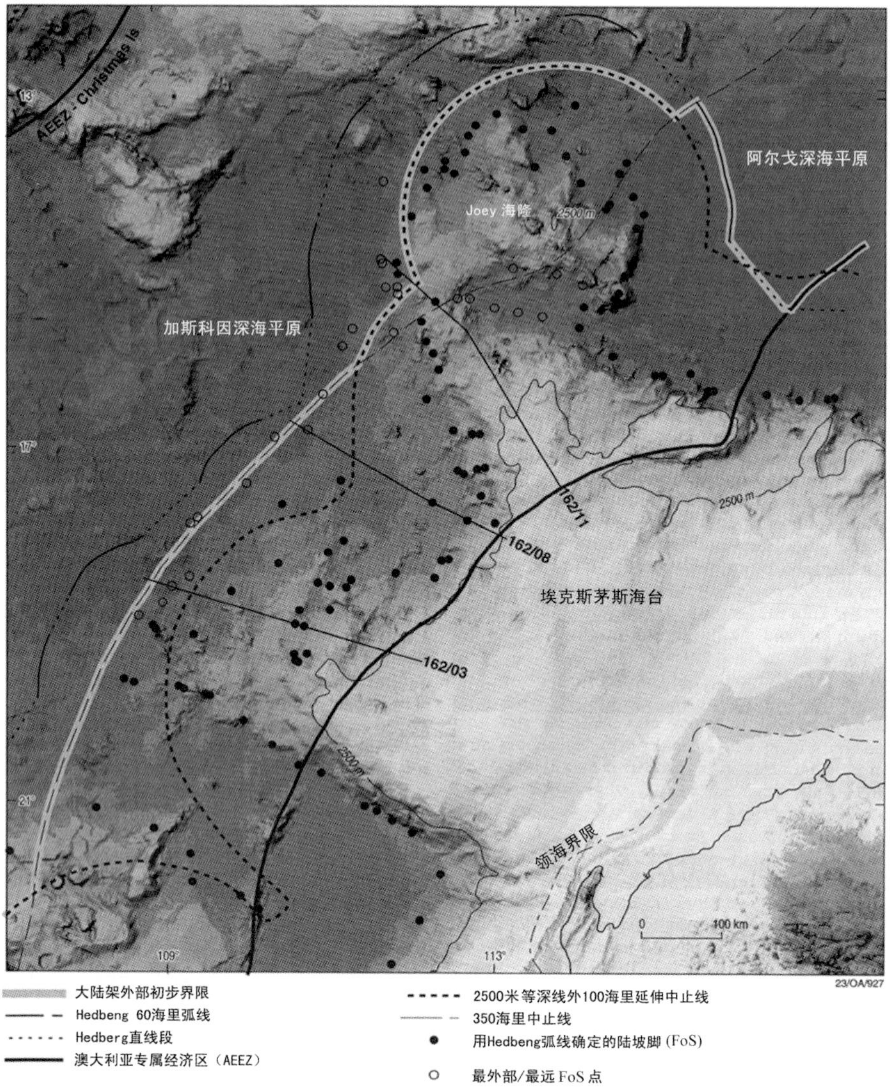

图 4.25　澳大利亚西北海上埃克斯茅斯海台数字地形模型展示主要的主权界限和《公约》第七十六条中的线。同时显示陆坡脚点，2 500 米等深线（Symonds et al.，1998）

外推 60 海里公式线仅在东北部覆盖阿戈尔阿尔戈深海平原的地区起到了部分作用。

4.6　被动陆缘外大陆架划界实例分析

与被动陆缘有关的外大陆架划界案主要是大西洋和印度洋周边沿海国提交的

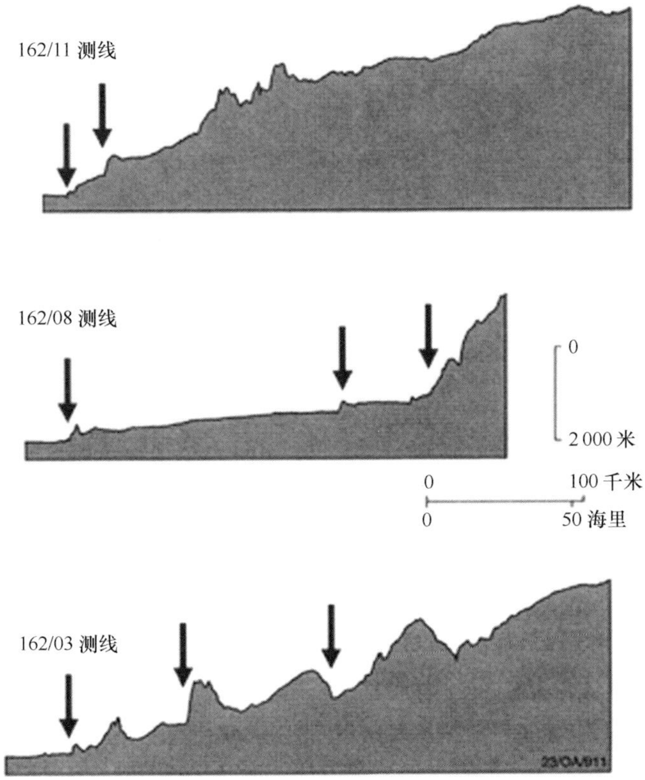

图 4.26　澳大利亚西北海上埃克斯茅斯海台以西加斯科因边缘等深横剖面，箭头指示从内到外的潜在陆坡脚的位置（Symonds et al.，1998b）

划界案，如位于中—北大西洋欧洲西部被动陆缘的挪威划界案、丹麦划界案、冰岛划界案、法国－英国－爱尔兰－西班牙四国联合划界案、爱尔兰划界案、加拿大划界案等；中—北大西洋东侧被动陆缘的墨西哥划界案、巴巴多斯划界案、巴西划界案以及法属圭亚那划界案等；南大西洋非洲西部陆缘的加蓬、安哥拉、纳米比亚、南非等划界案；南大西洋南美洲东部陆缘乌拉圭、阿根廷等划界案；东非陆缘的肯尼亚、莫桑比克、塞舌尔、马达加斯加、毛里求斯等划界案；涵盖澳大利亚西部陆缘的澳大利亚划界案。

4.6.1　澳大利亚划界案概况[①]

澳大利亚于 2004 年 11 月 15 日提交了 200 海里以外大陆架划界案。澳大利

① 澳大利亚划界案摘要，http：//www. un. org/Depts/los/clcs_ new/submissions_ files/aus04/ Documents/aus_ doc_ es_ web_ delivery. pdf。

亚申请的200海里以外大陆架范围包括10个互不连接的海区，这些地区按英文字母次序如下（图4.27）。

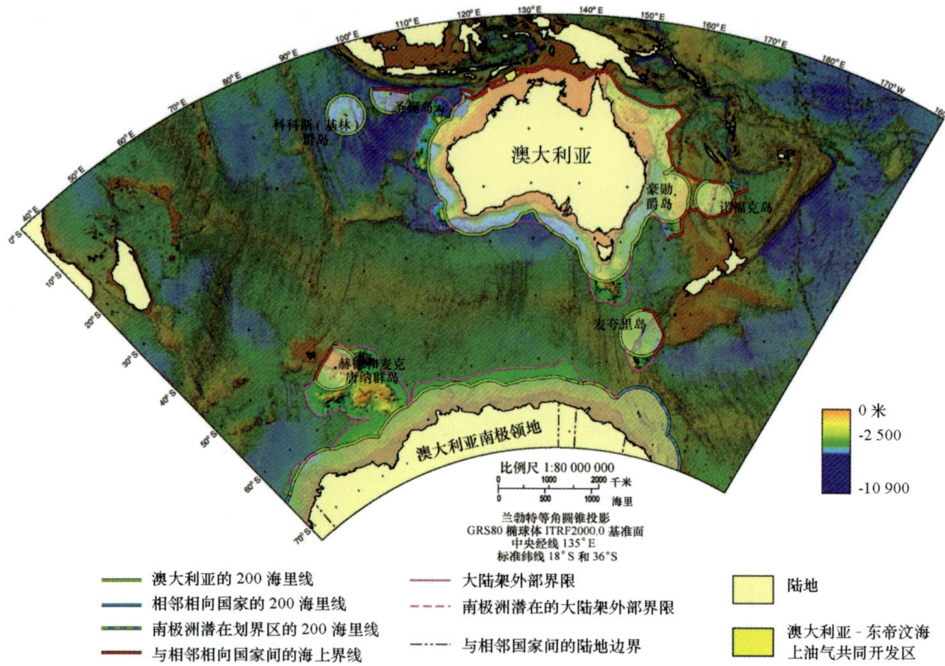

图4.27　澳大利亚划界案概况（执行摘要）

①阿尔戈（Argo）；

②澳大利亚南极领地（Australian Antarctic Territory）；

③大澳大利亚湾（Great Australian Bight）；

④凯尔盖朗海台（Kerguelen Plateau）；

⑤豪勋爵海隆（Lord Howe Rise）；

⑥麦夸里海岭（Macquarie Ridge）；

⑦博物学家海台（Naturaliste Plateau）；

⑧南塔斯曼海隆（South Tasman Rise）；

⑨三王海岭（Three Kings Ridge）；

⑩沃勒比和埃克斯茅斯海台（Wallaby and Exmouth Plateaus）。

澳大利亚划界案中虽涉及南纬60°以南海域，但在其划界案中，澳大利亚表明因涉及《南极条约》问题，委员会可根据相关规则暂不就划界案中有关附属于南极洲的大陆架的资料采取任何行动。

4.6.2 区域地质构造特征

澳洲大陆原是冈瓦纳大陆的一部分，除澳大利亚东部和巴布亚新几内亚处于活动边缘外，其他都与目前的印度板块和南极板块连在一起。大约在晚白垩世，澳洲大陆西部首先与冈瓦纳大陆分离，第三纪其南部又脱离南极板块，形成了目前的地貌地质格局（图4.28）。

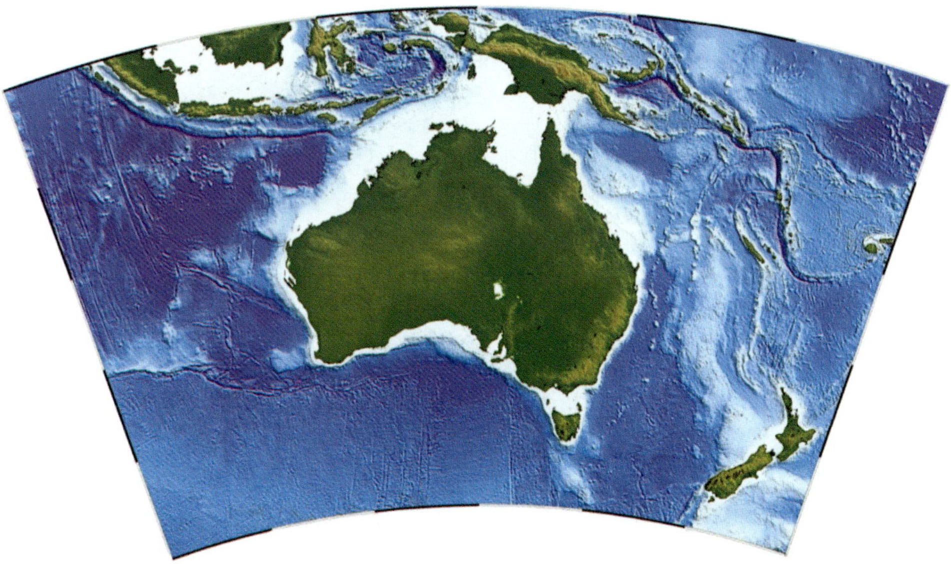

图4.28 澳大利亚周边海域地形图

澳大利亚大陆的基底是火山成因的沉积物和花岗岩侵入体。在西部和中部已经证实存在有这类岩性组成的 Pilbara 和 Yilgarn 两个地盾。在东部，为塔斯曼活动带。由于被上覆沉积物严重覆盖，仅在几个地方见到这一时代的岩性。在经过早-中元古代的一系列构造运动后，澳大利亚中部和西部的克拉通逐步形成，在东部仍为塔斯曼活动带，其分布约占澳大利亚大陆面积的1/3。

晚元古代在澳大利亚中部和西部形成了一系列内克拉通盆地，这些内克拉通盆地可能是中部盆地的前身，沉积了由碎屑岩、碳酸盐岩和蒸发岩组成的混合岩相层序。寒武—奥陶纪内克拉通盆地继续下沉，接受浅海碎屑岩和碳酸盐岩沉积。志留纪—早泥盆世是构造的重要变动时期，东部活动带缩小，活动带内侧形成一系列雁形坳陷带。这些克拉通边缘坳陷在早泥盆世开始发展成阿达瓦尔和达鲁芒德盆地。在北部和西北部，也形成了一些新盆地，在阿拉弗拉盆地保存有这一时期的陆相和浅海相碳酸盐岩。中泥盆世海水从中、西部退出，沉积了陆相、

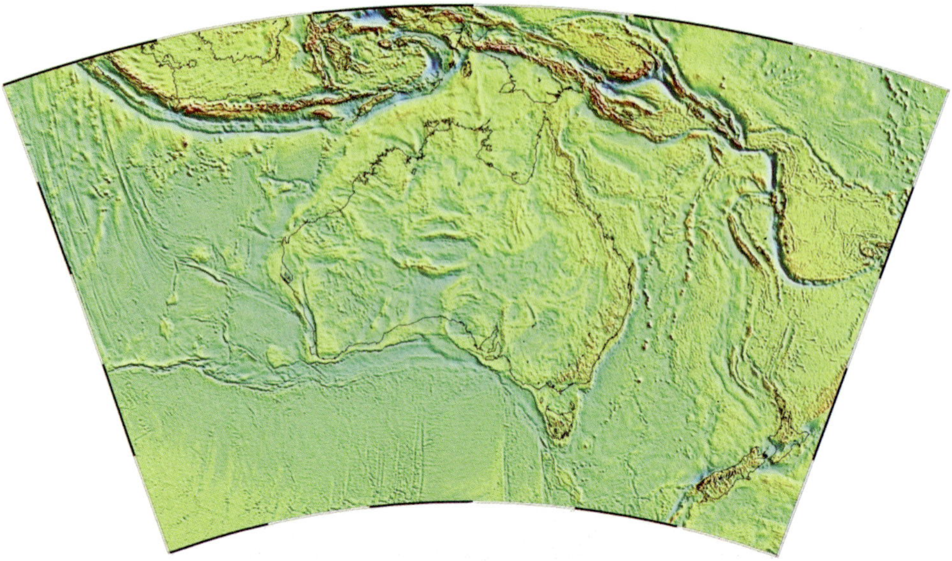

图 4.29　澳大利亚周边海域重力异常图

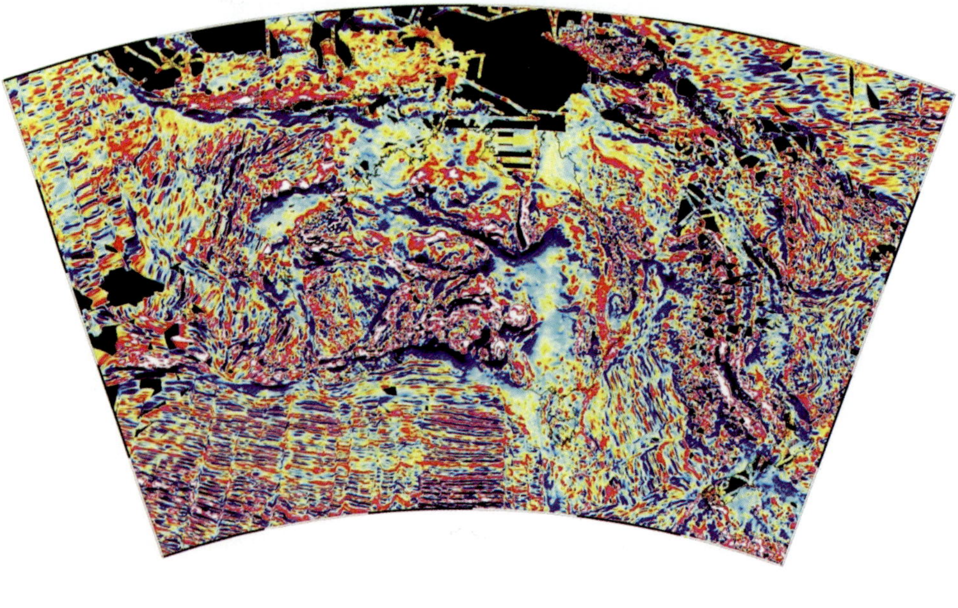

图 4.30　澳大利亚周边海域磁异常图

图 4.31　澳大利亚周边海域沉积物厚度图

风成和蒸发岩地层，但在东部，海水全部退出的时间较晚。晚泥盆世—早石炭世塔斯曼活动带经历了一系列大的构造幕后，变得稳定，阿达瓦尔和达鲁芒德盆地沉积了非海相沉积，西部仍为浅海相。晚石炭世—晚三叠世，澳大利亚经历了一次重要的气候与构造变迁，形成了新的构造格局。除东部活动带以外，一个新的应力场控制了整个大陆，形成了一系列裂谷控制的盆地和环澳大利亚的应力薄弱带。中侏罗世—早白垩世，西部裂谷继续扩张，在裂谷东北支，基性岩浆喷到地表，形成洋壳，其他地方在裂谷作用下，形成多个槽隆相间的构造带。东部，沉积区域明显扩大，开始形成两个盆地。南部澳大利亚板块与南极洲板块之间出现裂痕，在维多利亚与塔斯曼之间形成了一系列的东西向地堑。早白垩世印度板块和澳洲板块完全分离，在澳大利亚西北边缘形成洋壳，至此，西部裂谷演化结束，大陆边缘开始演化，东部盆地区和南部裂谷区开始接受海侵，但两者没有相通，东北部，继续中生代以来的裂谷作用。早第三纪南部裂谷扩大，洋壳和大陆边缘形成。东北大陆边缘成型，全与澳大利亚大陆分离，中间形成珊瑚海。晚第三纪，澳大利亚大陆已具目前的形态。

区域构造上包括西部的澳大利亚陆台和东部沿海的塔斯曼地槽两大单元，从板块观点来看，这是冈瓦纳大陆的一部分或印度 - 澳大利亚板块的主体，西部大致在晚白垩世首先分离，南部至第三纪又与南极板块分离。

4.6.3 澳大利亚划界案审议情况及分析

澳大利亚是继俄罗斯和巴西之后第三个根据《公约》向大陆架界限委员会提交200海里外大陆架划界案的国家，涉及面积337万平方千米。委员会经过3年多的审议，于2008年4月9日通过委员会建议。除与澳大利亚南极领地相关的68万平方千米外，9个区域中的7个经一些轻微的修订后得到确认，另外两个区块（凯尔盖朗台区、沃勒比和埃克斯茅斯海台区）的面积略有减少，最终澳大利亚获认可的外大陆架面积高达256万平方千米（图4.32），约与西澳大利亚的面积相同，面积相当可观。下面将分区块逐一进行介绍。

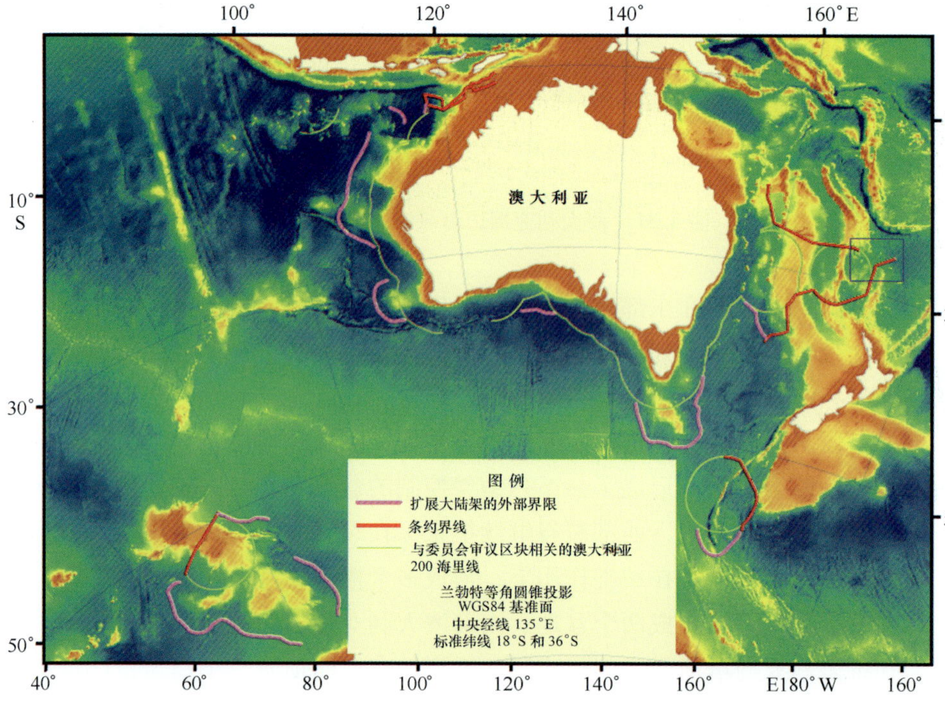

图4.32 澳大利亚划界案委员会建议认可的外大陆架范围①

（1）阿尔戈区（Argo Region）

阿尔戈区位于埃克斯茅斯海台（Exmouth Plateau）北部，为澳大利亚大陆边缘的最西北端。该区无大的海底高地形分布。陆坡为不规则形态，但总体能较清

① 澳大利亚划界案委员会建议摘要，http：//www.un.org/Depts/los/clcs_new/submissions_files/aus04/Aus_Recommendations_FINAL.pdf。

晰圈定。在该区澳大利亚拥有确定200海里以外大陆架的法定权利。

委员会只是不同意外部界限点ARG-ECS-3的确定，因为该点是以外部界限点ARG-ECS-2为起点以小于60海里距离与200海里线的交点，委员会认为该方法产生了公式线之外的范围，与《公约》第七十六条规定不符。澳大利亚接受了委员会的建议。

（2）大澳大利亚湾区（Great Australian Bight Region）

澳大利亚提交的划界案中定义为大澳大利亚湾的地区是澳大利亚南部大陆边缘的一大片凹形海湾。地震剖面显示整个陆坡被多个裂谷沉积盆地覆盖，与盆地沉积相关的裂谷由侏罗纪到白垩纪发育的不整合面覆盖于更老的沉积物或扩展陆壳上。这些盆地靠海最外侧的Recherche Sub Basin，沿着陆坡下部坡度缓和区之下的大澳大利亚湾的走向分布，包括整个Recherche下陆坡宽度和Ceduna Terrace陆坡的下部。委员会认可澳大利亚在该地区拥有确定200海里以外大陆架的法定权利。

基于Recherche Sub Basin的向海延伸，澳大利亚在Recherche下陆坡定义了3个大陆坡脚点GAB-FoS-30、34和217。尽管根据准则，陆坡下部坡度和缓区是否为典型陆基还存在争论，但下伏的大陆裂谷盆地（Recherche Sub Basin）的地质特征表明它确为澳大利亚陆地的一部分。因此，澳大利亚认为陆坡基部位于裂谷盆地向海边缘，在正常海底扩张处之外。该地质模式得到几条地震剖面和重力场数据的支持。在陆坡基部区根据最大坡度变化之点确定了3个大陆坡脚点获得委员会同意。

3个大陆坡脚点虽只根据地形特征确定的，但在确定陆坡基部时，还得到地质证据的支撑。

（3）凯尔盖朗海台区（Kerguelen Plateau Region）

凯尔盖朗海台地区位于南大洋，包含凯尔盖朗海台。该地区是一个呈北北西—南南东（NNW—SSE）走向的大复合型海底高地，长约2 300千米，平均宽度为600千米，组成部分包括：凯尔盖朗海台北部、凯尔盖朗海台中部、凯尔盖朗海台南部，斯哥夫滩（Skiff Bank），伊兰滩（Elan Bank）和威廉斯海岭（Williams Ridge）。

澳大利亚领地火山赫德岛（Heard Island）和麦克唐纳群岛（McDonald Islands）位于凯尔盖朗海台中部，构成凯尔盖朗海台地区的澳大利亚陆块。凯尔盖朗海台的不同构成部分形成了一个连续、延长的地貌特征，构成陆块没入水中的延伸部分。依照《公约》第七十六条第4款的规定，从凯尔盖朗海台的大陆坡脚开始形成的大陆边外缘扩展到澳大利亚的200海里界限以外。在此基础上，委员会认为澳大利亚在该地区拥有确定200海里界限以外大陆架的法定权利。

赫德岛和麦克唐纳群岛位于大型洋中海底高原凯尔盖朗海台中部。这两个岛屿是由中新世到全新世在凯尔盖朗海台中部地壳的较老部分喷发、埋入的岩浆形成。凯尔盖朗海台中部地壳的主要部分厚度达 25 km，由晚白垩世岩浆岩构成，这些岩浆岩的年龄约为 100 Ma。在凯尔盖朗海台中部的南部地区，有地球化学迹象表明，这些岩浆岩受到大陆地壳的混染作用。

从地貌学的角度来讲，凯尔盖朗海台中部连接到大型洋中海底高原凯尔盖朗海台南部。凯尔盖朗海台南部的主要部分由年龄约为 100 Ma（90 ~ 118 Ma）的晚白垩世岩浆岩构成，这与凯尔盖朗海台中部地壳的构成类似。在凯尔盖朗海台南部，岩浆岩显示受到大陆地壳的混染作用。凯尔盖朗海台中部和凯尔盖朗海台南部的岩浆岩中的大陆地壳特征表明地壳活动与凯尔盖朗海台中部和凯尔盖朗海台南部更深层次的伊兰滩的地壳活动类似。赫德岛和麦克唐纳群岛嵌入凯尔盖朗海台中部的晚白垩世岩浆地壳内。因此，凯尔盖朗海台中部、凯尔盖朗海台南部和伊兰滩都是赫德岛和麦克唐纳群岛大陆边的自然构成部分，适用深度标准制约和距离标准限制线。

但威廉斯海岭的相关数据似乎只能给出自然延伸的间接证据。委员会认为其地质成因尚不清楚。不能认定为海底高地，也就不能采用深度限制线。因此，委员会不同意根据深度限制线确定的外部界限点 KER - ECS - 1260 至 KER - ECS - 1430，建议澳大利亚进行替换或提供更多地质证据。

（4）豪勋爵海隆地区（Lord Howe Rise Region）

豪勋爵海隆区包含澳大利亚大陆和新西兰之间的地区，并包括多个单元：丹皮尔海岭（Dampier Ridge）、米德尔海盆（Middleton Basin）、豪勋爵海盆（Lord Howe Basin）、豪勋爵海隆（Lord Howe Rise）、新喀里多尼亚海盆（New Caledonia Basin）、诺福克海岭（Norfolk Ridge）。豪勋爵岛（Lord Howe Island）和诺福克岛（Norfolk Island）分别位于豪勋爵海隆和诺福克海岭上。

豪勋爵海隆地区是一个复杂的形态特征，形成了豪勋爵岛和诺福克岛的没入水中的延伸部分。大陆边外缘（通过应用《公约》第七十六条第 4 款规定，从豪勋爵海隆地区的大陆坡脚产生）延伸到澳大利亚 200 海里以外。该区外大陆架权利总体清晰，但从形态学的角度来说，没有充分的证据表明其与豪勋爵岛陆块的连续性。

（5）麦夸里海岭区（Macquarie Ridge Region）

麦夸里海岭区主要包括麦夸里海岭复合体。该复合体以一系列陡边、狭窄的海岭和海槽构成，东部与翡翠海盆（Emerald Basin）相隔，西部为塔斯曼海盆和澳大利亚 - 南极海盆。麦夸里海岭复合体从麦夸里岛向北、向南延伸。麦夸里海岭复合体是一个延伸的形态特征，形成大陆没入水中的延伸部分。南部的海岭块断横越两个鞍区，互相连接，分别距离深洋洋底2 000 米和700 米。委员会认为，依照《公约》第七十六条第4 款的规定，从麦夸里海岭复合体的大陆坡脚开始形成的大陆边外缘可扩展到澳大利亚的200 海里以外。

（6）博物学家海台区（Naturaliste Plateau Region）

博物学家海台是澳大利亚大陆的西南海岸向西延伸的海台。该海台通过稍深的鞍区博物学家海槽（Naturaliste Trough）与澳大利亚大陆的雅林角陆架（Yallingup Shelf）相连。博物学家海槽只比海台外部（一般水深2 400 米）深200 ~ 300 米。因此，博物学家海台分别高出北部和南部的深海平原2 500 米和3 000 米。博物学家海台是构成大陆没入水中的延伸部分的一个地形特征。委员会认为，依照《公约》第七十六条第4 款的规定，从博物学家海台的大陆坡脚开始形成的大陆边外缘可扩展到澳大利亚的200 海里以外。

（7）南塔斯曼海隆区（South Tasman Rise Region）

南塔斯曼海隆地区包括两个较大的地貌单元，分别是南塔斯曼海隆和东塔斯曼海底高原（East Tasman Plateau）。南塔斯曼海隆是一个呈北北西—南南东（NNW—SSE）走向的大的延伸海底高原，从澳大利亚塔斯马尼亚州向南延伸约700 千米。在东北部，亚特兰特洼陷将南塔斯曼海隆与东塔斯曼海底高原分隔开来。在北部，南塔斯曼海隆通过海底深度约3 000 米的南塔斯曼凹陷（South Tasman Saddle）连接到澳大利亚大陆的其余部分。东塔斯曼海底高原几乎是一个等轴高原，大小约为南塔斯曼海隆的1/3。将东塔斯曼海底高原与澳大利亚大陆其余部分相连的鞍区没有南塔斯曼凹陷明显，该鞍区高出周边的深海平原1 000 米以上。

南塔斯曼海隆是构成大陆没入水中的延伸部分的一个地形特征。南塔斯曼凹陷分别高出西部和东部的深海平原1 000 米以上。这表明了南塔斯曼海隆在形态学上与澳大利亚大陆具有连续性。东塔斯曼海底高原构成大陆没入水中的延伸部分。委员会认为，依照《公约》第七十六条第4 款的规定，从东塔斯曼海底高原的大陆坡脚开始形成的大陆边外缘扩展到澳大利亚的200 海里界限以外。

南塔斯曼海隆周围的大陆坡通常较为陡峭，随着海隆渐渐消失，该大陆坡在深洋洋底终止。大陆坡基部的位置（即从大陆坡到深洋洋底的过渡）是较为明显的，通常容易在形态上对其进行识别。

（8）三王海岭区（Three Kings Ridge Region）

三王海岭区位于诺福克海岭以东，组成澳大利亚提交的大陆边的最东部分。该地区以三王海岭命名；根据新澳条约，三王海岭位于新西兰海域以内。委员会认为，从三王海岭地区的大陆坡脚开始形成的大陆边外缘可扩展到澳大利亚的200 海里以外。

（9）沃勒比和埃克斯茅斯海台区（Wallaby and Exmouth Plateaus Region）

澳大利亚提交的划界案中划定的沃勒比和埃克斯茅斯海台区包括两个主要地貌单元，分别是沃勒比海台和埃克斯茅斯海台，这两个海台都是从澳大利亚大陆西北沿海开始延伸的突出的海底高地。沃勒比海台东南部是从较浅的向陆的卡那封海台（Carnarvon Terrace）开始延伸的复合结构高地的一部分，西北部由较深的沃勒比凹陷（Wallaby Saddle）、沃勒比海台本身和阔克（Quokka Rise）组成。埃克斯茅斯海台构成居维叶深海平原（Cuvier Abyssal Plain）以北的复合海底高地。沃姆伯特海台（Wombat Plateau）、泊莱特泊斯坡尖（Platypus Spur）和乔伊海隆（Joey Rise）都位于埃克斯茅斯海台的北边。

沃勒比海台是构成大陆没入水中的延伸部分的一个地形。委员会认为，依照《公约》第七十六条第4款的规定，从沃勒比复合高地（Wallaby Composite High）的大陆坡脚开始形成的大陆边外缘扩展到澳大利亚的200海里界限以外。埃克斯茅斯海台是构成大陆没入水中的延伸部分的一个等轴地形特征。因此，澳大利亚在该地区有200海里以外大陆架的法定权利。但这两个高地是否适用2 500米等深线外推100海里限制线，即是否为海底高地还需进一步证实。

沃勒比复合高地和埃克斯茅斯海台周围的大陆坡通常较为陡峭，随着海隆渐渐消失，该大陆坡在深洋洋底终止。大陆坡基部的位置（即从大陆坡到深洋洋底的过渡）是较为明显的，通常容易在形态上对其进行识别。

第五章　转换大陆边缘特征与外大陆架划界

转换大陆边缘的洋壳板块的边界是通过剪切作用以走滑断裂分割的，而不是通过岩石圈裂开的拉张或聚敛作用形成的，也称为剪切－走滑型边缘。

5.1　地形与地貌特征

转换大陆边缘地貌上一般为宽广的大陆架，陡大陆坡和不发育的大陆隆，仅在内陆架或破裂带中有深盆地，陆隆地带一般不发育（图 5.1）。

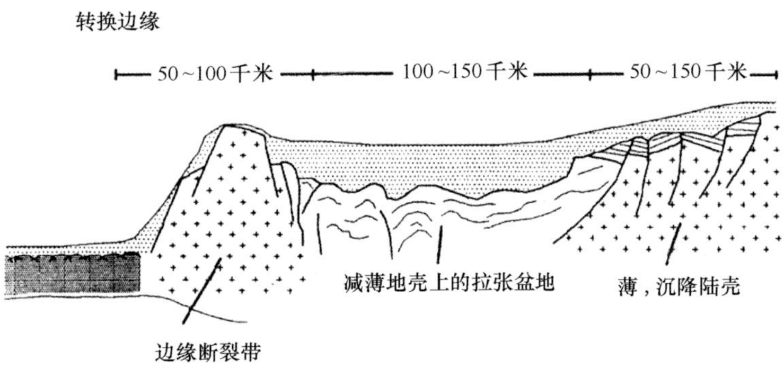

图 5.1　转换大陆边缘横剖面示意图

以加纳陆缘区为例，图 5.2 中 a 剖面为近 EW 向，显示了被动陆缘的特征，陆架—陆坡—洋盆过渡得比较平缓，而 b 剖面为近 NW—SE 向，显示了转换陆缘的特征，陆坡区短而狭窄，坡度变化剧烈，是南大西洋的洋中脊转换断层发育的结果。

5.2　地球物理特征、构造特征及洋陆过渡带

转换大陆边缘的大陆基底的边缘为陡直状断裂，在大陆坡下形成浅水脊，在破裂带上有地垒和地堑，大洋基底很少向下弯曲（图 5.1）。某些剪切边缘的破

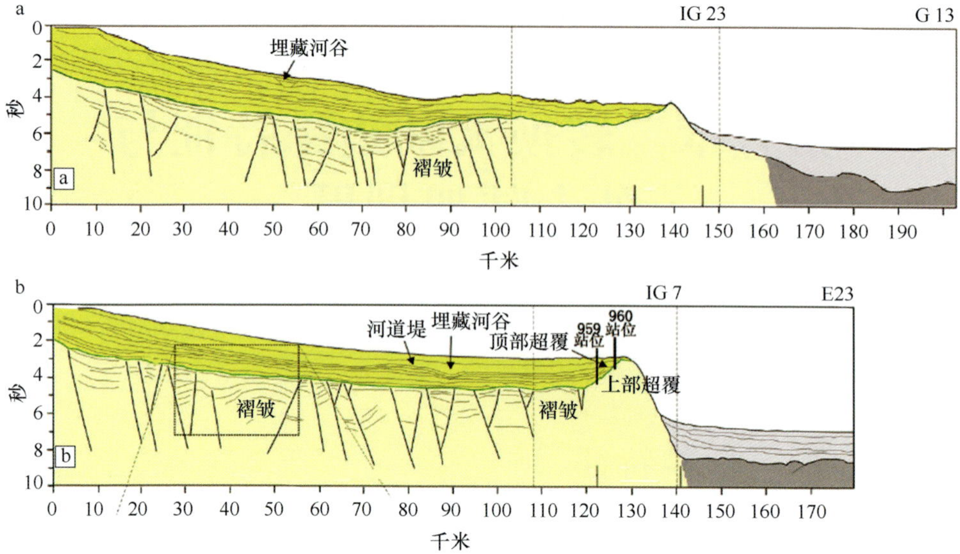

图 5.2　加纳陆缘区横剖面图（Antobreh, et al., 2009）

裂带可以继续延伸进入大陆。大陆地壳有限减薄。大洋地壳除在破裂带上因为火山作用外，不存在加厚。在剪切边缘的早期活动阶段，一般没有岩浆活动，除非从热点上面通过。基底沉降时间随时间不成指数衰减，而是在其开始形成后的某段时间达到最大的沉降速率。

在洋盆扩张的早期，沿着转换断层发育的一些板块边缘结构的发育不同于离散边缘和聚敛边缘，它的显著特征是陡峭的大陆坡，连接着大洋转换带的海岭－海槽复合体。重力异常数据和广角地震数据显示，厚的大陆地壳和薄的大洋地壳之间的过渡是突变的，通常发生在不到 30 千米的范围内。

在有的区域，似乎是转换断层界定的洋壳和陆壳的边界。南非，好望角以南的转换边缘就与阿加勒斯断裂带一致，其标志就是一个显著的线状地磁异常，以及均衡重力异常场中将洋壳一边的高值和陆壳一边的低值分开的一个陡峭的梯度（Talwani & Eldholm, 1973）。这条线正好与陆坡的基部相一致，所以 Talwani 和 Eldholm 认为它就是洋陆边界（COB）。

加纳构造提供了另一个例子，这是一个非洲的转换断层（图 5.3）。它在陆坡的上部边界显示了一个正自由空间异常（振幅大约为 90 毫伽），而在陆坡底部的地磁场呈阶梯状的特征，这被认为部分是由在 COB 的强磁性体造成的（Edwards et al., 1997）。

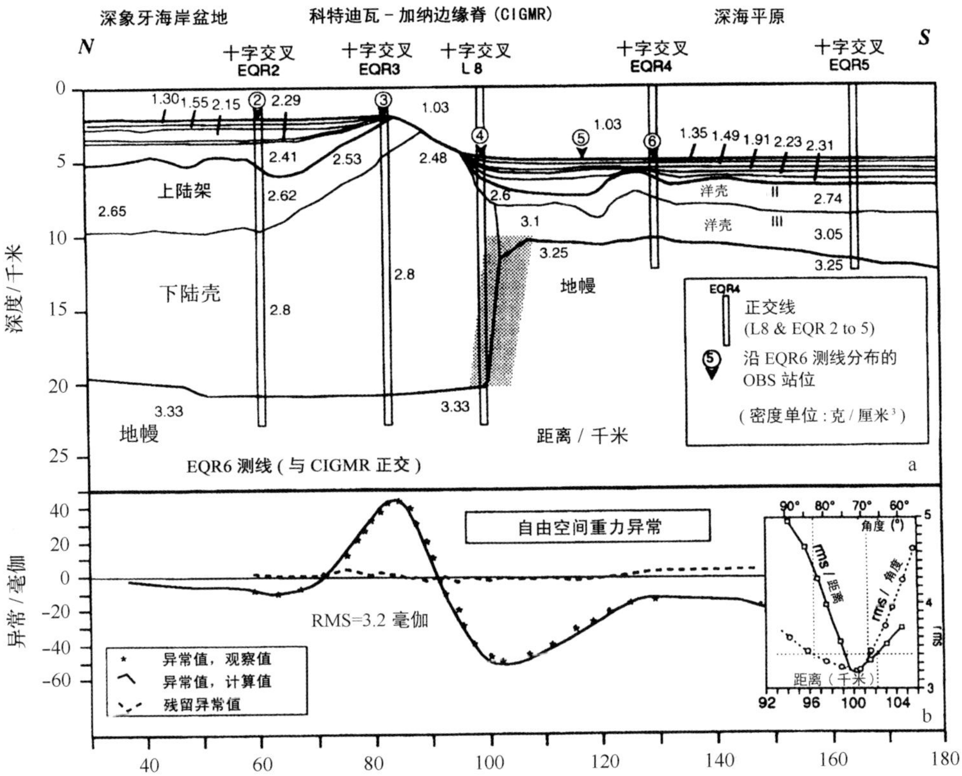

图 5.3　科特迪瓦—加纳转换边缘地壳模型横剖面，该模型依据重力异常、广角反射和海底地震仪精练记录资料建立的。用垂直广角测线（位置用 eqr2－5 和 L8 表示）数据约束模型

地壳厚度和速度结构的急剧变化反映窄陆—洋过渡带（阴影带）。实测、计算和残留重力异常展示于模型之下。对实测与计算异常值均方根（RMS）之差进行了函数检验（插入法）：RMS 与位置（RMS/距离）和 RMS 与倾角（RMS/角度）。两种检验通常小于残留值，RMS 在 73°倾角，100 千米处为 3.2 毫伽。

5.3　转换大陆边缘的演化特征

以下以加利福尼亚西侧洛杉矶盆地为例对转换陆缘盆地的演化特征进行探讨。

洛杉矶盆地位于北美西部陆缘的南部，是众多沿着加利福尼亚西部边缘分布的新近纪盆地之一，也是世界沉积盆地中油气资源最为丰富的盆地之一（图 5.4）。

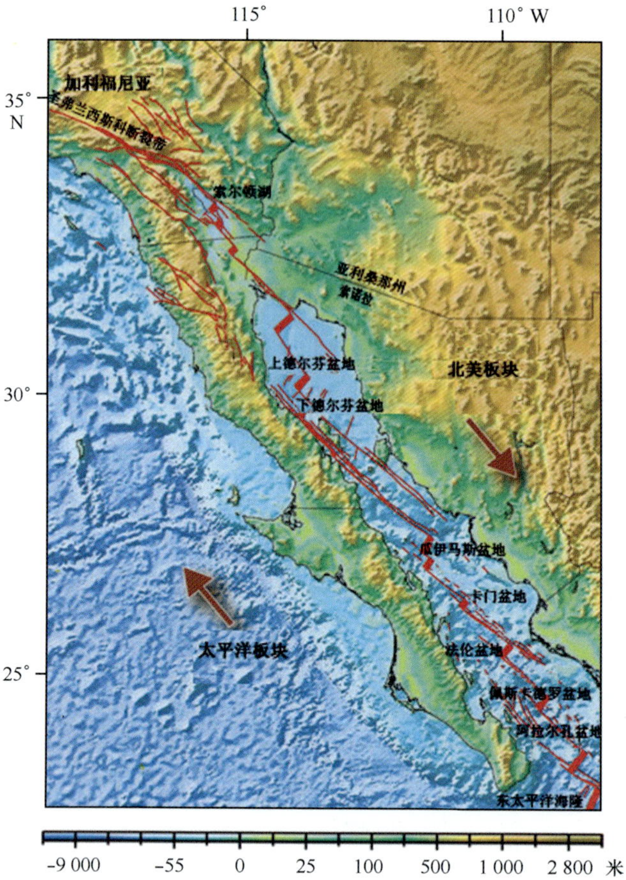

图 5.4　北美西侧加利福尼亚湾区

现今的洛杉矶盆地是位于沿着半岛山脉、横向山脉和南加利福尼亚大陆边缘交汇形成的沉积盆地。位于加利福尼亚南部海岸半岛山脉（Peninsular Rounges）、横向山脉（Transverse Ranges）和大陆边缘带的结合部位，具有三个区的地质历史和主要地质特征。加利福尼亚大陆边缘地带以早—中中新世期间形成的 NW 走向盆地为特征。新近纪的变形与主要的 NW 向断层的右旋走滑、不同断距、盆地沉积岩褶皱作用、断裂作用以及局部地块的旋转有关。边缘带内部的基岩为中生代的蓝片岩、绿片岩及其他，代表了俯冲环境的沉积以及已变质的玄武岩。洛杉矶盆地内中中新世 NW 走向的残余构造与大陆边缘地带的盆地特征相似。东西走向的横向山脉是北美 NW—NS 走向的西部边缘区内的主要异常带，古地磁的研究表明该区个别地壳块体从中中新世开始旋转，并最终到达现今位置。洛杉矶盆地北部圣莫尼卡断裂体系和相邻的褶皱和断层起因与横向山脉变形密切相关。半岛山脉从南加利福尼亚向 SE 延伸近 1 500 千米，由中等变质的沉积岩和与岛弧同源的火山岩组成，基岩局部被上白垩统和古新统的沉积岩所覆盖。

洛杉矶盆地是在圣安德烈斯转换带中迅速演化发育起来的，圣安德烈斯转换带形成了太平洋板块和北美板块现今边界（图 5.5）。

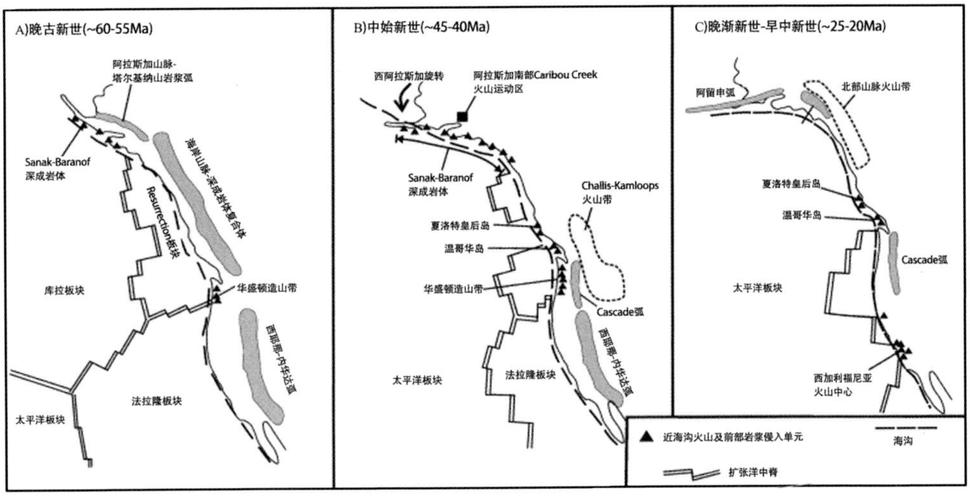

图 5.5　加利福尼亚湾地区板块演化图（Cole，R. B.，Stewart，B. W.，2009）

中侏罗世（165 Ma）开始的大西洋海底扩张运动使得北美板块向西运动，与太平洋板块发生挤压碰撞，加利福尼亚位于该动力板块边界的主要部分。在中生代的大部分时期，两个连续的俯冲带形成了该边界，这两个连续的俯冲带形成了被火山弧覆盖的 Sirra Navada 和半岛山脉的花岗岩岩基。在 Sierras 中部和北部，地体叠加也记录了这种板块的汇聚。

56 Ma 以来北美板块下 NE 向扩张的法拉隆板块的俯冲持续了整个古近纪，该俯冲运动体现在内华达山渐新世—中新世的岛弧火山作用中。在洛杉矶盆地，残留弧前盆地的沉积持续了始新世的大部分时间。

37 Ma 以来，随着俯冲作用的继续，法拉隆板块俯冲至北美板块之下，导致了加利福尼亚滨岸带中部和南部的区域隆起作用，并导致横向山脉的块体旋转和中新世中期的裂陷作用。同时太平洋板块的部分也与洛杉矶地区的北美板块碰撞。法拉隆残留板块保留下来形成了 Juan De Fuca 和 Cocos 板块，继续俯冲形成了 Cascade 和中美火山弧。新近纪北美板块边缘最显著的演化特征是北美板块和 NW 向移动的太平洋板块之间的走滑作用，沿着加利福尼亚转换边缘的右旋走滑形成了圣安德烈斯转换带。晚中新世和早上新世期间，横向山脉区域的圣安德烈斯转换带的东界为 San Gabriel 断层，此时东太平洋隆起也延伸到加利福尼亚湾。右旋转换体系的走滑拉张作用使得在中中新世形成了洛杉矶盆地，并在晚中新世—早上新世进一步遭受与走滑运动相关的拉张作用。

5.4 沉积特征及演化

以下仍以洛杉矶盆地为例来说明转换大陆边缘的沉积特征及演化。

洛杉矶盆地可以分为4个不同的断块，即西北断块、西南断块、东北断块和中央断块（Yerkes et al.，1965）。中中新世是盆地形成的初始阶段，Yerkes等（1965）把洛杉矶盆地的构造沉积演化分为五个阶段：其中包括两个描述基底和上白垩统—下中新统沉积地层的盆前阶段、一个中中新统盆地初始形成阶段、一个晚中新世—早更新世盆地沉降和沉积主要阶段和一个中更新世后盆地破坏阶段。下面以洛杉矶盆地地表之下（中央断块和西南断块）的地层系统来具体说明各个时期的沉积特征。

5.4.1 盆前期

盆前期地层主要包括侏罗系—白垩系，古近系及下中新统地层。这些地层在圣莫尼卡山、圣华金丘陵、蓬特丘陵—圣安娜山一带发育较完整，在帕罗斯丘陵和洛杉矶盆地地下发育不全。

盆地基地主要由圣莫尼卡山地区的圣莫尼卡板岩和侵入白垩系的地层组成。西南断块的基底（Catalina片岩）是由与加利福尼亚海岸岭混杂岩类似的杂砂岩、燧石、玄武质火山岩和辉长岩所衍生出来。中央断块的基底为花岗闪长岩、黑云母-石英闪长岩复合而成，且全区分布。这种花岗岩质基底在圣安娜山出露，并与其上的Santino Peak火山岩呈不整合接触。中央断块的这种花岗岩类深成岩在东北断块的蓬特和圣何塞斯丘陵地区也有出露。

上白垩统在圣莫尼卡山称Tuna Canyon组，为半深海环境下沉积的粗粒、块状岩屑质砂岩、粉砂岩和泥岩，厚度达800米。在中央断块的圣安娜山也有另一个厚层上白垩统地层出露。

古新统-中始新统：Coal Canyon组在圣莫尼卡山中部出露，为浅海相砂岩、含中砾粉砂岩和少量藻灰岩；Silverado组在圣安娜山出露，为350米厚的非海相细-粗粒砂岩、粉砂质砂岩和砾质砂岩；中始新统Santiago组覆盖于圣安娜山附近的Silverado组地层之上，为厚度达105米的非海相-内浅海红棕色粗砾和巨砾砾岩、长石质砂岩、粗-砾质砂岩以及黑灰色碳质粉砂岩。

上始新统—下中新统的Sespe组在圣莫尼卡山上为1 000米厚的非海相地层，由砂岩、砾质砂岩和泥岩组成，并和上覆Vaqueros组呈指状交错；在盆地南部发现的广泛发育的厚层非海相红层碎屑岩被认为是与 Sespe 组同期的地层。Vaqueros 组主要出露于在圣莫尼卡山和圣华金丘陵地区，在圣莫尼卡山，Vaqueros 组主要为非海相—滨浅海相中 - 粗粒粉砂质砂岩、砂质粉砂岩和砾质砂岩，在圣华金丘陵地区为内浅海相细 - 粗粒砂岩和砂质粉砂岩。

5.4.2 中中新统初始成盆期

西部边缘古陆地和西部陆架的抬升和剥露是洛杉矶地区中中新世最早的主要形变和构造现象。这次构造事件的突出特征为：断块作用、火山作用以及局部的厚层砾岩，沉积记录为 Topanga 群。Topanga 群在圣莫尼卡山分为 3 个组，自下而上依次为 Topanga Canyon 组、Conejo Volcanics 组和 Calabasas 组，由一些陆相—海相中 - 粗粒碎屑岩和一些火山岩组成。在地下，Topanga 群是一厚层非均质的、固结良好的砂岩夹页岩和深灰 - 黑色粉砂岩互层的地层。在盆地绝大部分地区，Topanga 群的粗粒碎屑岩和上覆的下莫恩阶细粒沉积物之间有一突然的岩性间断。

5.4.3 晚中新世之后盆地沉降和沉积主要阶段

中—上中新统岩石由几个地层单元组成，且其名称在整个盆地周围都有所不同。这些地层单元从上到下部代表不同深度的近海和碎屑沉积物。这些地层包括 Modelo 组、Monterey 组、Puente 组和 Capistrano 组，这些地层在同一剖面并非上下接触关系，如 Puente 组在年代上就相当于 Monterey 组上部。在洛杉矶盆地地表之下的中—上中新统就只有 Puente 组。

尽管中更新世后的南北向缩短作用使盆地被破坏，但从上新统—更新统的层序从岩性上不能再分地层单元。以洛杉矶盆地地表之下（中央断块和西南断块）为例，地层从下往上依次是 Repetto 组、Pico 组、San Pedro 组和 La Habra 组。其中 Repetto 组是半深海细—粗粒砂岩、砾质砂岩、砂质含云母页岩、粉砂岩和黏土岩互层，厚度非常之大，达到 5 490 米，Pico 组也是一些海相碎屑岩，沉积的水深较 Repetto 组浅。中、上更新统—全新统（San Pedro 组和 La Habra 组）主要是从浅海到非海相沉积的过渡。

5.5 转换大陆边缘与外大陆架划界

目前正在发育的转换型边缘，以加利福尼亚湾与科特迪瓦—加纳转换边缘（CIG）最为典型。

科特迪瓦—加纳转换边缘（CIG）可能是目前研究最深入的转换边缘（Basile et al.，1996），转换边缘一般代表大洋主要断裂带向陆方向的侧向拉张。这一点在CIG实例中非常清楚，那里作为世界上主要大洋断裂带之一的罗曼什断裂带侧向延伸（Basile et al.，1996）。与塔斯曼断裂带相接的南塔斯曼转换边缘也是如此，（Exon et al.，1995）。这样的构造在转换边缘对地貌、地壳结构、沉积物分布和COB的位置非常重要。

转换边缘具有不同的地貌特征，例如直线性和陡峭的斜坡，广泛分布与边缘平行的海脊——称为边缘海脊。这些现象在CIG转换边缘得到证实（图5.6），该边缘发育数百千米长、线状的陡峭陆坡，从浅海的加纳台地到水深5 000米的几内亚深海平原过渡带窄（宽度小于20千米）。该边缘的平均坡度为10°，局部最大可达30°~40°。向西南，这一陡峭的陆坡以一延长的、线状、直立海脊（科特迪瓦—加纳边缘海脊，或CIGMR）为界插入几内亚深海湾平原与科特迪瓦拉分盆地之间（Basile et al.，1996；图5.6）。再向西南，水深逐渐加大边缘海岭变为一系列坡度相对缓、线状的深海平原丘陵，与埋藏于底下的大洋罗曼什（Romanche）拉张断裂带相接。相似的地貌特征在其他转换边缘亦有发育，卫星数据重力图清晰地显示了边缘海脊与大洋主断裂带之间的衔接，与边缘海脊相邻的是具有厚沉积物的盆地［图5.6，如科特迪瓦盆地（Basile et al.，1996）；南非和塔斯玛尼亚海上（Exon et al.，1995）］。

转换边缘横向沉积物的分布完全取决于其构造演化与相关的地貌特征，陡峭的陆坡阻碍了沉积物的沉积。转换边缘陆坡所代表的地质断崖是离散大陆之间转换-走滑运动的结果，CIG转换边缘是非洲与巴西（Basile et al.，1996）、南塔斯玛尼亚转换边缘是东南澳大利亚与南极（Exon et al.，1995）大陆之间转换-走滑运动的结果。

在转换边缘，从大陆到大洋过渡带（COT）变化似乎非常突然（图5.6），对深部构造的研究表明COT非常窄（小于10千米），位于现今陆坡脚之下，并与向海方向突然变浅为15~20千米的莫霍面相对应（图5.3）（Edwards et al.，1997；Sage et al.，1997）。陆壳与洋壳突然、简单相接，没有岩浆活动的证据。

科特迪瓦盆—加纳边缘海岭几乎缺乏层状沉积物，在其陡峭的南部斜坡由变形碎屑岩组成。加纳深海平原被厚的沉积物覆盖。图中还显示了窄洋—陆过渡带的位置和岩浆活动的证据。其他转换边缘的构造似乎更加复杂（例如纽芬兰边缘；澳大利亚西部海上埃克斯茅斯海台边缘），造成构造复杂的原因与陆壳混杂作用、岩浆侵入作用和底辟作用有关。

转换大陆边缘特征显示，它们的共同特征是在地貌上具有急剧的地形变化，在地壳结构上具有较窄的洋陆过渡带（COT），而且两者的对应性也较好。因此，

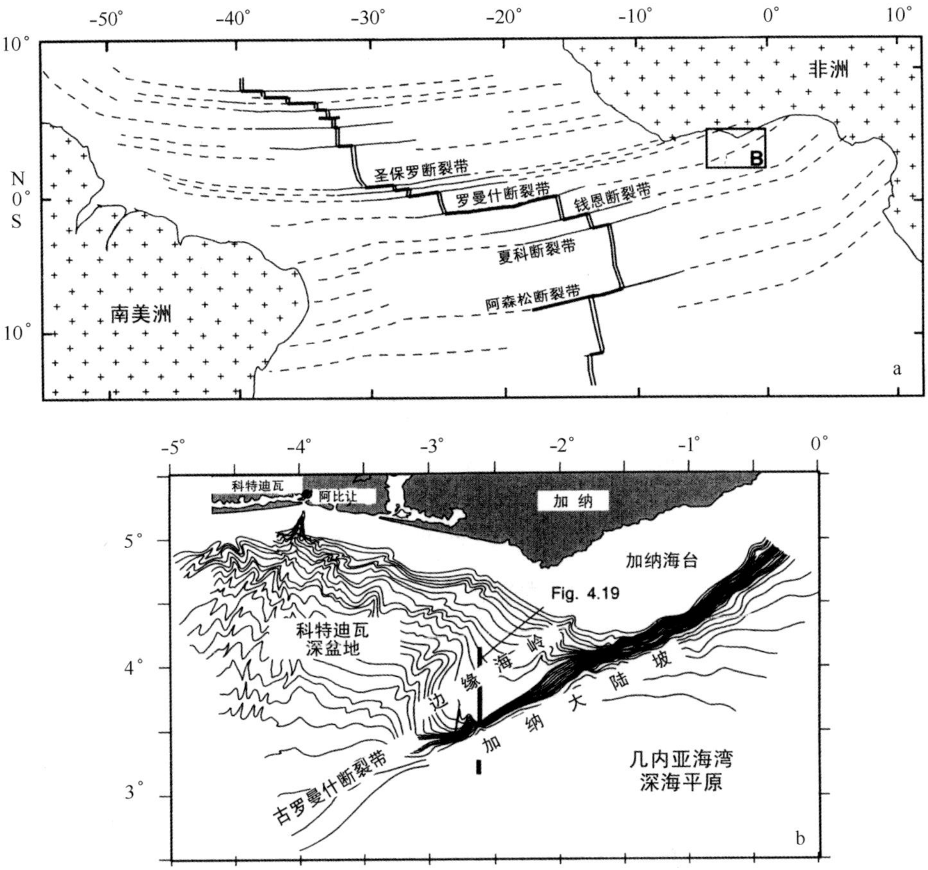

图 5.6　科特迪瓦—加纳转换边缘（CIG）地质动力与等深线图（Mascle et al.，1995）

a. 显示赤道大西洋断裂带，共轭边缘，具体位置详见 b；b. 显示 CIG 转换边缘的部分简化等深线和主要地貌构造域

在转换大陆边缘，陆坡基部和大陆坡脚点相对容易确定，《公约》第七十六条的应用也相对简单。

5.6　转换陆缘外大陆架划界实例

全球转换型大陆边缘的分布相对要少，以加利福尼亚湾与科特迪瓦—加纳转换边缘最为典型，但美国尚未加入《公约》，暂时也未在加利福尼亚湾沿海海域提交外大陆架划界案。而位于科特迪瓦—加纳转换边缘的加纳和科特迪瓦两个国家都分别提交了各自的外大陆架划界案。由于两国划界案均未完成审议，而两国的划界案只公布了非常简单的执行摘要信息，我们无法了解这两个划界案的详细

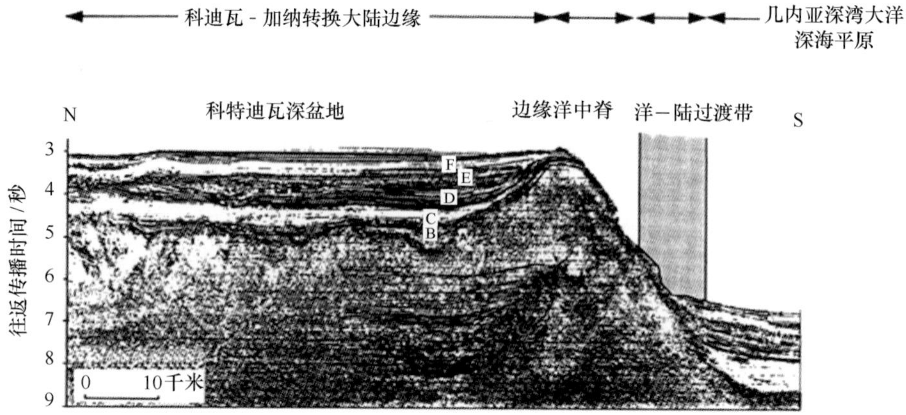

图 5.7 横跨科特迪瓦—加纳转换边缘的南北向多道地震反射剖面（Mascle et al.，1996）

地震剖面证实离散的科特迪瓦盆地其上为平缓的后生裂谷盖（单元 B—F），其下为深、变形层序（单元 A）

划界方法，在此只对其划界案摘要作一简单介绍。

（1）加纳划界案

2009 年 4 月 28 日，加纳按照《公约》第七十六条第 8 款通过秘书长向委员会提交了其划界案，分东部扩展大陆架区和西部扩展大陆架区两部分。

加纳是西非沿海国家，人口达 20 467 940，以几内亚湾 538 千米长的海岸线为边界，介于多哥共和国和科特迪瓦共和国之间。包括 Volta 湖在内的陆地总面积为 239 460 平方千米。

加纳与邻国在划界海域存在主张重叠，但至今未与上述邻国签订任何边界条约。ECOWAS 成员国贝宁、科特迪瓦、加纳、尼日利亚、多哥于 2009 年 2 月 24—26 日在阿克拉召开的会上，对该区相邻和相对国家的海上边界有下述规定：“即使在提交划界案或初步信息之后，相邻和相对国家之间的海上边界继续本着合作精神协商解决，各成员国对其他国家提交的划界案均不提出任何异议。”此外，本划界案的提交也不影响加纳和任何其他国家之间的划界。

在加纳东部扩展大陆架区，其 200 海里以外大陆架面积为 4 741.8 平方千米，其外部界限定点有 5 个，其中：1 个定点（OL－GHA－5）为基于尼日利亚领海基线的 200 海里界限上的点；3 个定点（OL－GHA－1，OL－GHA－2，OL－GHA－3）为 1% 沉积岩厚度点；1 个定点（OL－GHA－6）为基于加纳领海基线的 200 海里界限上的点。

在加纳西部扩展大陆架区，其 200 海里以外大陆架面积为 9 387.8 平方千米，其外部界限定点有3个，其中：1个定点（OL－GHA－7）为基于加纳领海基线的200海里界限上的点；1个定点（OL－GHA－4）为1%沉积岩厚度点；1个定点（OL－GHA－8）为加纳和科特迪瓦间的等距离点（图5.8）。

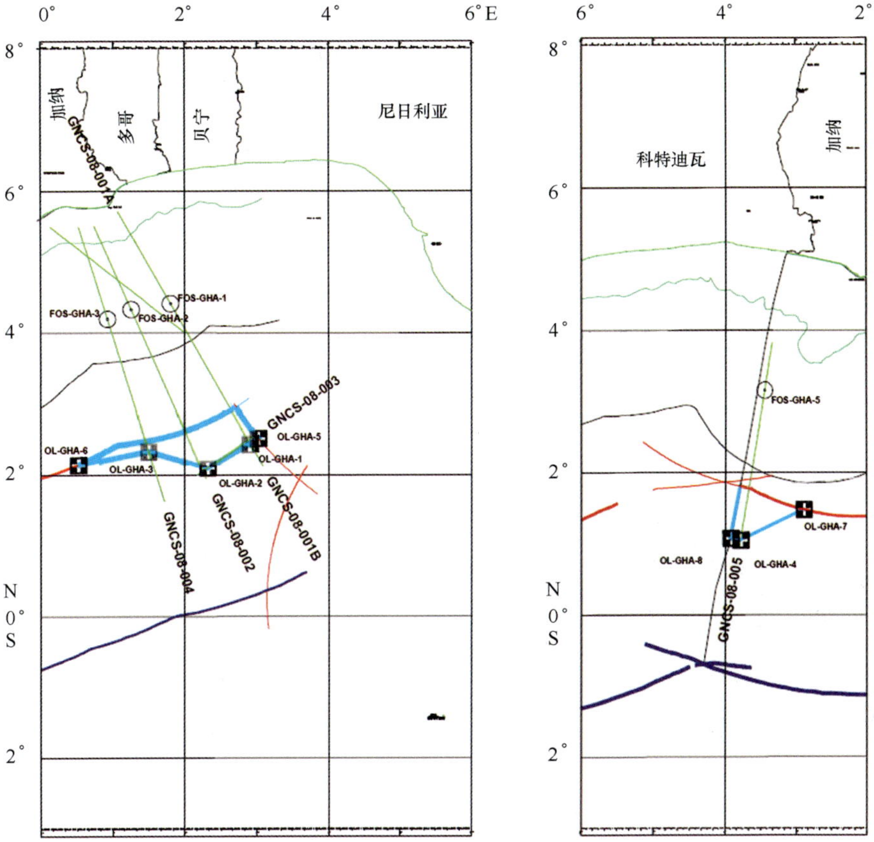

图5.8　加纳划界案东区（左）和西区（右）外部界限示意图①

（2）科特迪瓦划界案

2009年5月8日，科特迪瓦按照《公约》第七十六条第8款通过秘书长向委员会提交了其划界案。

科特迪瓦是一个人口达1 837 306的西非沿海国家，介于利比里亚和加纳之间，南濒几内亚湾，其海岸线长520千米，陆地总面积为322 462平方千米。

科特迪瓦与邻国间在本划界案区域存在主张重叠，但至今与邻国尚未签订关于海洋划界的任何协议。西共体（ECOWAS）成员国贝宁、科特迪瓦、加纳、尼

① 加纳划界案摘要，http：//www. un. org/Depts/los/clcs_ new/submissions_ files/submission_ gha_ 26_ 2009. htm。

日利亚、多哥于2009年2月24—26日在阿克拉召开的会上，对该区相邻和相对国家的海上边界有下述规定：“即使在提交划界案或初步信息之后，相邻和相对国家之间的海上边界继续本着合作精神协商解决，各成员国对其他国家提交的划界案均不提出任何异议。”因此，本划界案的提交不影响科特迪瓦与邻国贝宁、加纳、尼日利亚、多哥在该地区的海洋划界，也不影响科特迪瓦与任何邻国间的海洋划界。

科特迪瓦200海里以外大陆架的外部界限为相邻两点之间不超过60海里的6个定点的直线连线组成，其中：5个定点为1%沉积岩厚度点［《公约》第七十六条第4（a）（1）款］；1个定点为外扩线与科特迪瓦200海里线的交点（图5.9）。

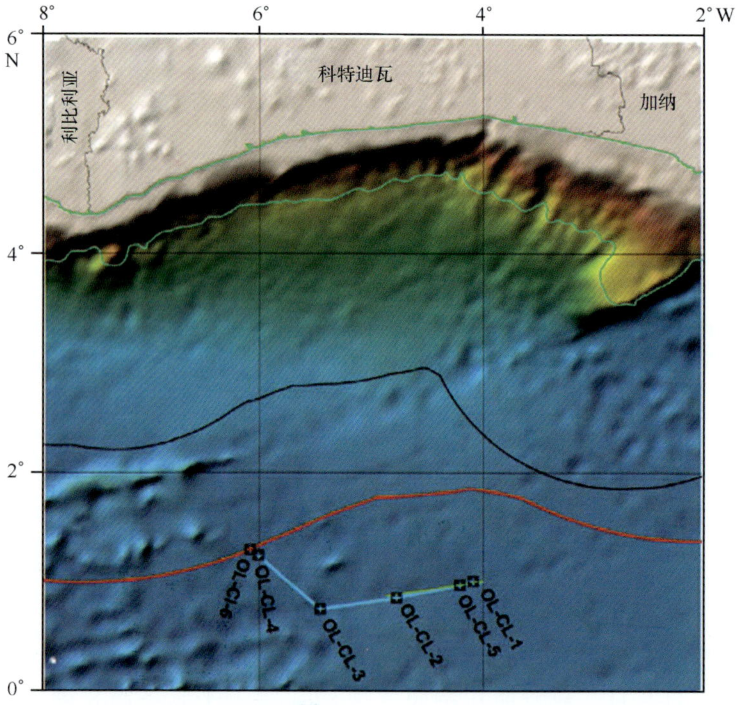

图5.9　科特迪瓦划界案外部界限示意图[①]

① 科特迪瓦划界案摘要，http：//www. un. org/Depts/los/clcs_ new/submissions_ files /submission_ civ_ 42_ 2009. htm。

第六章　洋脊的地质特征与外大陆架划界

脊状的海底高地形在深海洋盆及其大陆边缘普遍存在，其面积约占海洋总面积的33%以上，《公约》对大陆架的定义，考虑了包括洋脊在内的各种海底高地形及其与陆架区的关系，提出了深洋洋脊（Oceanic Ridge）、海底洋脊（Submarine Ridge）和海底高地（Submarine Elevation）三类海底高地形，并对这三类海底高地形的大陆架权利做了规定。虽然这三个术语来源于科学概念，但是它们一旦成为法律条约的一部分，对其适用和解释就应该遵守条约解释的国际法规则。因此，本书要强调的是这三个术语本质是法律概念，它们尽管来源于科学范畴，但对其的解释和地质地理学意义上的概念并不完全一致。本章为了表述上的方便，凡是法律概念一律使用《公约》术语，而广义上的所有脊状海底高地形均称为"洋脊"。由于洋脊的形态多样性和地质特征复杂性，加上《公约》对这三个术语未给出准确的科学定义或较明确的判别方法，导致在实际应用过程中，洋脊规则问题成为外大陆架划界中最复杂的问题，也为沿海国利用洋脊规则争取本国利益最大化提供了机会。已经向大陆架界限委员会递交划界案的国家，如俄罗斯、巴西、澳大利亚、新西兰、日本等，都尽可能利用洋脊规则为本国争取最大范围的外大陆架主张。同时，部分国家也在积极制造舆论，试图影响大陆架界限委员会对洋脊属性的判断，以便为本国外大陆架划界主张提供理论依据。

6.1　法律概念的洋脊

《公约》第七十六条第3款和第6款提出了不同类型的洋脊概念，即深洋洋脊、海底洋脊和海底高地，并对其可划定的大陆架外部界限的最大距离作了规定。其中第3款规定："大陆边包括沿海国陆块没入水中的延伸部分，由陆架、陆坡和陆基的海床构成。它不包括深洋洋底及其洋脊，也不包括其底土。"第6款规定："海底洋脊上的大陆架外部界限不应超过从测算领海宽度的基线量起距离为350海里。本款规定不适用于作为大陆边自然构成部分的海台、海隆、海峰、暗滩和坡尖等海底高地。"《公约》上述关于三类洋脊的法律定义及其权利规定，就是本书所称的"洋脊规则"。

我们注意到，《公约》第七十六条第3款提出了“深洋洋脊”的概念，指出深洋洋脊不包含在大陆边内，即深洋洋脊没有200海里以外大陆架；第6款中提出了“海底洋脊”和“海底高地”的概念，并指出海底洋脊的大陆架外部界限最远只可延伸至350海里，但作为大陆边自然组成部分的海底高地则不受350海里的限制，最远可延伸至2 500米等深线外扩100海里。虽然深洋洋脊、海底洋脊和海底高地这三个术语来源于科学范畴，但是它们一旦成为法律条约的一部分就是个法律概念，我们可以看出它们的定义与科学概念并不完全一致。

长达9年的第三次联合国海洋法会议的重要任务就是寻求建立法律“大陆架”的定义，以协调全球沿海国的各种利益。由于种种原因，洋脊问题在会上引起了极大的争论，如位于洋中脊之上的国家是否具有外大陆架权利，沿海国外大陆架是否可以从大陆边缘跨越延伸至相邻洋中脊，是否需要限制基于洋中脊扩展外大陆架等一系列问题。此外，洋脊问题不仅涉及《公约》第七十六条，同时还要考虑与海岛有关的第一二一条。《公约》第一二一条规定除人类无法生存的岩礁之外，岛屿与陆地领土具有相同的权利和限制。但由于岛屿特殊的地形地貌条件，其大陆架扩展到200海里以外权利不应是无限的，应受到适当的限制。深海盆地区的岛屿和岛屿国家大多是位于洋脊出露于海面以上部分，其水下部分可延伸至很远，比如冰岛就是这样的特例。冰岛位于大西洋洋中脊上，该洋中脊朝北延伸至北冰洋，向南可一直追索到南极，如果不对像冰岛这样的岛屿和岛屿国家的外大陆架权利进行适当限制，其结果将难以设想。所以，不难看出，“洋脊规则”制定的本意是为了防止沿海国利用洋脊无限扩大其外大陆架范围。

因此，第三次联合国海洋法会议第八次会议专门成立了第6磋商组对此进行讨论。苏联反对大陆边缘不包括“水下洋脊及其底土”，并建议“应包含水下洋脊陆架区的扩展不得超过350海里”（DOALOS，1993）。宽大陆架国家集团则建议大陆边缘应该包括海底高地，但不包括深洋底洋脊；澳大利亚建议“海台、海隆、暗滩和坡尖是海底高地的实例，应包括在大陆边缘之中”。丹麦认为“具有与陆地领土基本相同地质构造特征的海底高地是大陆边缘的自然组成部分”。美国建议“位于阿拉斯加北部的楚科奇海台及其组成高地不能作为洋脊”。由于各国代表未能就洋脊问题达成一致认识，第6磋商组主席几乎是完全综合了各方意见情况下最终形成了目前所看到的第3款和第6款内容。因此，可以看出，洋脊条款的形成是有切身利益的部分沿海国力图最大限度扩展其大陆架而精心策划和政治妥协的结果，并没有完成防止沿海国利用洋脊无限扩大其外大陆架范围的制定初衷。

正如联合国海洋事务与海洋法司所指出的（DOALOS，1993），将洋脊条款引入第七十六条是为了限制外大陆架沿着洋中脊延伸至大洋中部的过度主张，在洋脊条款讨论中，联合国海洋事务与海洋法司支持“大陆边缘由陆壳及其上覆沉积物组成，主要为陆源，不包括洋壳”的观点。而且从第七十六条洋脊条款逐步形成背景的历史回顾也可以得到这样的信息，“深洋洋脊”应该是由洋壳组成的，不是法律大陆边缘的组成部分，它没有200海里以外大陆架。但是遗憾的是，最后通过的《公约》第七十六条中既没有引入洋壳概念，也没有引入陆壳概念，也没有给出海底高地的具体定义，只是列举了部分实例，如海台、海隆、海峰、暗滩和坡尖等，这就为这三类洋脊属性及其权利的界定带来困难。因此，尽管《公约》在涉及洋脊条款部分制定了非常复杂的规定和门槛，但在实际操作中仍十分复杂。

6.2 科学概念的洋脊

按照国际航道组织（IHO）的定义，深洋洋脊是“深洋底具有不规则或平缓地貌且陡峭两翼的长高地”（IHO，1993）；海底洋脊是“海底具有不规则或平缓地貌且陡峭两翼的长高地”（IHO，1993）；至于海底高地一词在所有的标准技术字典或术语汇编中都没有准确的定义，高地通常被认为是特定平面之上的高点，因此海底高地可以认为是位于相邻海底面之上的任何海底高地形。可以看出国际航道组织对上述洋脊的命名不含成因意义，主要根据其形态特征，而全球洋脊的形态可谓是千姿百态，因此，大陆架界限委员会前委员 Symonds 等认为使用成因或半成因的术语，如洋中脊、微大陆、大洋海台、热点洋脊和增生洋脊等地质术语，应更有利于《公约》第七十六条洋脊规则的理解和应用。Symonds 等更进一步认为，应将洋脊分为被动陆缘背景和主动陆缘背景两大类，并充分考虑洋脊的形成演化和所处构造位置等地质因素（Symonds et al.，2000）。

6.2.1 与主动陆缘相关的洋脊

在主动陆缘构造背景下洋脊的发育主要有汇聚洋脊和增生洋脊两种方式，其中汇聚洋脊是板块汇聚作用的原生构造和岩浆作用的直接结果；增生洋脊是次生的由于板块朝着主动陆缘运动，并碰撞与大陆边缘结合而形成的任何来源的似脊状地貌。

汇聚洋脊可以形成于与消亡作用有关的岛弧体系内的各种构造背景下，也可以形成于大陆—岛弧和陆—陆碰撞背景下。大多数汇聚洋脊与大陆边缘平行分布，且通常位于沿海国200海里以内并与陆块伴生，因而通常与《公约》第七十六条的洋脊规则无关，本书不作详细讨论。

增生洋脊主要分布于主动陆缘的增生边缘，通常呈高角度、且在海沟的大陆和大洋两侧形成连续的似脊状地貌的明显突出，大多数与主动陆缘碰撞的似脊状地貌都具有相对较浅的水深、较厚的地壳、较低的上地壳速度和陡峭的侧翼等特征。伊豆 - 小笠原洋脊（岛弧）北端与海槽碰撞增生形成的脊状地貌、九州 - 帕劳洋脊（残留弧）北端与南海海槽碰撞增生形成的脊状地貌、小笠原海台在马里亚纳海沟之间增生形成的脊状地貌等都是增生洋脊的实例。由于《公约》主要基于 20 世纪 70 年代末被动陆缘的研究成果，对主动陆缘的各类复杂情况考虑较少，因此对主动陆缘构造背景下洋脊的属性界定难度将更大。

6.2.1.1 汇聚洋脊

汇聚洋脊可以形成于与消亡作用有关的岛弧体系内的各种构造背景下（图 6.1），例如增生棱柱体、前弧或相邻火山弧和弧后区域内的残留弧的外弧洋脊（Karig & Sharman，1975）。它们也可以形成于大陆—岛弧和陆—陆碰撞背景下，例如前陆褶皱—俯冲带与俯冲有关的洋脊（Beaumont，1981）和与克拉通边缘外围凸出部分伴生的弯曲和沉降作用有关的洋脊。大多数汇聚洋脊与大陆边缘平行分布，且通常位于沿海国 200 海里以内并与陆块伴生，因而通常与《公约》第七十六条的洋脊规则无关，这里不作详细讨论。

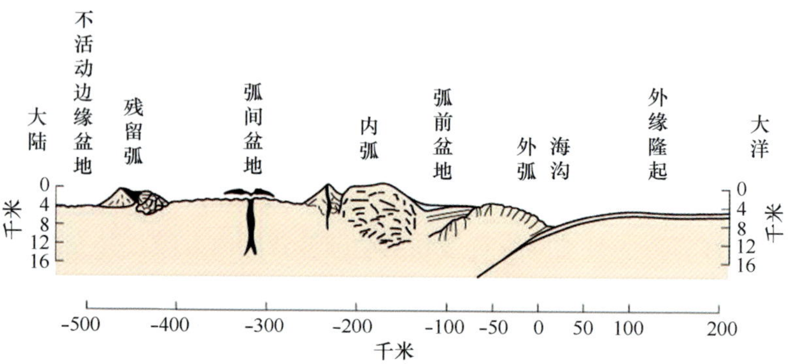

图 6.1 典型岛弧消亡带体系示意图（Karig & Sharman，1975）

但汇聚洋脊中大洋板块相互作用形成的洋脊是与外大陆架划界相关的。板块相互碰撞，形成主动型板块边缘。板块中的洋壳和洋壳发生相互碰撞，可形成洋内弧。洋内弧发生的俯冲带位于距离陆缘一定距离的洋盆内，其形成的过程如下：当大洋岩石圈断裂，一侧大洋岩石圈俯冲于另一侧大洋岩石圈之下，逐渐形成海沟。当俯冲持续进行，仰冲一侧会产生海底火山活动，初期以拉斑玄武岩为主。如果这种岛弧位于原始俯冲带上，相对于弧后区并未发生过位移，则称作稳定弧或原地弧。稳定弧将大洋盆地主体与陆缘洋盆分隔开，弧后区成为残留弧后盆地，阿留申海盆即为此种类型。如果稳定弧在俯冲作用下发生分裂，其向洋移动的部分演化为漂移弧（图 6.2）。漂移弧的后方是新张开的弧间盆地，马里亚纳岛弧后的马里亚纳海槽和汤加弧后的劳盆地等就属于漂移弧。

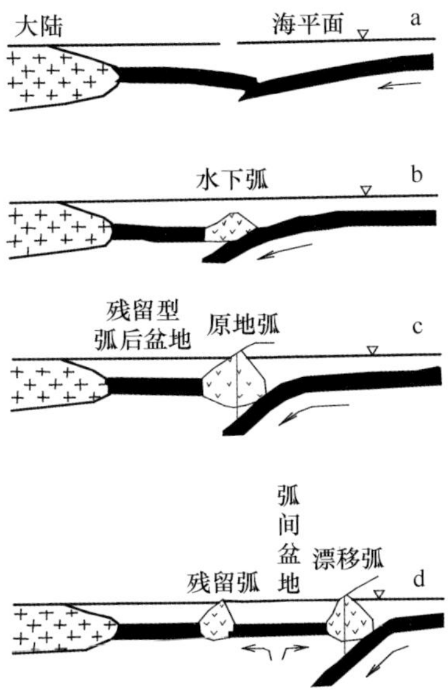

图 6.2　洋壳内板块相互作用岛弧（或洋脊）的形成过程
（据 Karig & Sharman，1975）

大洋板块相互作用形成的洋脊以汤加 – 克马德克（Tonga – Kermadec）脊为例，汤加 – 克马德克脊为太平洋板块向印度澳大利亚板块俯冲形成的活动弧，该洋脊的西侧为劳盆地，是一仍在活动的弧后扩张盆地。劳盆地以西为残余弧性质的科维尔 – 劳洋脊（Coville – Lau），再向西为南斐济海盆（图 6.3）。受汤加 – 克马德克活动弧顺时针方向旋转的作用，劳盆地呈三角形状，南北长 1 300 千米，北部宽 450 千米，南部变窄，仅 190 千米。劳盆地的地质环境南北变化明显，自北向南，劳盆地扩张脊上的喷发岩自基性向酸性转变，岩浆活动对热液区的影响明显增强。

6.2.1.2　增生洋脊

主动陆缘的增生边缘通常具有高角度、且在海沟的大陆和大洋两侧都能生成连续的似洋脊地貌的正向地形，该地形特征形成了明显的边缘突出。大多数与主动陆缘碰撞的似洋脊地貌都具有相对较浅的水深、厚的地壳、低的上地壳速度和陡峭的侧翼等地质特征，该类洋脊具有与边缘接合形成增生洋脊的趋势。在大陆的生长过程中洋脊的增生被认为是一个重要的因素（Howell & Jones，1989）。

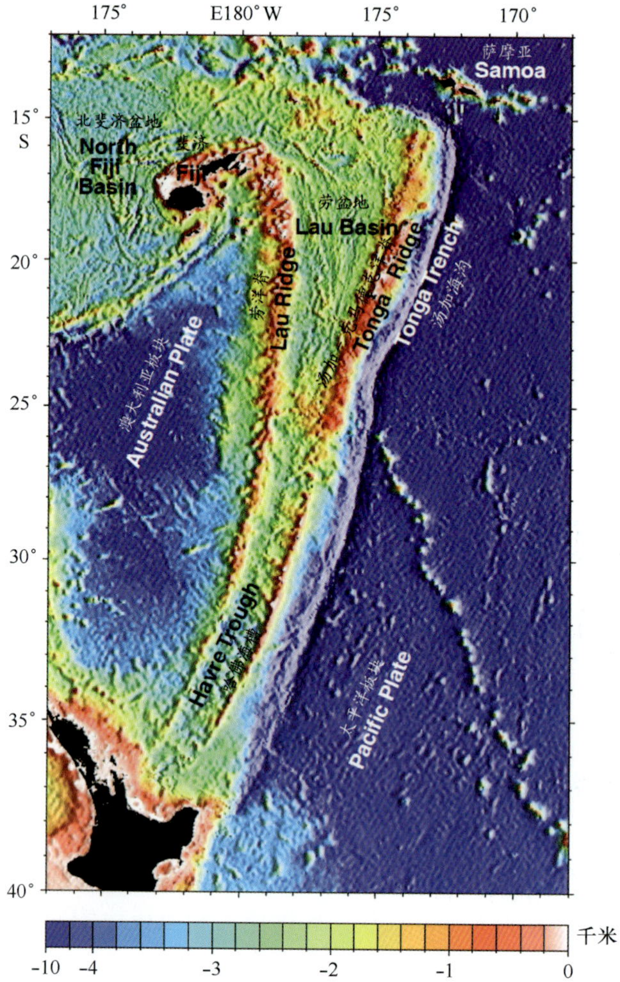

图 6.3　汤加 - 克马德克洋脊及其周边地形图（Smith & Sandwell，1997）

洋脊的碰撞使得原海沟地貌特征、贝尼奥夫带的地震性、安山岩的火山活动性和前弧地区的抬升/沉降历史发生变化，而无论是岛弧、残留岛弧、热点遗迹和大型火成岩区、断裂带洋脊、活动扩张洋脊或其他类型洋脊的成因了解甚少。沿海沟轴等深线剖面表明洋脊交叉点水最浅，因此，增生洋脊突破了海沟系并改变了边缘形态，在海沟 - 洋脊汇合处与消亡板块伴生的地震方式通常为突发式（Nur & Ben - Avraham，1989）。洋脊增生作用的另一个特征是前弧区域的抬升与已证实的上隆地幔楔状体伴生，例如海岛上隆起的海相台地（Bloomer et al.，1995）。下面是几种与主动陆缘碰撞形成增生洋脊的典型类型与实例。

（1）热点遗迹，包括大火成岩省，例如翁通 - 爪哇海台在维蒂亚兹（Vitiaz）

和北所罗门海槽之间形成一个大坡尖

翁通-爪哇海台占据了太平洋底 1.6×10^6 千米^2 的面积，地壳体积达 4×10^7 ~ 5×10^7 千米^3，地壳厚度达 35 千米，是典型的海底大火成岩省（Large Igneous Provinces）。在上覆厚层沉积物之下，翁通—爪哇海台由 4 个具有明显不同地震波速的物质层组成。最上层的岩浆岩完全由具枕状构造、代表海底喷发环境的玄武岩组成。其下的几层由镁铁质到超镁铁质的侵入岩构成，其中部分已转变为高压变质岩体。尽管有超过 30 千米厚的镁铁质到超镁铁质岩石覆盖于大洋岩石圈上，但似乎整个海台都喷发于大洋环境中，并且目前仍几乎完全淹没于海水中。由于翁通-爪哇海台几乎完全淹没于水下，因此对它的认识主要来自于 DSDP 和 ODP 的地球物理探测和钻探研究（图 6.4）。

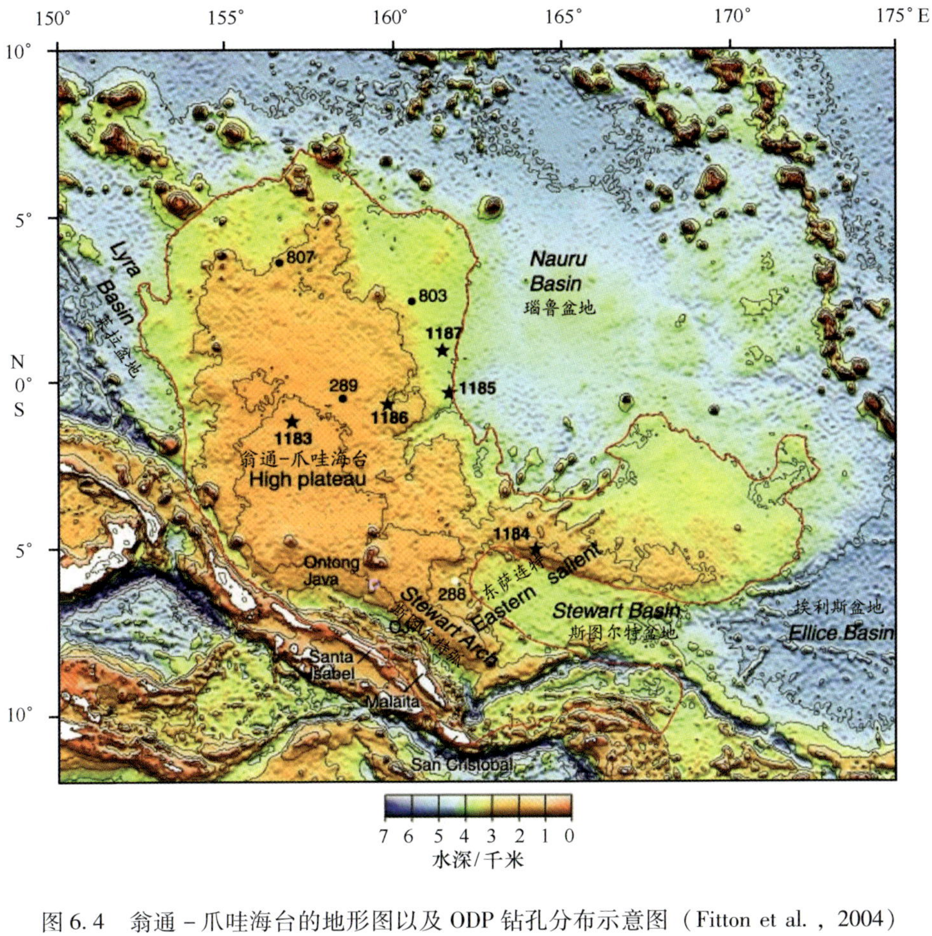

图 6.4 翁通-爪哇海台的地形图以及 ODP 钻孔分布示意图（Fitton et al.，2004）

2000 年实施的 ODP192 航次任务在海台不同部位的 5 个测站（1183 号 ~ 1187 号）打了 6 个钻孔，所有这些钻孔都穿过沉积盖层达到玄武岩基底，进入其中最大距离（220 米）的是 1185 号钻孔。大部分打在海台顶部或主体部分的钻孔中，基底由含稀少沉积物夹层的枕状或致密块状玄武岩组成。在玄武岩的成分方面获得了有趣的资料。在 1183 号、1185 号和 1186 号钻孔中，熔岩流由钾含量低的拉斑玄武岩组成，其成分类似于以前 807 号钻孔揭露的和出露在所罗门群岛上的玄武岩。在海台范围内，还初次发现了高镁质（MgO 8% ~10%）和低 TiO_2 及 Zr 含量的玄武岩，它们组成 1187 号钻孔的基底和 1185 号钻孔基底的上部，反映了地幔的高度局部熔融（Fitton et al. , 2004）。

根据在 ODP192 航次和较早的 30 和 130 航次中获得的资料，翁通 - 爪哇海台（100 ~125 Ma）为典型的中白垩世超级地幔柱，是岩石圈以下的地幔物质通过地幔柱上升到地表的结果。海台的主体是在约 122 Ma B. P. 前后短时间的喷发幕中形成的，较晚期的喷发（将近 90 Ma B. P. ）按容积来说要小得多，并主要发生在海台的边缘地区。翁通 - 爪哇海台在维蒂亚兹（Vitiaz）和北所罗门海槽之间形成一个大坡尖，就属于增生洋脊的范畴。

（2）岛弧，如小笠原海台（Ogasawara Plateau）在伊豆 - 小笠原海沟和马里亚纳海沟之间形成的坡尖

伊豆 - 小笠原海沟位于小笠原海岭的东坡坡底，长 850 千米，近南北走向。水深大于 7 000 米，南部深度大，最深达 9 810 米，它的北端被大洋性玄武岩体与日本海沟隔开，它的南端与北马里亚纳海沟北端之间，被东西向的海底山岳岩体（小笠原海台）切断，故海沟间呈链状相接。海沟洋侧斜坡上发育有很多正断层系群，断层落差可达 1 200 米。它们是随着俯冲板块向下方弯曲发生在岩板上方附近的引张力的表现形式。海沟岛侧斜坡上有阶地发育，阶地外缘有相对高数百米的凸起，构成沿海沟排列的地垒式的小洋脊群。斜坡上伴生着裂谷凹地，海沟底部发育有平坦面。

马里亚纳海沟位于菲律宾海东缘至东南缘，处在马里亚纳岛弧东南侧之岛坡坡麓，长约 2 550 千米，宽 70 千米。它被太平洋的海山群分成数段。因为大洋性玄武岩体的侵入，可分成北马里亚纳海沟和马里亚纳海沟。北马里亚纳海沟位于伊豆 - 小笠原海沟和马里亚纳海沟之间，以链状相接。一般深度达 6 000 ~7 000 米，北部最大深度超过 8 600 米。海沟有的部位呈雁形排列。马里亚纳海沟则由东转向东南方向延伸，是世界大洋中最深的一个海沟。水深自北向南加深，海沟最大观测深度 11 034 米。海沟横断面呈不规则的“V ”字形，沟坡很陡，但西坡（岛坡）比东坡（洋坡）缓，洋坡更陡峭。岛坡可分成水深小于 4 000 米有轻微切割的上段、水深 4 000 ~8 000 米有破碎纵向山脊和洼陷的中段和坡度大于 10°的台阶的下部等 3 个地段。虽然斜坡面很陡，但深海沟沟底平缓，宽度不到 2 千米且在 10 000 ~10 900 米附近的海沟底却有 1 ~5 千米宽大的近乎水平的面。

海底分布着黄褐色硅藻软泥。岛坡上部沉积盖层厚达1 000米，是由关岛向东分布的中新世火山碎屑层，沉积层向海沟轴部急剧减薄。在沉积层中有极轻微的构造变形，大部分由滑坡（滑塌）造成。岛坡的中段基底隆起，存在现代的上升运动和褶皱作用，这类构造与小笠原岛弧外缘早第三纪的海岭同时形成。

小笠原海台就位于太平洋板块的伊豆－小笠原海沟和马里亚纳海沟的交叉点，在伊豆－小笠原海沟的南端与北马里亚纳海沟北端之间，海台高出海底2 000~3 000米，并分布有几处平顶海山，呈东西向的海底山岳岩体，是西太平洋海域最大的一个俯冲海山（图6.5）。伊豆－小笠原海沟在小笠原海台范围内，海沟变缓，成为相对较浅的海槽，其最大深度不超过4 000米。

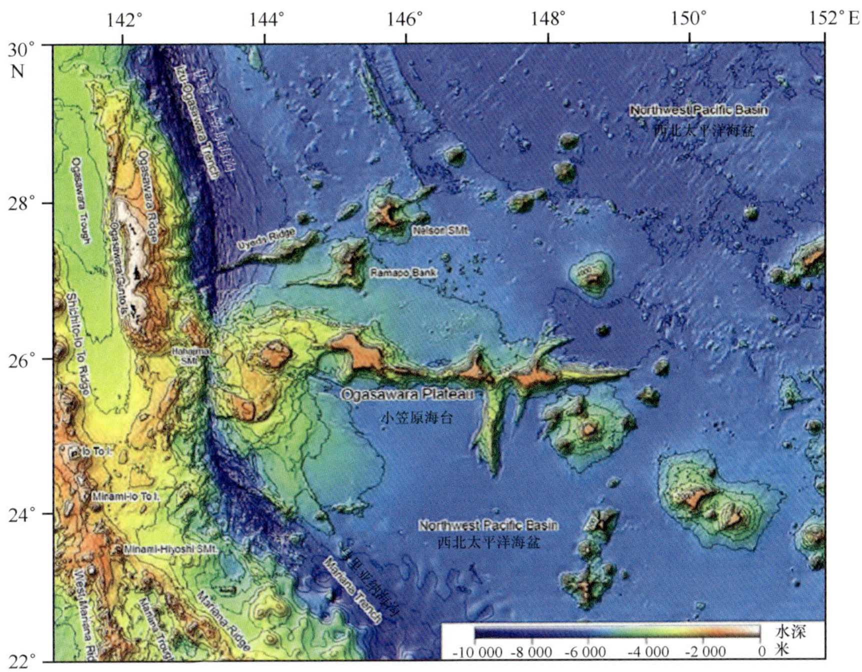

图6.5　小笠原海台周边海域地形图

（3）断裂带洋脊，如路易斯维尔洋脊在汤加－克马德克海沟之间的接合区形成局部坡尖

路易斯维尔洋脊和夏威夷、复活节岛在太平洋被公认是深成型的热柱，与它们对应的热点都表现为大洋岛。热点成因的路易斯维尔洋脊在汤加－克马德克海沟处向下俯冲（图6.3），这引起了地质学家的极大兴趣。早期的观点认为汤加和克马德克火山岛弧群被一些火山空白区所分隔，而这些火山空白区就是由于路易斯维尔洋脊的俯冲导致岩浆活动的缺失而形成的。还有些专家则认为来自路易斯维尔洋脊的物质是比较年轻的（<10 ka）熔岩，主要来自汤加岛弧最北边的2

个火山岛弧塔法希岛和纽阿托普塔普岛（Tafahi and Niuatoputapu），并于3～4 Ma期间覆盖在路易斯维尔洋脊上（Ewart et al.，1998）。

汤加－克马德克海沟是环太平洋西岸发育的沟－弧－盆体系的最南端的一个俯冲带。大约在34～25 Ma左右，太平洋板块向西俯冲于澳洲板块之下，从而发展成为由汤加－克马德克海沟、火山岛弧、弧后拉伸盆地组成的体系。沿岛弧的火山一般喷发玄武质安山岩和安山岩，其次是英安岩。主动弧后扩张在该岛弧之后形成了劳海盆和哈佛海槽。从构造和地震方面来看，由于汇聚速度和弧后扩张速率沿岛弧向北增大，该地区是地球上最活动的地区之一。

而路易斯维尔洋脊（海山链）是与大陆边缘的俯冲有关的大型滑塌形成的。ODP 135航次的841站在海沟陆坡折处打钻（23°20.70′S），路易斯维尔洋脊（海山链）300千米以北，水深4 810米。显示连续的从大陆边缘向海沟倾斜的沉积层，表明钻孔附近自始新世以来持续发生着俯冲作用。与路易斯维尔洋脊俯冲相关的侵蚀作用也促进陆缘的倾斜。

汤加－克马德克岛弧是典型的过渡型洋壳岛弧，位于大洋之中，主体部分在水下，其下之消减板块为古老洋壳。汤加－克马德克岛弧主要由岛弧玄武岩及火山杂岩构成。

（4）扩张洋脊，如活动的智利扩张洋脊及其与智利海沟的碰撞

北西向延伸的智利扩张洋脊与智利海沟的交接处局部隆起，水深最浅处约1 800米。分隔纳斯卡板块和大西洋板块的智利洋脊每年以60毫米的速度扩张，且正向往西漂移的南美板块下俯冲。该洋脊就是活动的智利扩张洋脊与智利海沟俯冲带的碰撞而形成的隆起（如图6.6）。其地壳性质主要为洋壳，参考ODP

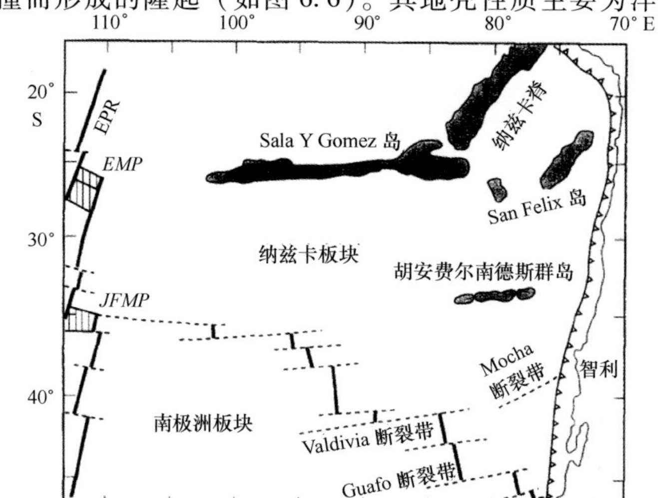

图6.6　活动的智利扩张洋脊及其与智利海沟的碰撞区域的构造图

141，其物质组成并非均一的拉斑玄武岩，而是玄武岩和流纹岩相互夹层组成，这可能是岛弧岩浆向海迁移通过俯冲板片进入大洋板块所导致的。

6.2.2 与被动陆缘相关的洋脊

被动陆缘构造背景下洋脊的形成主要有三种方式，一是海底扩张作用形成的洋中脊；二是形成各种被动陆缘的裂谷和大陆分离作用的结果；三是上述作用的综合结果。被动陆缘背景下的洋脊可以分为扩张洋脊、微大陆、大洋海台和热点洋脊等。

扩张洋脊是正常海底扩张过程中形成的洋中脊，绝大部分的扩张洋脊远离大陆且与大陆地块分隔，但在部分地区洋中脊也和大陆交接。全球现今位于大洋中部的洋中脊，也很少有出露水面形成陆地的，只有为数不多的几个岛屿跨越洋中脊或位于扩张洋脊的顶部和翼部，如大西洋的冰岛和阿森松岛、印度洋的阿姆斯特丹岛和圣保罗岛、太平洋的复活岛和加拉帕戈斯岛等。它们均由于大量岩浆的快速喷发，形成高出海面的岛屿，这些岛屿可根据《公约》第七十六条中的有关条款提出大陆架主张。

微大陆是板块分离过程中产生的大陆碎块，其四周为洋盆。有的微大陆大部分没入水中，个别高点露出海面形成岛屿，如印度洋的塞舌尔群岛、大西洋中的扬马延岛等。有些微大陆与主大陆完全分离，有些则与主大陆半连接。由于微大陆基底岩石埋藏很深且难以获取，海底微大陆的识别比较困难。

大洋海台和热点洋脊，是大量铁镁质岩侵入引起的地壳置换作用形成的，通常与源自地球深地幔的地幔柱或者热点有关。地幔柱或热点的最小表现方式为高出周围海底的单个海山或海山链；最大表现方式为大洋海台，即所谓的大火成岩省；热点洋脊则介于上述两者之间。大洋海台和热点洋脊相对于相邻洋盆的高差起伏可达数千米，它们分布的范围可超过100万平方千米，位于太平洋的翁通－爪哇海台、位于印度洋的凯尔盖朗海台是这类大洋海台的典型代表（Coffin & Eldholm，1994）。

6.2.2.1 扩张洋脊

扩张洋脊是正常海底扩张过程中形成的洋脊，是板块向两侧分离，洋壳产生的区域，主要岩石类型为喷出层中的玄武岩和侵入层中的辉长岩，富含铁和镁。这些洋脊通常发生在世界大洋盆地的中心附近，有的处于活动状态，也有的处于稳定状态，他们构成了深洋洋底最重要和连续的特征。全球扩张洋脊体系主要表现为总长度超过60 000千米水下链状海山（图6.7）。这些洋中脊高出海底1 000~3 000米，平均的深度在2 500米左右。而宽度从数百千米到东太平洋海隆的2 000~4 000千米。

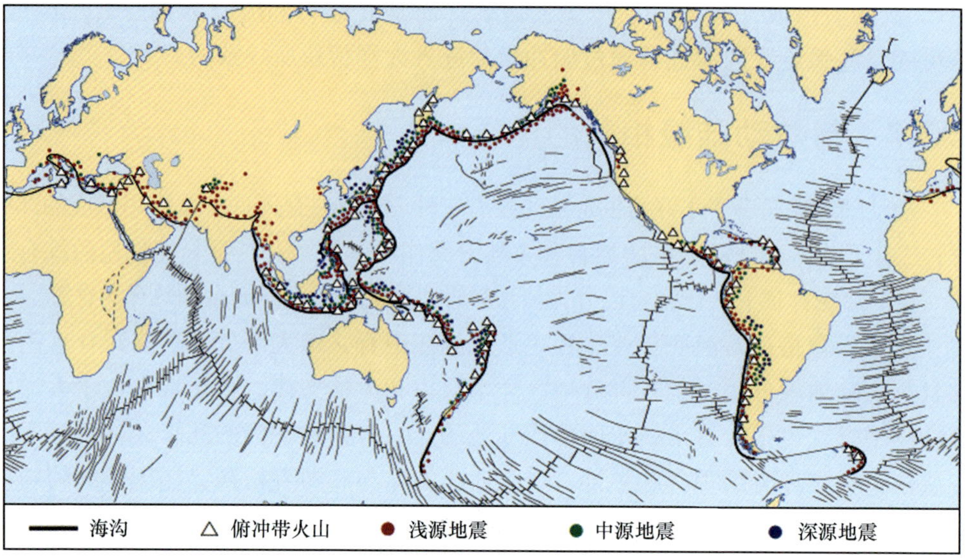

图 6.7　全球洋中脊系统分布图

图 6.8 为大西洋大洋中脊地貌图，经过洋中脊的横截面通常由三部分组成：中部的扩张轴，两侧的冠状区以及斜坡区，斜坡区渐渐消失于深海平原。洋中脊的冠脊区大约数百千米宽。它们一般由接近垂直的断层切割的交互的高低块体组成。这些区域是弱地震区，具有较薄的沉积覆盖。洋中脊的斜坡最宽可达数千千米，并与深海平原交汇。斜坡由沉积物覆盖，向外侧变厚，几乎没有地震发生。

图 6.8　大西洋大洋中脊地貌图

实际上构造和岩浆活动基本集中在扩张轴 10～20 千米的区域。而且，岩浆活动被限定在狭窄的条带，成为挤出带或者新火山带，宽度在 1～2 千米之间。

快速扩张脊和慢速扩张脊扩张轴的结构并不相同。对于慢速扩张脊，比如中西大洋以及非洲－南极洋中脊，具有 20～40 千米宽的轴向拉张裂谷，在裂谷的中央是由若干正断层组成的狭谷，而挤出带类似一个狭长的中央隆起，拉张裂谷的外围是断距达到 1～2 千米的正断层（图 6.9）。快速扩张脊（如太平洋和东印度洋）具有较宽缓斜坡地貌特征，而扩张轴部是高出海底几百米的高地。这些洋中脊的宽度要大好几倍，但是高度基本不超过 1 km（图 6.10）。对于快速扩张洋脊来说岩浆提供的速率相当快，在轴部会形成不同的玄武岩熔岩结构（Rundquist et al.，2002）。

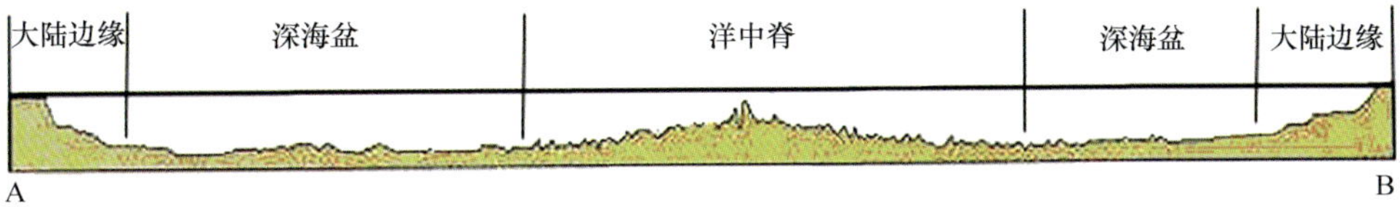

图 6.9　大西洋洋中脊横剖面示意图

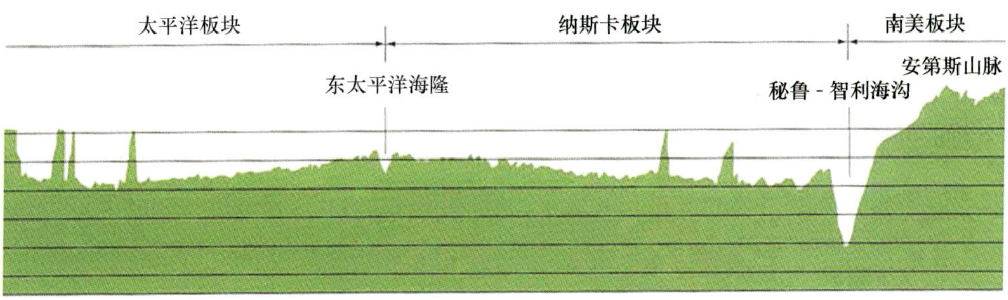

图 6.10　太平洋洋中脊横剖面示意图

位于大洋中部的海底扩张形成的洋脊，是板块构造理论最主要的证据之一。洋脊全球体系是控制大洋盆地的起源与演化，产生大陆运动，并影响地球的物理和化学演化的地幔对流作用的动力表现。沿着洋脊分布的火山作用和岩浆作用以大约 20 千米^3/年的速率生成洋壳。洋壳平均厚度 7.1 千米，覆盖地球 60% 以上的表面。地壳的形成及随后在消亡带再循环进入地幔强烈地影响着地球的地球化学演化。洋壳的形成和冷却每年散失来自地球内部热量的 2/3，因此是地球热史中的主要因素。流经热断裂火山岩的海水循环散失了洋壳形成和冷却过程中热量的 1/3。该热循环在调节大洋化学、来自地球内部的喷口蒸发气体和洋壳蚀变过程中起着主要作用。沿着扩张洋脊分布的热喷口也为支持独特多样的生态群落提供了能量和营养。

从图 6.7 中可以看出，全球绝大部分的扩张洋脊远离大陆，与大陆地块分隔，但在部分地区洋中脊也和大陆交接，可以看到从大陆进入大洋盆地的正向盆地。本书基于外大陆架划界考虑，将扩张洋脊分为下面几类。

①远离大陆型。

此类洋中脊位于洋盆中央，与大陆地块分隔，并不突出海面。绝大多数洋脊属于此类，如大西洋洋中脊，西南印度洋洋中脊，东南印度洋洋中脊等。

②红海—亚丁湾型。

此类洋脊与大陆交接，由于陆壳裂离，拉张成洋而形成，两侧依然为陆壳所围限，洋中脊方向与两侧陆壳近似平行。典型代表包括红海—亚丁湾洋中脊，近海底扩张发生在埃塞俄比亚的阿法尔（Afar）地区；还有加利福尼亚湾，扩张洋脊向北部陆地伸展进入墨西哥；太平洋西部的伍德拉克盆地，扩张洋脊延伸进入巴布亚新几内亚。

红海—亚丁湾地区是大陆裂离—海底扩张—拉张成洋的典型代表，板块作用使得阿拉伯地块和非洲地块相互分离，形成了红海－亚丁湾－东非大裂谷三联点扩张带（图 6.11），红海、亚丁湾已经发生海底扩张作用，拉伸成初始洋盆，海盆中央发育洋中脊，红海为 NNW—SSE 向，亚丁湾为 NEE—SEE 走向，而东非大裂谷目前仍处于大陆裂谷阶段，三者交于阿法尔低地。亚丁湾洋脊转为 NNW 向与中印度洋脊相连接，显示印度洋海底扩张活动与红海—亚丁湾海底扩张的一致性（Woodcock et al.，1994）。

红海的形成是非洲与阿拉伯半岛这两个板块漂移和彼此分离的结果。大约在 2000 万年前，红海首先在北部形成，在距今 300 万～400 万年前，今日红海中轴地壳发生张裂，海水入侵，出现了亚喀巴湾及南部海区。就是说，现在的红海实际上是在 300 多万年前出现的。其后，海底继续扩张，裂谷不断拓宽，红海中轴处新生的洋壳不断将古老的岩石基底向两侧推移。今天在海底可以观测到，随着逐流远离中轴，两翼岩石的年龄也逐渐增大，从 300 万年增至 2000 万年，目前红海仍在继续分离，其扩张速率为每年 1.0～1.5 厘米，阿拉伯半岛正以同样速度向亚洲压挤。

③Cocos 洋脊型。

扩张洋脊由于后期的俯冲作用和大陆交接，洋中脊的方向与相交大陆边近似垂直。此类的典型例子包括中美洲的 Cocos 洋脊、智利海隆、南海东部海盆等。Cocos 洋脊位于中美洲巴拿马西南海域，呈 NE 向展布（图 6.12），它和南部近 EW 向展布的 Carnegie 洋脊中心为裂谷状扩张中心，属于玄武岩性质（Kolarsky et al.，1995）。自晚第三纪以来开始对加勒比海板块俯冲，根据重力、地震反射以及均衡模型，洋脊具有厚度增大以及高热流值特征，由此导致俯冲角度较低，最初的 60 千米为 30°左右，而后续的俯冲角度近乎平行（Gräfe et al.，2002）。这些洋脊的俯冲影响了上覆加勒比海板块的构造演化，终止了该地区（花岗岩山

图 6.11　红海—亚丁湾区示意图

系）的火山岛弧作用。

全球现今位于大洋中部的大洋洋脊，很少有出露水面形成陆地的，只有为数不多的几个岛屿跨越大洋中脊或位于扩张脊顶部和翼部。在洋中脊上，由于岩浆的快速喷发，形成高出海面的岛屿，这些岛屿可根据《公约》第七十六条中的有关条款，提出大陆架要求。远离大陆的全球扩张洋脊体系在少数几个地区接近海面。冰岛是位于大洋洋脊之上的最大的岛屿，它位于大西洋洋中脊的中部，在浅海海底海台的顶部形成了近100 000 平方千米的陆地（海底台地的面积比陆地大近3 倍）。从冰岛向南和向北大西洋洋中脊顶部深度逐渐增加，自然成为总长度为6 000 千米的全球体系的组成部分。冰岛面积巨大的原因是其所处的洋脊位置上发育重叠扩张轴（图6.13），其原因可能与热点作用有关。冰岛是一个热点，地幔物质和热量供应量都很大，与大西洋中脊其他部分相比，其岩石圈冷却慢，与快速扩张脊的情况类似。

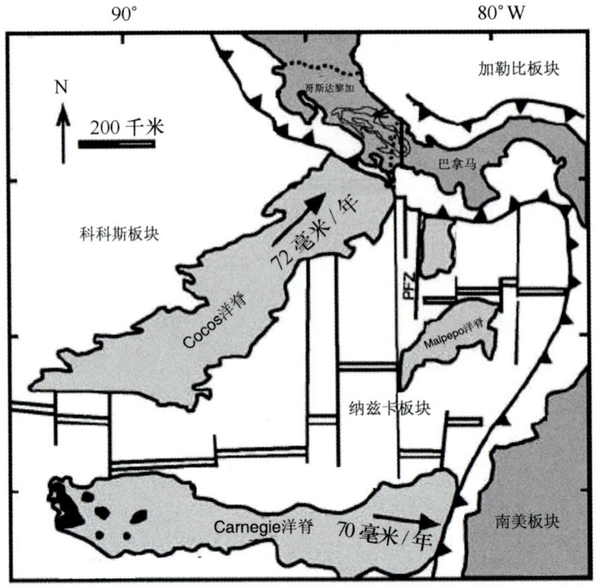

图 6.12　Cocos 洋脊周边海域构造简图

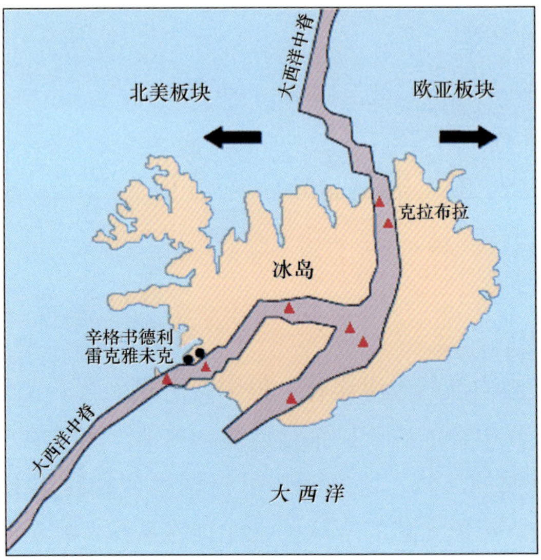

图 6.13　冰岛洋脊的重叠扩张轴

其他位于大洋中脊顶部和翼部的岛屿有：大西洋中的亚速尔群岛（Azores）、阿森松岛（Ascension）、布韦岛（Bouvet），印度洋中的圣保罗岛（St. Paul）、阿姆斯特丹岛（Amsterdam）、爱德华王子岛（Prince Edward Island），太平洋中的复活节岛（Easter）和加拉帕戈斯岛等（Galapagos）（图 6.14）。这些岛屿的面积

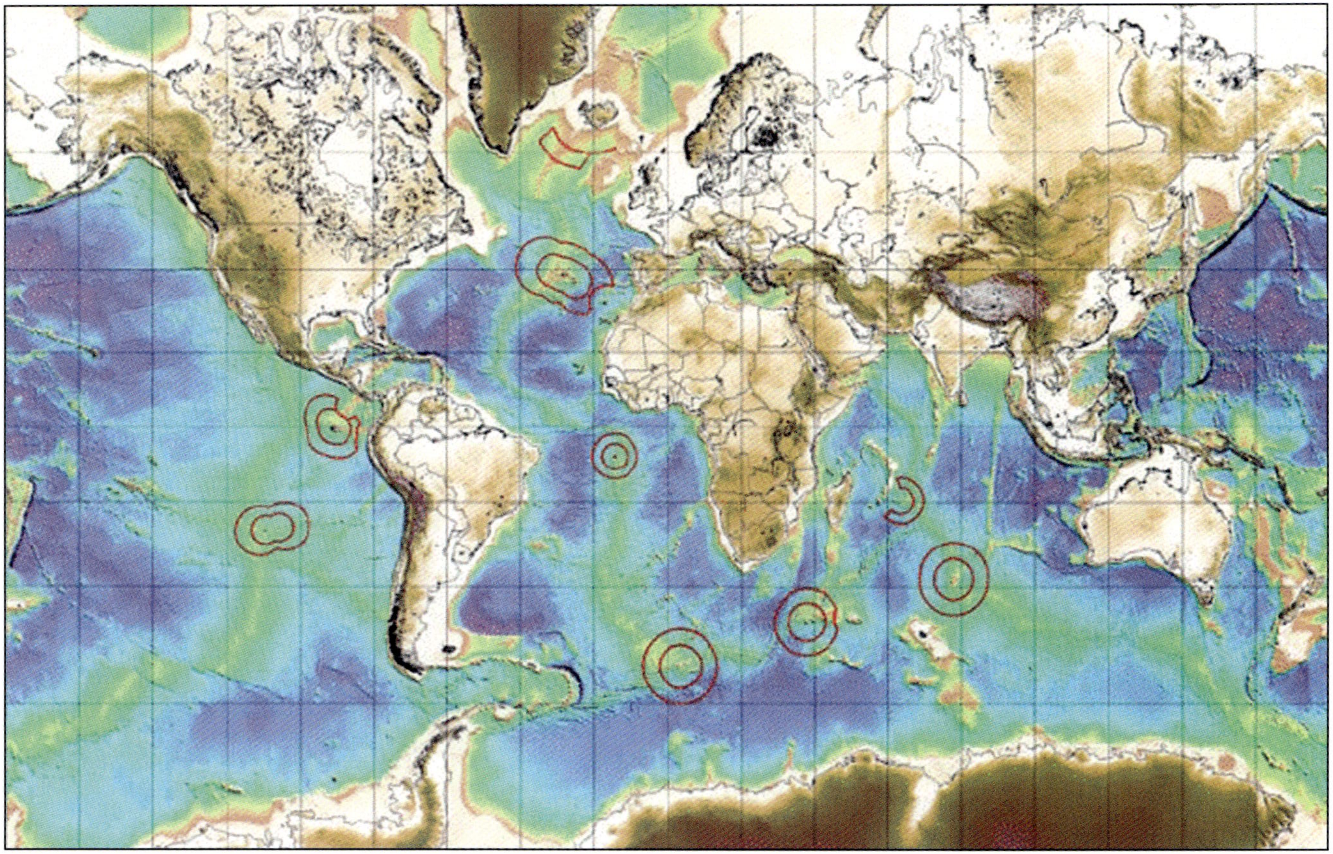

图 6.14　位于大洋中脊之上的岛屿分布及可能的大陆架划界

内圈为 200 海里界线，外圈为 350 海里界线和冰岛相比都很小，它们之所以能够形成，与大量的岩浆喷发有关，其中，亚速尔群岛、复活岛、加拉帕戈斯岛的形成还与热点有关。

6.2.2.2 微大陆

大陆分离是个复杂的过程。陆壳的非均质性，包括流变学和应力变化，与板块运动有关的变化和裂谷作用期间来自下部的非均质地幔的侵入相结合时，造成了大陆碎块复杂的分散漂移。大部分大陆碎块的确定是根据其岩石组成中富含硅质，发育于洋盆之中，但是对于其为什么和怎样与大陆主体分离知之甚少。本书中的微大陆指的是位于洋盆中的陆壳性质块体，富含硅质，由于与板块相关的变化以及裂谷期间来自下部非均制地幔侵入而发生分散漂移形成的大陆碎块。

微大陆近海面的面积范围从大于 10^5 平方千米（例如格陵兰和马达加斯加）到大约 10^3 平方千米（例如印度洋中塞舌尔和大西洋中的扬马延岛）。有些微大陆［例如大西洋中的 Orphan 海丘和弗莱米什海角（Flemish Cap）］完全淹没于水中，有的与主大陆完全分离（例如塞舌尔和扬马延）。其他则与主大陆半连接（例如奥凡诺尔，印度洋西北的索科特拉岛）。

由于基底岩石埋藏深且难以直接采样，海底微大陆的识别极其困难。例如，有资料表明在凯尔盖朗海台（印度洋）之下有大陆物质，依据玄武岩的地球化学和地壳地震结构推测有大洋海台存在。与其他大的海底地貌相邻或紧靠大陆（例如大西洋中的福克兰海台，印度洋中的博物学家海台，塔斯曼海中的豪勋爵海隆，北冰洋中的阿尔法洋脊）时，用大陆岩浆岩与洋壳的比值进行评价非常重要，这点对火山和岩浆活动期间以及/或随后的大陆分离活动所发生的覆盖和底侵特征尤为可信。

微大陆的典型代表如 Flemish 微大陆（图 6.15）。Flemish Cap 微大陆位于北美洲东北部大浅滩以东，所处区域为大西洋西部纽芬兰被动大陆边缘，与大浅滩间为 Flemish 水道相隔。北部区域 Flemish 微大陆的地壳性质为陆壳，厚度在 30 千米左右，和大浅滩通过在 Felmish 盆地和 Flemish Cap 地堑下减薄的陆壳分离，由 Flemish Cap 向 Flemish Hinge 地壳厚度迅速减薄，由 30 千米减薄到 2 千米左右，并最终转为洋壳性质。

ODP210 航次在纽芬兰和伊比利亚陆缘进行了打钻，并获取了多道地震数据（Shipboard Scientist Party，2003）。在地震剖面上 Flemish Cap 表现为地形隆起，基底被正断层分隔形成地堑 - 半地堑，上覆平缓、高极性的反射，钻井资料显示为早白垩纪海相沉积。Flemish Cap 属于陆缘裂离而分离的陆壳性质块体，经历了多期伸展活动。该微大陆所处的纽芬兰陆缘以及东部的伊比利亚陆缘在晚三叠纪以来先经历了第一期伸展运动，在大浅滩和伊比利亚陆缘（Lusitania 盆地）发育了一系列

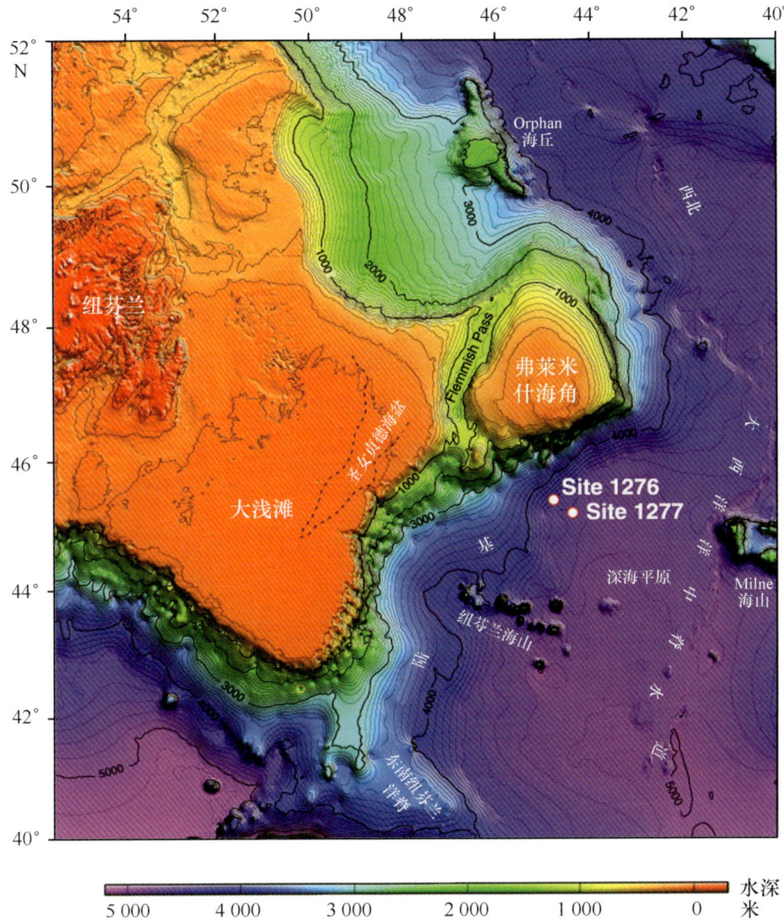

图 6.15　弗莱米什海角海底地貌图

的张裂盆地。大浅滩盆地先沉积了硅质碎屑岩“红层”沉积，早侏罗纪以来该地区开始发育蒸发岩沉积，覆盖早期“红层”之上。晚侏罗纪—早白垩纪经历了第二期拉张运动，主要作用在大浅滩和伊比利亚之间，该期运动使得陆壳强烈拉张破裂，发生了海底扩张作用，形成洋壳。除了纽芬兰洋脊东南端，其他地区均未发现有火成岩或者岩浆体侵入，该大陆边缘为非火山型被动大陆边缘。

6.2.2.3　大洋海台和热点洋脊

大洋海台和热点洋脊是大量铁镁质岩侵入引起的地壳置换作用形成的，其过程不同于“正常”的海底扩张（Coffin & Eldholm，1994），通常与源自地球深地幔的地幔柱或者热点有关。他们提供了强有力的证据，在过去的某一特殊时期，地球内部到其表面的能量传输与现代的方式完全不同。特殊的方式引发了地球上短时间内大量的铁镁质火山作用，最大的区域侵入速率可能超过在大约100万年期间全球形成的洋中脊数量。值得注意的是，两个体积最大的大洋海台，翁通–爪哇（太平洋）和凯尔盖朗（印度洋），二者都显示了间歇期约为3 000万年的两幕火山作用（Bercovici & Mahoney，1994）。在地球历史中大洋海台对陆壳增长和稳定具有重要贡献。

大洋海台和热点洋脊通常与源自地球深地幔的地幔柱（plum）或热点有关。控制海底该系统大小的因素包括地幔中巨大的热异常或热点，地球外壳或岩石圈遇到上升地幔柱的脆弱性和地幔柱上岩石圈板块运动的速度。

地幔柱或热点的最小表现方式为高出周围海底的单个海山或海山链；最大表现方式为大洋海台。热点洋脊位于上述两个极端之间。大洋海台和热点洋脊相对于相邻洋盆的高差起伏可达数千米，它们分布的范围可超过10^6平方千米。最大的大洋海台，翁通爪哇，面积为186万平方千米（Coffin & Eldholm，1994）。最长的热点洋脊是印度洋中的90°E海岭（Ninetyeast Ridge），长度约5 000千米。热点链（例如太平洋夏威夷皇帝海山链）与热点洋脊（例如东经90°海岭）之间的差异是不确定的，但一般可以用等深线数据来确定。

大洋海台和热点洋脊与大陆之间的关系可以从简单到复杂。最简单的情况是位于大洋盆地中，与大陆完全分离。但是，多数大洋海台位于大陆边缘之上，或与之靠近，正如上面所提到的，在这种情况下很难与微大陆区分。特别是澳大利亚大陆，以具有大量的边缘海台（例如博物学家、沃勒比、埃克斯茅斯和昆示兰海台）为特征。有些通过采样可知以大陆性为主（如埃克斯茅斯和昆示兰海台），而其他可能是大洋/火山海台、大陆碎片或它们的综合（如沃勒比海台；Symonds et al.，1998）。某些地区，边缘海台和大陆之间存在明显的等深线突变（如博物学家和昆示兰海台），但其他地区，则没有等深线突变（如北美东部海上的布莱克海台）。类似的，在某些地方热点洋脊从大陆溢流玄武岩区延伸至大洋盆地（如印度西岸海上的查戈斯–拉克代夫海岭和澳大利亚西岸海上的鲸海岭）。热点洋脊（如太平洋中路易斯维尔海岭）和大洋海台（如翁通—爪哇）的上述变化是由于板块运动进入消亡带造成的。虽然在它们和岛弧之间有海沟分隔，部分大洋海台和热点洋脊已被挤压到另一板块之上，或俯冲成为岛弧的一部分。因此，不管等深线是否连续，有些地质现象在海沟两侧都是明显的。

随着洋壳在海底扩张中心的生成，上地壳中的玄武岩和下地壳中推断的辉长岩构成了大洋海台和热点洋脊。然而，较多的富硅质岩石也被发现，并且大多出现于初始和其后的侵入作用阶段。通过拖网取样能有效地对热点洋脊进行组分评价，而大洋海台通常被沉积物覆盖，只能通过钻井方法才能采集到下伏的火成岩。由于大洋海台地壳厚15～43千米（Coffin & Eldholm，1994），钻探也仅能采集到火成岩基底最上部的样品。因此，多数大洋海台是大洋性或大陆性至今还没有可信的定论。

热点洋脊的典型代表是太平洋夏威夷西北部的皇帝海山链（图 6.16）。皇帝海岭几乎全部在水下，由一系列 NNW 走向的海底火山组成，北端大致始自堪察加半岛的明治海山，向东南偏南方向延伸约 2 000 千米，至屋久海山附近发生转折。转折后的这段称为夏威夷海山链，整体呈 NWW 向延伸 2 600 千米，海岭上出露的岛屿即为夏威夷群岛。海岭上的火山岩年龄自西北向东南逐渐变新。该火山链是最著名地记录了晚白垩世—早第三纪太平洋板块在夏威夷热点（或者地幔柱）上的活动状况，而它和夏威夷海山链之间的转折表明了太平洋板块移动方向的变化。DSDP 和 ODP 在皇帝海山链海山上均进行了钻探，均为玄武岩组分，通过年代学测定，最南端的 Koko 海山为 49 Ma，而最北端的年代超过了 81 Ma，表明年代由南往北依次变老。ODP Leg197 航次是美国地质调查局（USGS）利用“Joides Resolution”号在 Detroit 海山、Nintoku 海山和 Koko 海山获取了高分辨率单道地震数据，从地震剖面分析其反射基本由基底和沉积盖层反射组成。

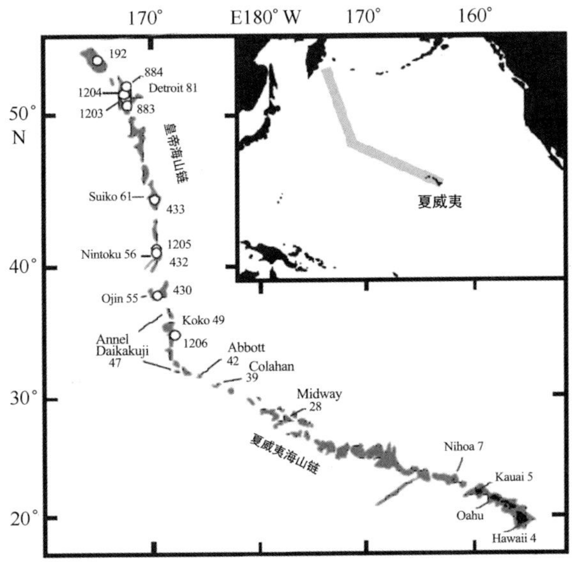

图 6.16　皇帝海山链分布示意图

因异常热地幔柱致使区域性火山活动过于频繁而形成的脊。这个过程通常形成如海台、海隆之类的构造，但在特定的情况下，也可能形成洋脊。翁通 - 爪哇海台即是这个类型。

通常洋壳分为三层，第一层为沉积层，厚度 0 ~ 2 千米，平均厚度 0.5 千米，主要有陆源、生物成因、自生和火山物质组成；第二层为火山岩层，是以玄武岩为主，并夹有固结沉积岩的混合层，平均厚度约 1.5 千米；第三层为大洋层，是洋壳的主体，由辉长岩、角闪岩及蛇纹岩化的橄榄岩组成，平均厚度约 4.9 千米。然而，在大洋深海盆地的无震海岭和火山分布区，发育次大洋型地壳，沉积层下的火山岩层显著增厚（9 ~ 10 千米），层 3 厚达 10 ~ 12 千米，洋壳总厚度可超过 20 千米。这类火山型海岭完整的地壳剖面与洋盆地壳结构没有根本区别，其弹性也类似于标准洋壳。在地球物理场上表现为强度达 +200 毫伽的自由空间重力异常和高热流，反映了其形成于板块内的地幔柱涌升区。

和无震海岭热点火山作用不同的是，与热点有关的大洋海台，其形成过程是：特殊的方式引发了地球上短时间内大量的铁镁质火山作用，最大的区域侵入速率可能超过在大约 100 万年期间全球形成的洋中脊数量。两个最大的海台，翁通爪哇海台和凯尔盖朗海台，二者都显示了间歇期约为 3 000 万年的两幕火山作用（Bercovici & Mahoney，1994）。

6.2.3 与转换边缘相关的洋脊

在转换边缘构造背景下，洋脊可以沿着转换板块边缘边界形成断裂带洋脊。断裂带洋脊沿转换断层形成，几乎垂直于大洋扩张中脊，也垂直于相邻的大陆边。可从陆壳和洋壳之间的界线延伸至大洋扩张中脊本身。转换断层在地貌上常表现为非对称的脊岭、线性断崖和狭长沟槽，两者高差可达数千米，在地震剖面和重力特征上均有明显反映。转换断层的错动方向代表了海底扩张方向，其动力学机制与海底扩张模式一致，因此，是海底扩张、板块构造的有力证据。

与扩张洋脊紧密相关的断裂带以扩张中心被错断成断块为特征。在两个活动扩张中心之间的错断或转换断层以走滑运动为特征。随着扩张演化和相关板块运动变化转换洋脊和海槽形成并产生相应的区域性挤压和拉张，在活动转换断层之外，这些洋脊和海槽被保存成为转换断层的“遗迹化石”。在活动转换断层内外整个洋脊和海槽系统被称之为断裂带。

由于转换断层不仅仅发生在大洋中脊，Auegre（1983）将转换断层划分为三种基本类型，分别是洋脊—洋脊型、洋脊—俯冲型、俯冲—俯冲型（图 6.17）。转换断层是三种板块边界的一种，即转换边缘。转换断层的形成，与板块的分离相伴随，因此，板块的转换边缘有不同的发育阶段，可形成大陆裂谷内的、拉张盆地内的、陆壳与洋壳之间的、洋壳与洋壳之间的转换断层和转换板块边缘。其中，与《公约》第七十六条外大陆架划界有关的转换断层形成的脊多位于大陆边缘。

断裂带洋脊通常展示了数千米的地形起伏并在少数地方接近海平面。但是，我们对接近海面的断裂带洋脊了解甚少，新西兰以南的麦夸里岛和伴生小岛命名

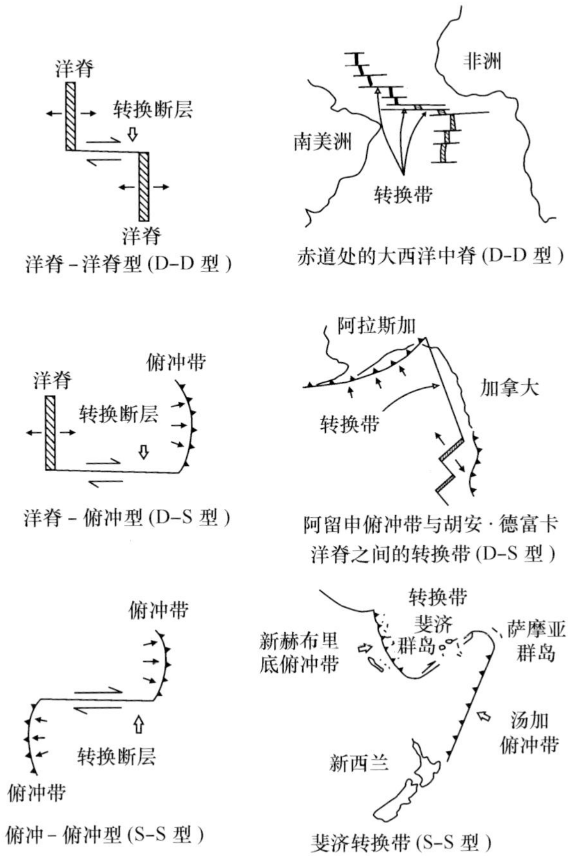

图 6.17　转换断层的三种类型

为麦夸里洋脊复合体（Macquarie Ridge Complex）是个特例。麦夸里洋脊构造上位于印度-澳大利亚板块和太平洋板块的交接处，左边为洋壳性质的塔斯曼海盆，右边为陆壳性质的 Campell 海台，呈 NNE 走向。该洋脊横穿了新西兰大陆，正向地貌向西南一直延伸至大洋盆地，延伸近 1 600 千米。断裂带洋脊的地壳形成于扩张洋脊，因此主要岩石类型为玄武岩和辉长岩。由于断裂带洋脊横穿大陆，大洋型和大陆型地壳之间的过渡带的辨别比较困难。

麦夸里洋脊的前身为自 39 ~ 10.5 Ma 间产生的由太平洋/南极洲扩张脊延伸过来的古 Macquarie 扩张脊（Goscombe et al.，2001；Rivizzigno et al.，2004），近 40 Ma 以来经历了主动扩张中心到转化板块边界的转变，蕴涵了扭张与扭压应力作用的应力背景（图 6.18）。该洋脊群代表了一个长 1 400 千米，宽度在 40 ~ 50 千米左右的右旋剪切拉张构造，洋脊群由被间距大于 100 千米的转化断层分隔的一系列较短的扩张洋脊块体组成（50 千米左右）。在扩张作用开始以后，扩张轴的极点向东南方向移动，但仍靠近板块边界，导致了扩张方向与板块边界的角度增大，而洋脊块体的长度也随着扩张进行而缩短，在 10.5 ~ 5 Ma 间为右行走滑系统。部分块体由于旋转掀斜作用而发生隆升，在 5 Ma 左右出露海面形成了麦夸里岛。5 Ma 以来为转换挤压边缘，由于隆升作用而导致的大范围块体旋转以及走滑错断作用改造了原始的海底扩张结构，并发生了强烈的岩浆作用，但前期扩张作用形成的结构未重新活动。

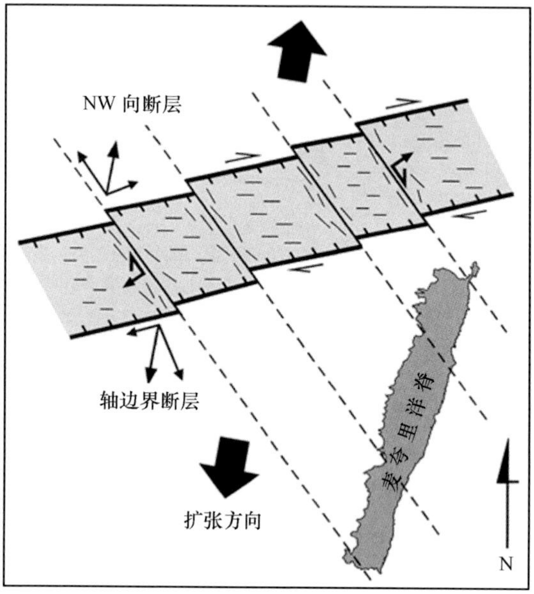

图 6.18　麦夸里洋脊构造应力场示意图

对麦夸里岛的研究表明了其具有相似的构造特征，属于活动的洋脊 - 转换断层系统。断层泥和矿脉中的热液矿物表明了活动拉张作用。现今和转换活动以及岛屿隆升作用相关的断层和早期构造之间有较大的角度，而早期构造重新活动的现象很少发生。所以即使在压扭情况下，大部分的后期活动也仅与斜向扩张相关。该洋脊均为洋壳性质。DSDP 在该区域钻取了 277 井、278 井、279 井，显示基底主要由玄武岩和辉长岩组成。

6.3　洋脊规则在外大陆架划界中的应用

6.3.1　沿海国对洋脊规则的应用

从目前已提交划界案的分析看，与各类脊有关的划界案占到 2/3，各类脊在外大陆架划界均发挥了重要作用，各沿海国划界案对《公约》第七十六条中洋脊条款的应用表现出如下特点。

（1）回避脊的基本地质属性

沿海国已提交的划界案中，多数含有各种类型的脊。尽管《公约》第七十六条提到了深洋洋脊、海底洋脊和海底高地三种类型的脊，但是，在绝大部分划界案执行摘要中，都避而不谈洋脊，只是说是其陆块（land mass）或陆地领土（land territory）的延伸或自然延伸。只有毛里求斯关于 Rodrigues 岛的划界案，明确说明 Rodrigues 岛所在的 Rodrigues 脊是海底洋脊，然而，Rodrigues 岛不超过 350 海里的大陆架，也跨过大西洋洋中脊，一直延伸至洋中脊的另一翼上。尽管《公约》没有明确指出大洋中脊是深洋洋脊，但是，从《公约》第七十六条第 3 款规定大陆边“不包括深洋洋底及其洋脊，也不包括其底土”的规定来看，就是要避免某些沿海国可能利用洋脊将其大陆架管辖范围扩展至大洋中部。在《大陆架界限委员会科学和技术准则》第 7.2.3 和第 7.2.7 段，也指出大洋中脊就是深洋洋脊，然而，挪威关于北大西洋划界案、冰岛划界案、英国关于阿森松岛划界案、挪威关于南大西洋 Bouvetøya 岛划界案、毛里求斯划界案、法属阿姆斯特丹岛划界案、法国—南非关于爱德华王子群岛和克罗泽群岛联合划界案、也门划界案等，其主张的 200 海里以外大陆架都扩展到洋中脊，在向洋中脊的扩展过程中，这些国家的划界案都利用了《公约》第七十六条第 4 款、第 5 款的大陆架外部界限确定的大陆坡脚外推 60 海里公式线以及 2 500 米外推 100 海里限制线和 350 海里限制线，把各类海底高地形都认定为《公约》定义的大陆架自然延伸的海底高地来处理。

（2）脊上岛屿的存在使洋脊规则更趋复杂化

外大陆架划界中脊的问题之所以复杂，除《公约》没有制定深洋洋脊、海底洋脊和海底高地的具体的、可操作的区别方法，使沿海国有机会利用《公约》中洋脊问题的不确定性，为本国争取最大面积的 200 海里以外大陆架外，还由于各类脊上岛屿的存在。如果没有岛屿存在，除被动大陆边缘还没有彻底裂开分离的海底高地、主动大陆边缘由于板块俯冲，洋壳上的洋脊、海山和海台等与海岸、岛弧碰撞拼接形成的海底高地外，其他的洋脊因远离大陆边而没有 200 海里以外大陆架。但是，由于有岛屿的存在，而且，根据《公约》第一二一条规定“岛屿的领海、毗邻区、专属经济区和大陆架应按本公约适用于其他陆地领土的规定加以确定”，从已提交的划界案中可知，大洋中脊上存在岛屿，岛弧脊上存在岛屿，热点成因的洋脊和海台上有岛屿，与大陆分离的陆块上有岛屿。正是由于岛屿要求拥有大陆架的权利，而《公约》第七十六条在起草的过程中，均没有见到有国家提出有关岛屿的问题，可能当时第 6 协商小组没有意识到岛屿的问题，也可能是与岛屿有关的法律条文，由其他协商小组或委员会制定。总之，岛屿条款和大陆架条款之间脱节，这也让一些国家找到了《公约》中洋脊条款的漏洞。例如，英国在对阿森松岛是否拥有200海里以外大陆架权利时就明确提出岛屿应拥有大陆架权利，大西洋洋脊是阿森松岛在水下的自然延伸，因此，大西洋洋脊不是深洋洋脊。似乎，洋脊上岛屿的存在改变了脊的性质。由于岛弧和热点成因的长链状的脊，两侧陡峭，坡脚明显，因此，沿海国基于岛弧和热点成因脊上岛屿提出的划界案，通常是以脊两侧的坡脚点外推60海里进行扩展的，但沿脊的方向延伸多远，则各国的划界案不尽相同，有的超出了350海里的限制线，例如，日本关于九州－帕劳脊上的冲之鸟礁的划界案，就超出了350海里限制线，延伸至2 500米等深线外推100海里限制线，显然，日本是把九州－帕劳脊属当做是海底高地处理了。

（3）采用蛙跳方式扩展外大陆架范围

在划界案大量提交之前，“蛙跳”只是桌面研究中对大陆架洋脊规则滥用的一种担心。蛙跳是指利用《公约》第七十六条第1款，不具有200海里以外大陆架的沿海国，其大陆架延伸到200海里后，不属于大陆架自然延伸的脊被圈入其200海里大陆架范围内，沿海国再利用这些脊，划出200海里以外大陆架。蛙跳最大的问题是对《公约》中自然延伸的滥用。从已经提交的沿海国划界案来看，对自然延伸原则，越来越多地使用形态上的自然延伸，忽略或故意忽略地质体的自然延伸，甚至回避自然延伸。已提交的划界案中，有的主动大陆边缘大洋板块在向大陆板块俯冲过程中，大洋板块上的海山、海台向大陆性岛弧和洋壳内岛弧靠近挤压，但海山、海台与岛弧之间仍存在明显的地质和地形上的分界线。例如，日本小笠原海台区域划界案，就忽视伊豆－小笠原海沟两侧在地质和地形上的不连续性，在俯冲形成的海沟外侧200海里大陆架界限处的海台上划出200海里以外大陆架界限。还有的划界案，利用岛屿的200海里线搭到大洋中脊上的现象，再基于大洋中脊主张200海里以外大陆架。

6.3.2 从委员会建议看洋脊规则的应用

对外大陆架提出权利要求的沿海国，必须根据《公约》第七十六条所规定的一系列科学技术标准编制外大陆架划界案，并提交给联合国大陆架界限委员会（以下简称委员会）审议。委员会对沿海国划界案是否具有充分的科学技术和法律依据进行审议，然后以“建议”的方式对划界案做出认可或否定的决定。自2001年俄罗斯向委员会提交第1份划界案以来，截至2013年5月31日，委员会一共收到沿海国65份划界案和2份修订案，其中包括中国提交的东海部分海域划界案。目前，委员会已完成其中 18 份划界案的审议并给出了委员会建议。根据《大陆架界限委员会议事规则》的相关规定，委员会建议全文是不公开的，所以我们很难全面了解委员会对划界案的审议情况，但是划界案的建议摘要都会公布在联合国网站上，我们藉此可大致了解委员会对划界案的审议情况。除了最早完成的俄罗斯和巴西划界案外，已完成审议的其余 16 个划界案的委员会建议摘要都已在网站公开发布，这 18 个划界案中就有 10 个涉及洋脊规则。

在划界案审议之前，一些学者对洋脊规则的应用就已开展了探讨，如在对三类洋脊属性进行界定时，指出需考虑洋脊的成因、所处构造位置等地质因素（Symonds et al.，2000；Wang Weiguo，2011），并进一步提出，在界定洋脊属性时，需考虑以下两个因素：一是洋脊的地貌特征及其与大陆边缘的位置关系，即地形上的连续性；二是洋脊与沿海国陆块在地质上的一致性。这一观点正被广泛接受，即只有与沿海国陆地及其水下自然延伸部分在地形上连续，在地质属性上是一致的洋脊才为海底高地；地形上不连续地质属性不一致的洋脊为深洋洋脊；而地形上是连续的但地质属性上不一致的洋脊则为海底洋脊。即便有此共识，关于洋脊属性的界定，还是十分复杂，从委员会建议摘要来看，委员会在具体划界案审议时，对涉及的洋脊一般采取逐案审议的方法，对各类洋脊属性的认定原则也不完全一致。下面结合具体案例讨论几种主要洋脊属性认定情况。

（1）大陆分裂形成的微大陆（扬马延洋脊）

挪威 2006 年提交了关于东北大西洋和北冰洋的部分划界案，委员会已完成审议并于 2009 年公布了建议摘要，该划界案基于扬马延岛及其洋脊（Jan Mayen Ridge）提出外大陆架主张①。扬马延洋脊位于冰岛北东向的北大西洋中部，早期的地球物理调查结果就显示洋底磁异常条带在该脊两侧突然中断，其上无磁条带显示，洋脊上存在着很厚的沉积物等特征。在地震反射记录上，该洋脊显示出清晰的基底反射界面，上覆厚度大于 3 千米的中生代地层。钻井揭示的始新统及其以下的巨厚陆相沉积物，表明扬马延洋脊的形成要早于挪威海盆。扬马延洋脊被证实是大陆分裂形成的微大陆，是在 55 Ma 前格陵兰板块与欧亚板块分离过程中，由格陵兰板块的东部陆缘形成的（Kodaira 等，1998）。

挪威划界案指出，扬马延微大陆为一个宽约 100 千米长约 600 千米的狭长海底高地形，其北部为显著突起的扬马延洋脊，西部是扬马延海盆，东部是挪威海盆，洋脊向南延伸变宽变深并最终与冰岛海台相连，形成扬马延微大陆和冰岛海台复合高地（图 6.19）。挪威提供了大量地震反射和折射数据以及该海域板块运

① 挪威划界案委员会建议摘要，http：//www.un.org/Depts/los/clcs_ new/submissions_ files/ nor06/nor_ rec_ summ.pdf。

动研究成果，强调扬马延微大陆和冰岛海台复合高地的地壳是宽大并被后期岩浆改造的陆壳，扬马延岛的年轻火山岩侵入到该复合高地的古老地壳中并促进其生长。挪威认为该复合高地的东陆坡形成了挪威海盆的西北陆坡，并基于地形地貌形态，在陆坡坡底区确定了大陆坡脚。委员会经审议承认，尽管扬马延微大陆和冰岛海台复合高地陆壳的南部界线仍未能得到精确的确定，但根据其陆壳属性以及该区的地形地貌特征，总体同意该复合高地是扬马延岛陆块在水下延伸的一部分，是《公约》第七十六条第 6 款意义上的海底高地。

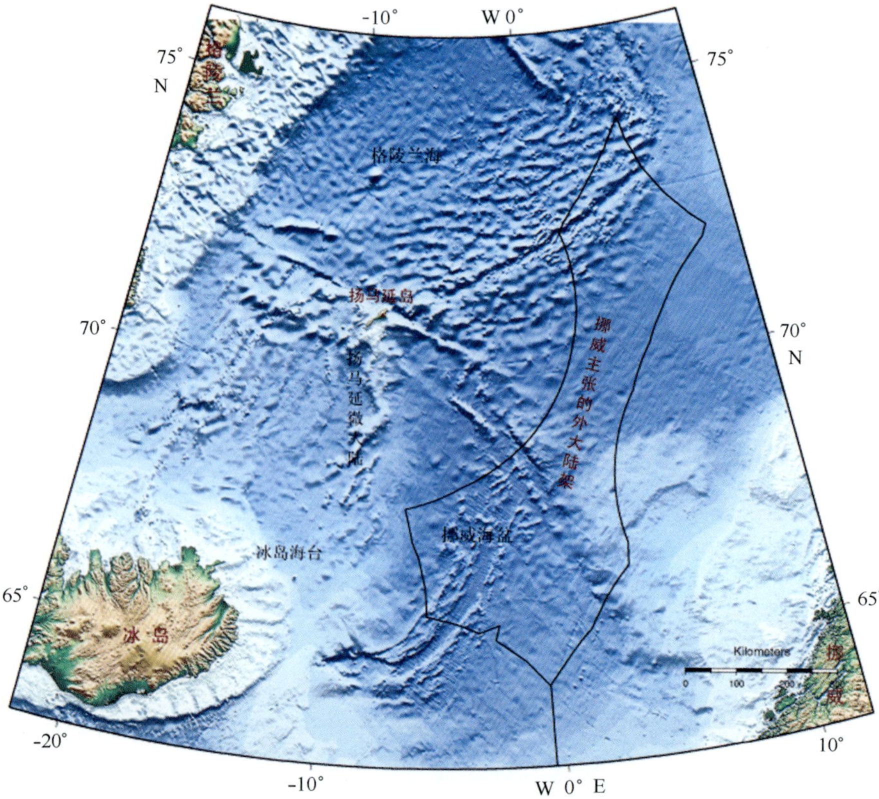

图 6.19　扬马延微大陆附近海域海底地形图

从本划界案的审议来看，尽管扬马延岛及其洋脊的地壳属性为陆壳组成的微大陆，根据地形连续性和地质属性一致性原则来看，应认定为属于大陆边自然组成部分的海底高地。但是扬马延洋脊在地形上和地质属性上是否可以一直向南延伸至冰岛海台，挪威划界案并未提供足够的数据资料，委员会也认为扬马延微大陆和冰岛海台复合高地陆壳的南部界线仍未能得到精确的确定，在这种情况下，委员会认定该复合高地整体属于海底高地，仍值得商榷。

（2）大洋中脊（阿森松岛）

英国2008年就阿森松岛（Ascension Island）提出部分划界案，委员会已完成审议并于2010年公布了建议摘要[①]。阿森松岛是位于南大西洋的英国海外领地（图6.20），它位于洋中脊之上，其洋壳属性是毫无疑问的，根据《公约》第一二一条规定，岛屿也拥有大陆架权利和限制，因此，英国在该海域提交了外大陆架划界案，认为大西洋洋中脊是阿森松岛在水下的自然延伸，显然这有失大陆架自然延伸的基本原则。因此，在审议过程中，委员会对英国提出的陆坡坡底区及其大陆坡脚点的确定提出质疑，双方经多次沟通，始终未能达成一致意见。英国把大西洋洋中脊扩张轴的拉张裂谷以及与裂谷区有关的深海盆都看做是阿森松岛的陆坡。委员会认为作为深海盆一部分的大洋扩张构造，只有当这些不连续的海底构造隆起形成岛屿时才能成为该岛屿陆坡的一部分，而阿森松岛明显不属于这种情况。

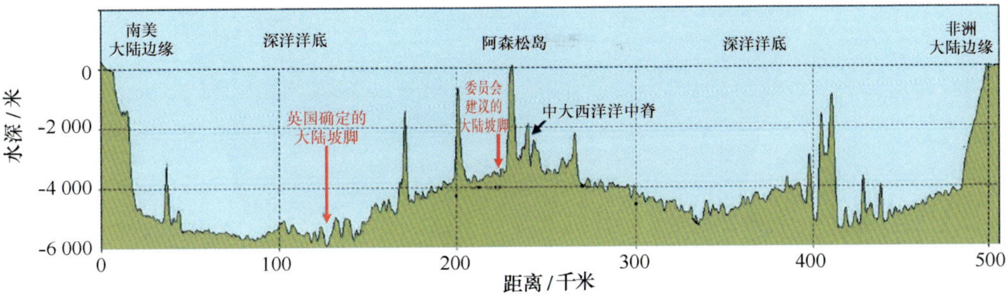

图6.20　委员会建议的阿森松岛大陆坡脚确定示意图

在该划界案审议过程中，委员会并未否认英国在阿森松岛海域拥有外大陆架权利，也未直接将阿森松岛界定为深洋洋脊，但委员会坚持按照《公约》第七十六条规定的公式线划定原则进行审议，认为作为深海底一部分的大洋扩张构造不属于阿森松岛的陆坡区，其真正的陆坡区应位于锥状岛屿的底部，而据此确定的陆坡脚外推60海里公式线则不会超出200海里，所以其结果还是否认了英国在阿森松岛海域拥有200海里以外大陆架，阿森松岛应该属于《公约》规定的深洋洋脊。

（3）热点成因的洋脊和大火成岩省（凯尔盖朗海台）

凯尔盖朗海台是位于印度洋南部一个规模巨大的海底高地形（图6.21）。澳大利亚与法国分别于2004年和2009年在该海域提交了划界案，澳大利亚在海台

---

① 英国关于阿森松岛划界案委员会建议摘要，http：//www. un. org/Depts/los/clcs_ new/ submissions_ files /gbr08/gbr_ asc_ isl_ rec_ summ. pdf。

南部海域提出外大陆架，法国则在海台北部提出外大陆架，两国之间的海上界线已经双方谈判划定，委员会分别于2008年和2012年公布了建议摘要①②。

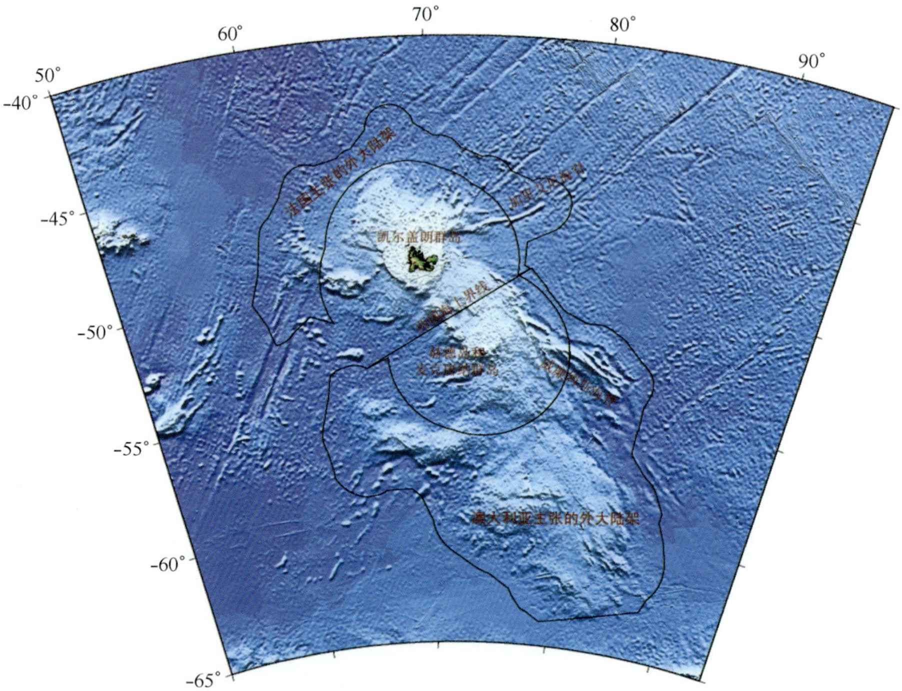

图6.21　凯尔盖朗海台海底地形图

凯尔盖朗海台（Kerguelen Plateau）一直被认为是大洋海台的典型代表，但根据多次ODP钻探数据研究表明，海台玄武岩曾经历了冈瓦纳大陆岩石圈组分的混染作用，显示海台的一部分可能喷发于大陆环境（Schlich et al.，1992）。在喷发时间方面凯尔盖朗海台也与其他大洋海台有所不同，并非是一次或两次活动期集中喷发形成，而是具有延续长达120 Ma的岩浆活动史，其中伴有115 Ma前和85 Ma前的两次增强活动期（Frey et al.，2000）。

澳大利亚主要关注海台的中南部，其陆地领土赫德岛和麦克唐纳岛位于中凯尔盖朗海台，澳大利亚认为包括斯基夫浅滩、埃兰浅滩和威廉姆斯洋脊在内的凯尔盖朗海台水下部分均为其陆地领土的自然延伸。澳划界案指出，虽然赫德岛和麦克唐纳岛由一直活动到近期的岩浆岩组成，但中凯尔盖朗海台地壳的主要部分

① 澳大利亚划界案委员会建议摘要，http：//www.un.org/Depts/los/clcs_new/submissions_files/aus04/Aus_Recommendations_FINAL.pdf。

② 法国划界案委员会建议摘要，http：//www.un.org/Depts/los/clcs_new/submissions_files/fra09/SUMREC_FRA1_19_04_2012.pdf。

厚达25千米，为晚白垩纪（约100 Ma）的岩浆岩，而南凯尔盖朗海台地壳属性与海台中部相似，其岩浆岩也显示出被陆壳侵染的化学特征。委员会认为，凯尔盖朗海台虽为热点成因的海台，但其地壳厚度巨大，为晚白垩纪岩浆岩并被陆壳侵染，因而总体同意其为《公约》所定义的海底高地。但委员会对海台东部的威廉姆斯洋脊（Williams Ridge）提出了质疑，认为澳划界案提交的数据似乎只给出了关于威廉姆斯洋脊属性和成因的间接证据，其地质成因与演化尚未解决[①]。因此，委员会认为不应当将威廉姆斯洋脊视为海底高地。

法国主要关注海台北部，其陆地领土凯尔盖朗火山群岛位于北凯尔盖朗海台，法国同样认为包括加里艾尼洋脊（Gallieni Ridge）在内的整个海台水下部分均为其陆地领土的自然延伸。与澳划界案审议原则一样，委员会总体同意凯尔盖朗海台为《公约》所定义的海底高地，但不同意海台东部的加里艾尼洋脊是海底高地，委员会对该洋脊成因是否与海台相关有疑义。法国引用Courrèges（2010）博士论文的研究结果，指出基于洋脊地壳弹性厚度计算的年龄显示，该洋脊是在26 Ma前扩张洋脊形成前由岩浆侵入形成，而且这种侵入作用发生在非常短的时间内（约为2～4 Ma），因此该洋脊是凯尔盖朗热点作用的一种表现。

尽管如此，委员会还是注意到：①加里艾尼洋脊跨越具增厚的异常地壳的北凯尔盖朗海台和正常扩张洋壳的深海盆；②洋脊是在凯尔盖朗海台和布罗肯洋脊（Broken Ridge）之间发生海底扩张初期之后约10～15 Ma间发生侵入置换的，也就说不是形成于构造拉张过程中，而是后期的岩浆事件中；③根据Courrèges（2010）研究，加里艾尼洋脊可能沿洋壳断裂带被置换为火山链，并从西向东发展，但作者明确指出并无直接年龄数据来证实；④根据其地形和年龄模型，洋脊似乎从凯尔盖朗海台扩展而来，应与海台有相似的地球化学特征，但遗憾的是既无岩石样品也无地球化学数据来证实；⑤洋脊火山侵入作用的发生比凯尔盖朗热点最后一次大规模岩浆喷发（约40 Ma）约晚15～16 Ma。基于上述事实和讨论，委员会认为仍缺乏足够数据去回答加里艾尼洋脊的地球化学特征、构造－岩浆侵入作用机制、确切年龄以及侵入时间等成因演化问题[②]。因此，委员会基于法国目前提供的数据不认可加里艾尼洋脊是凯尔盖朗海台的一部分，相应也不认定为海底高地。

---

① 澳大利亚划界案委员会建议摘要，http：//www. un. org/Depts/los/clcs_ new/submissions_ files/aus04/ Aus_ Recommendations_ FINAL. pdf。

② 法国划界案委员会建议摘要，http：//www. un. org/Depts/los/clcs_ new/submissions_ files/fra09/SUMREC_ FRA1_ 19_ 04_ 2012. pdf。

在这两个划界案中，委员会坚持大陆架自然延伸基本原则，根据凯尔盖朗海台的形成演化和地壳属性特征认定为海底高地，但对这个规模巨大的海台周边各类衍伸的洋脊，如澳划界案中的威廉姆斯洋脊和法国划界案中的加里艾尼洋脊进行严格的界定，而且主要从洋脊的成因演化上做了大量科学的审议工作，突显了在洋脊属性认定过程中地质属性一致性的重要地位。

(4) 岛弧成因的洋脊（九州 - 帕劳洋脊）

日本2008年提交划界案，委员会已完成审议并于2012年公布了建议摘要①。日本划界案一共包括7个区块，其中的九州 - 帕劳洋脊南部区块，完全根据九州 - 帕劳洋脊上出露的冲之鸟礁提出外大陆架，在国际社会引起广泛关注。

九州 - 帕劳洋脊（KPR，Kyushu - Palau Ridge）位于菲律宾海的中部，西接西菲律宾海盆，东邻四国海盆和帕里西维拉海盆，北面俯冲于南海海槽，近南北向伸展约2 750千米，宽约90千米，几乎贯穿整个菲律宾海（图6.22）。KPR在地形地貌上呈一狭窄的链状海山，绝大多数海山的水深大于3 000米，仅仅南部的帕劳岛和中部的冲之鸟礁出露海面，而冲之鸟礁仅仅由两块双人床大小的礁石组成（Tang Yong等，2011）。九州 - 帕劳洋脊的形成演化与菲律宾海板块和太平洋板块构造演化关系密切，50 ~42 Ma期间太平洋板块转变为向西运动，菲律宾海板块内部南北向的转换断层构造转换成俯冲带形成古伊豆 - 小笠原—马里亚纳弧（IBM，Izu - Bonin - Mariana）。KPR就是在帕里西维拉海盆和四国海盆的弧后扩张过程中，由古IBM弧后扩张裂离而成，后随着菲律宾海板块从赤道附近向北运动至目前所在位置，并俯冲于南海海槽—琉球海沟之下（Hall，2002；Fang Yinxia et al.，2011）。因此，KPR具火山弧构造背景，为古IBM弧裂解后的残留弧，是一条具洋壳基底的残余洋内弧。总之，从地形地貌上来看KPR与日本九州本岛在地形上是不连续的，从地质属性上看KPR与日本九州本岛具有完全不同的构造演化背景，显然它不可能属于日本岛弧的自然组成部分，也不应该是《公约》定义的海底高地。

除了KPR地质属性认定上存在质疑外，九州 - 帕劳洋脊南部区块的大陆架法律基础更存在严重问题。由于该区是完全依据冲之鸟礁为基点主张的外大陆架，而冲之鸟礁高潮时只露出两块小小的礁石，根本无法维持人类生存，因此其法律地位受到国际社会的严重质疑，且委员会本身不具备判断冲之鸟礁是岛还是礁的职权。因此，委员会在建议摘要里明确表示，在关于冲之鸟礁法律地位的问题得到解决之前，委员会无法就九州 - 帕劳洋脊南部区块相关内容采取行动。可

① 日本划界案委员会建议摘要，http://www.un.org/Depts/los/clcs_new/submissions_files/jpn08/com_sumrec_jpn_fin.pdf。

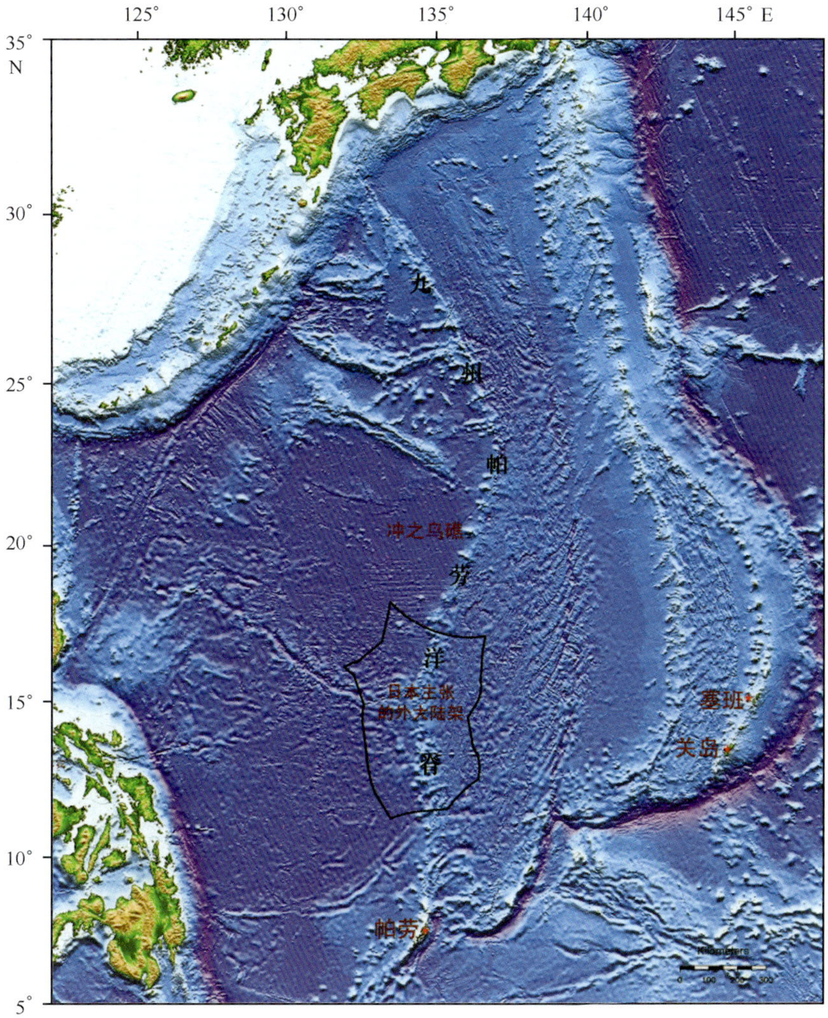

图 6.22　九州 - 帕劳洋脊南部区海底地形图

以说，委员会的决定打消了日本指礁为岛，企图利用外大陆架问题强化其冲之鸟礁专属经济区和大陆架主张的企图。

（5）洋壳上海山与岛弧碰撞形成的增生洋脊（小笠原海台）

日本划界案对太平洋板块最西缘的小笠原海台区提出了外大陆架主张。小笠原海台（Ogasawara Plateau）发育于伊豆 - 小笠原海沟和马里亚纳海沟交界处，是西太平洋地区最大的俯冲海山，由若干个海山组成，海台主体部分高出周围洋底 2 ~ 3 千米（图 6.23）。在伊豆 - 小笠原海沟西侧与小笠原海台遥相呼应地发育有水深约 4 000 米的母岛海山（Hahajima Seamount）。自西到东的地形剖面显示，从弧前陆坡到母岛海山经伊豆 - 小笠原海沟至小笠原海台，地形上是不连续的，中间为3 700多米水深的海沟所隔断。小笠原海台的形成时代约为100 Ma，是与白垩纪太平洋板内的热点火山作用有关的链状海山（Tsuji et al.，2007）。地震剖面显示小笠原海台以及周围洋底存在大量的正断层（Takizawa et al.，2006），这些正断层的产生和小笠原海台向海沟的俯冲作用相关。而母岛海山是位于伊豆-小笠原岛弧弧前区的蛇纹岩质海山，蛇纹岩体可能形成于伊豆-小笠原岛弧下地幔的楔入作用（Ishiwatari et al.，2006）。因此，从构造背景来看，小笠原海台是属于弱增生或非增生主动大陆边缘，而伊豆-小笠原海沟两侧的母岛海山和小笠原海台具有不同的构造属性。

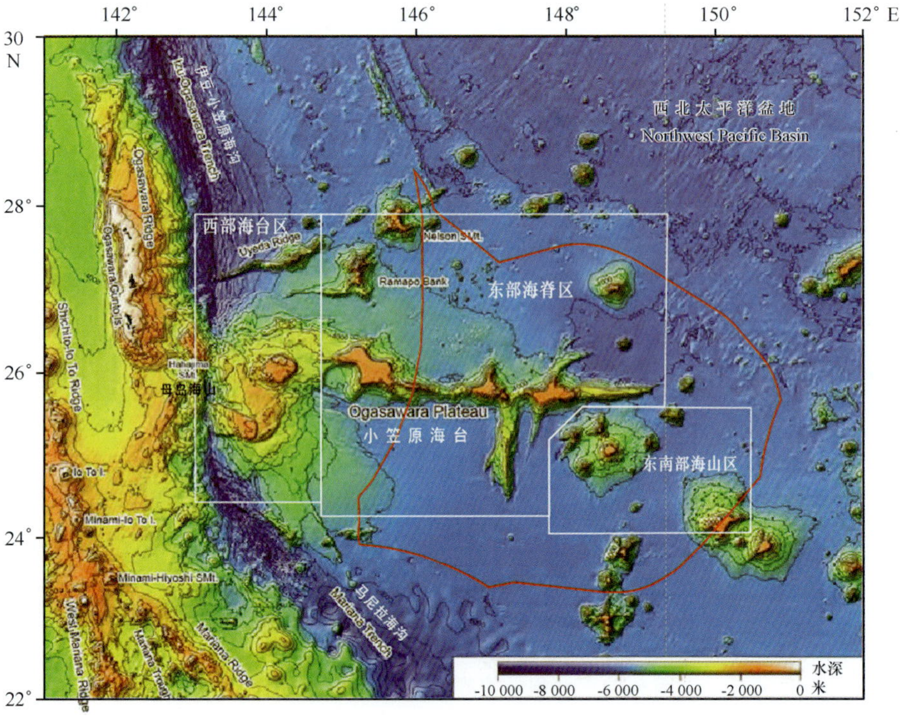

图6.23　小笠原海台区海底地形图（红线内为日本主张的外大陆架）

日本划界案将小笠原海台区分为西部的海台区、东部的洋脊区和东南部的海山区，并指出西部的小笠原海台区，水深在3 000米至不足2 000米之间，目前正与伊豆-小笠原岛弧碰撞，日本提供了大量佐证数据说明小笠原海台区被低角度逆冲断层所切断，使得海台区地壳与太平洋板块洋壳被分隔开，部分海台已经增生至伊豆-小笠原岛弧；东部的迈克尔逊洋脊区，水深与西侧海台区类似，日本强调它与西部海台区在2 500～3 500米水深范围内地形上是连续的；东南部的海山区则是个相对独立的海山群区。委员会根据日本提供的大量地形地貌和地球物理佐证数据，承认西部海台区已经增生至岛弧，并将继续其增生作用，认定是《公约》第七十六条所定义的海底高地。但海台其他部分则是在远离俯冲区和岛弧的大洋环境下形成的，与深海海底地质特征一致，不应该是大陆边自然组成部分海底高地。

在该划界案审议过程中，涉及大洋板块之上的海山与岛弧碰撞形成的增生洋脊的问题，在主动陆缘，来自大洋、岛弧或大陆的沉积物或地壳物质增生在大陆边缘是大陆边缘生长的一个自然过程，但小笠原海台是否已经完全增生至日本岛弧，还是值得质疑的，毕竟海台与岛弧之间仍被 3 700 米水深的海沟所隔，海台的地壳组成在岛弧侧也未见明显显示，因此，将小笠原海台视为海底高地值得商榷。但本案审议过程中，委员会对日本定义的东部洋脊区和东南部海山区严格坚持了英国阿森松岛划界案一致的原则，根据科学事实认定它们是在大洋环境下形成的，与深海海底地质特征一致，否认其为《公约》定义的海底高地，是值得推崇的。

6.3.3 洋脊规则应用实践对外大陆架划界的影响

大陆架外部界限是沿海国具有管辖权的最外边界，同时也是与被称为人类共同继承财产的国际海底区域的分界线。因此，沿海国所能划定的大陆架范围和国际海底区域是一个此消彼长的关系。现在已发现的海底矿产资源——多金属结核、富钴结壳多分布于海山附近，已发现的热液硫化物也多位于洋中脊附近，因此大陆架划界中洋脊规则的利用问题对世界各国的大洋资源勘探研究有很大的影响。从目前外大陆架划界实践来看，一些沿海国为最大限度扩展其大陆架范围，对《公约》大陆架制度，特别是其中与结壳和硫化物资源有关的“洋脊”规则作出一些新的诠释，其后果显然将严重蚕食应属于全人类共同继承财富的国际海底区域及其海底资源。

从委员会具体的审议结果来看，对于大陆分裂形成的微大陆，由于其古老陆壳的存在，不管其规模大小，一般都将其认定为海底高地；对于海底扩张形成的洋中脊，由于其百分百的洋壳属性，一般都将其认定为深洋洋脊。但对于成因比较多源复杂的各类复合型洋脊就复杂得多，如凯尔盖朗海台这类热点成因的洋脊和大火成岩省，尽管是在大洋环境中形成的，但其地壳厚度巨大，岩浆岩形成时代较早并被陆壳侵染，委员会也将其认定为海底高地；但对无足够证据支撑上述特征的热点海台，则一般不会认定为海底高地。而在主动陆缘形成的一些岛弧成因的洋脊和增生洋脊等复杂海底高地形，目前争议还比较大，在审议过程中，委员会似乎更强调地形连续性，不管这些洋脊通过什么方式的作用，只要与大陆或岛弧增生拼贴在一起，就认定为海底高地。

从目前委员会完成划界案审议总体情况来看，委员会对各类洋脊属性的认定主要根据其地形地貌特征和划界案提供的地质与地球物理数据及其研究成果。对于地壳性质明显、证据充足的洋脊，似乎洋脊地质属性一致性的认定是第一位的；但对于地壳组成和成因演化复杂的洋脊，地形连续性认定则成了第一位，尽管如此委员会还是充分考虑到地质属性一致性问题。总体上，委员会能坚持《公约》基本原则，遵循《公约》制定不同洋脊大陆架权利规定的初衷和原则，做到严格把关和公平公正，维护了国际海底区域利益和国际社会的稳定，这定将对未来世界海洋划界格局产生深远的影响。

沿海国对各类洋脊的划界实践以及委员会对相应划界案的审议结果，都是关于外大陆架划界的重要实践。沿海国对各类洋脊划界时采用的基本原则、主要方法、数据资料支撑等，以及委员会审议坚持的主要原则、审议的关键技术问题、提出的意见建议和理由等都是今后划界工作和审议工作重要的参考和法理依据。因此，应加大相关科学技术和法理研究，及时总结，以便为我国今后外大陆架划界和积极应对侵害我国海洋权益的他国划界主张提供参考和借鉴。

第七章　海底扇与外大陆架划界

7.1　海底扇特征

海底扇是深水沉积中最常见的沉积体，也是深海区大规模浊流沉积作用的主要产物。它发育于大陆坡麓，向海缓斜，多分布于海底峡谷的前缘，主要是由峡谷运输的大量沉积物在峡谷口外堆积而成（Shanmugan G，1988a）。一个发育完整的海底扇通常包括三个部分：上扇、中扇和下扇。上扇剖面呈凹型，坡度较陡，包括主补给水道（或深海峡谷）及相关沉积。中扇包括分流水道网浊流沉积和伴生的堤和漫滩沉积，岔道众多，天然堤发育较差。下扇表面平坦或微有起伏，包括舌形体和席状砂体。根据沉积相组合和分布，海底扇主要的沉积特征有：①水道沉积，断面形态为向上变宽的“V”形或“U”形，多数沉积向上变薄和变细地回旋，总体反应为水道淤积、废弃的过程；②舌形体，一般发育于下扇区，发育于水道出口或附近，底部没有水道，横向连续性。发育向上变厚的旋回，被细粒、薄层的浊积相沉积所包围。有些舌形体是发育于现代海底扇中扇区的上置扇（或称叠覆扇），指中扇区向上突起的一套沉积物，它可能是含砂丰富的小型现代扇的典型特征，大型成熟边缘海底扇一般不发育上置扇；③堤和漫滩沉积，以薄层浊流沉积为主，横向过渡为正常半深海－深海沉积，形态一般难以确定。堤和漫滩沉积的发育受地转力的影响，左右两岸的发育程度在南北半球有明显的差异性；④席状砂体：主要发育于如密西西比扇、亚马孙扇等大型现代海底扇的下扇区，连续厚层沉积。

根据全球典型海底扇分布（图 7.2）的资料情况，收集了亚马孙扇、阿斯托亚扇、孟加拉扇、印度扇、劳伦蒂扇、罗纳扇、尼罗扇、尼蒂纳特扇、圣卢卡斯扇、拉霍亚扇等 10 个海底扇的相关资料，发现扇体的长度可从几千米至数千千米。除了世界上最大海底扇——孟加拉深海扇长约 2 000 多千米，北端沉积物厚度最大可超过 16 千米以外，规模较大的海底扇还有位于西大西洋的亚马孙扇、印度洋阿拉伯海的印度扇、西大西洋的劳伦蒂扇、中印度洋东部的尼罗扇。从形态上，除密西西比扇、尼罗河扇和亚马孙扇等海底扇的外形为锥形或扇形外，其余海底扇多呈长舌形或伸长形；从沉积物厚度来看，较为开阔的海盆或规模较大的扇体容易发育较大厚度的沉积体。

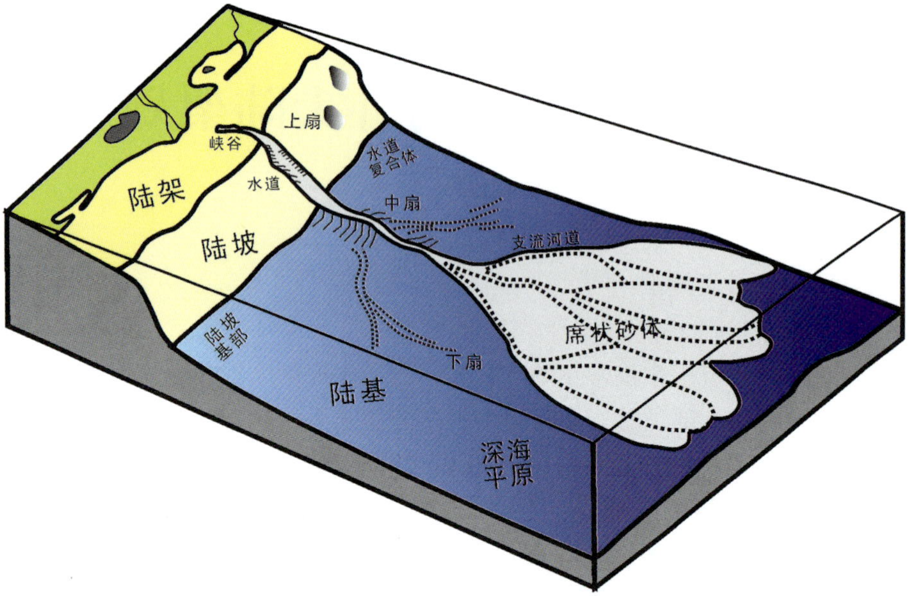

图 7.1　大陆边缘的海底扇模型（邱文弦等，2013）

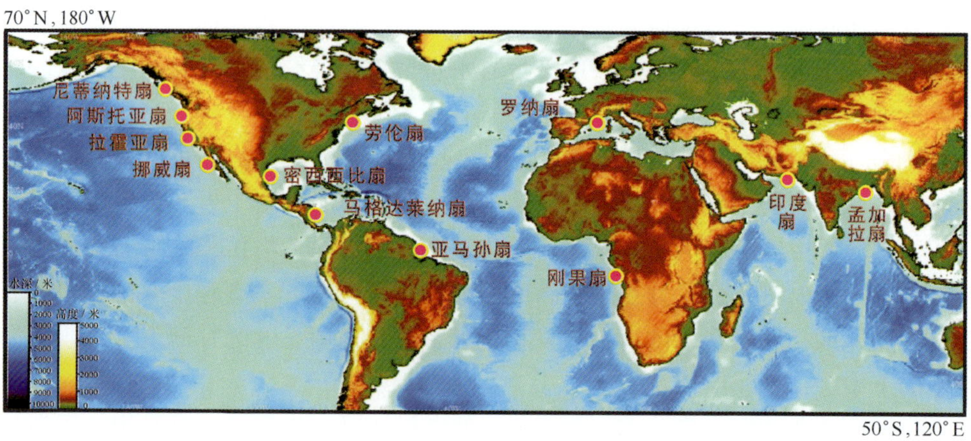

图 7.2　全球典型海底扇分布示意图（邱文弦等，2013）

一般来说控制海底扇发育有三个重要因素，包括构造环境、沉积物供给和海平面变化。活动的构造环境可在短时间内提供充足和快速的沉积物，而稳定的构造环境，物质的供给则相对缓慢。另外，海底扇的发育一般与大型河流注入或海底峡谷有关，沉积物来源为单一物源。在海底扇的发育过程中，沉积物通过海底峡谷向深海平原输送。而深海沉积作用的发育与海平面变化又有着十分密切的关系。大规模的浊流都发生在海平面大幅度下降的时期，高海面时期堆积下来的大量沉积物为浊流的形成提供了物质基础。通过 Vail 等（1977）建立的显生宙全球性海平面变化曲线可以表明海平面的变化与海底扇的发育存在着对应关系。海平面下降期与海底扇形成和发展期相当，而在海平面上升期则海底扇很少产生。因此，构造作用直接影响海平面的升降，海平面的变化则又进一步控制了沉积物的供给，三者相辅相成，对海底扇的形成发育产生了重要影响（图 7.3）。

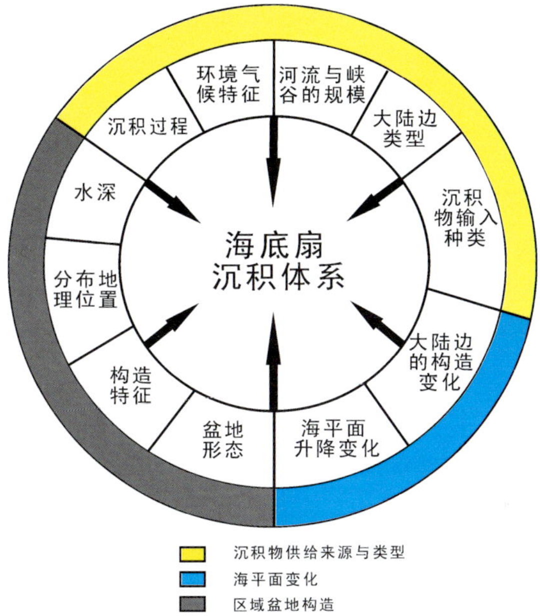

图 7.3　海底扇发育的控制要素示意图（邱文弦等，2013）

（1）构造背景

在不同的构造环境中，海底扇发育会受到明显不同的影响。在活动性构造环境下，由于盆地岸边平原和陆架窄，沉积物搬运路程短，供给量变化大，同时补给系统一般为小型水道，而且水道短、坡度大，所以形成的海底扇规模小，特别是在海沟斜坡环境下，海底扇常平行于大陆边缘沿盆地轴发育，形成所谓的纵向扇系。相比之下，在被动大陆边缘形成的海底扇演化时间长，沉积物供给系统一般是大型河道，沉积物搬运距离远，泥质含量高。因此，Bouma 等（1985）根据构造背景将海底扇分为两类：主动边缘海底扇和被动边缘海底扇。Shanmugam 等（1988b）进一步扩大了该方案，将海底扇分为四类，即幼年被动边缘海底扇、成年被动边缘海底扇、主动边缘海底扇和复合背景海底扇。

①幼年被动边缘海底扇（北海型）：构造背景代表洋盆演化初期的离散边

缘，典型特征为物源很近、海岸平原和大陆架窄、坡度大、砂－泥比高、盆地规模小、盆地基地为陆壳、具有坳拉槽和衰亡裂谷的特征。它们多为含砂丰富的小型海底扇，舌状体发育。实例如北海地区的鲍尔达扇等。

②成年被动边缘海底扇（大西洋型）：处于洋盆演化鼎盛期的离散边缘，即成熟被动大陆边缘。其特点是物源远、海岸平原和大陆架很宽、坡度小、砂－泥比低、盆地规模大、盆地基底为洋壳。多为富泥海底扇，无良好舌状体，下扇区发育席状砂体。例如：亚马孙扇、密西西比扇等。

③主动边缘海底扇（太平洋型）：构造背景为板块汇聚、转换和碰撞边缘，特点是：物源近、海岸平原和大陆架窄、坡度大、砂－泥比高、盆地规模小、盆地基底可以是陆壳，也可以是洋壳。这类构造背景还包括海沟斜坡、海沟底、弧前、弧后及前陆盆地。

④复合背景海底扇：不能归入上述三类构造背景的海底扇统称复合背景海底扇。例如孟加拉海底扇和印度海底扇等，周围既有被动边缘，也有主动边缘，其构造背景为狭长的残留洋盆，较为复杂。

（2）沉积物供给

海底扇的发育一般与大型河流注入或海底峡谷有关，沉积物来源为单一物源，区别于多物源的斜坡体和线物源的斜坡裙。一般来说，海底扇均分布在海底峡谷底部。在海底扇的发育过程中，沉积物通过海底峡谷向深海平原输送。在深海的边缘环境中，常见的沉积序列有两种：进积和退积。如果沉积物的供应量足够大，沉积物不断向前进积，横向上的排列就能变成纵向序列，形成由下而上，粒度逐渐变粗，沉积层逐渐增厚，依次出现远扇—中扇—扇端。这是一个总趋势。在序列内部，往往会有由下而上由粗变细的次级的序列，如分流谷道沉积或浊流沉积的自生旋回等。进积型的深海序列的厚度一般在数十至数百米之数。退积型序列是一种由下而上又粗变细的沉积序列，在地层的记录中极为少见。它的形成要求海平面的巨大变化或沉积物供应量的大幅度减少。只有在重要的构造活动期才能出现这样的情况。而深海沉积序列的实际情况要比上述的模式复杂得多。Normark（1978；1991）认为深海扇至少应当分为两种基本类型，一种是细粒的三角洲供砂的海底扇，另一种是粗粒的海底峡谷供砂的海底扇。Stow 等（1985）进一步结合海底扇形态、搬运效率、岩性等，认为除了长条状的和放射状的海底扇外，坡麓的沉积裾也是沉积物的主要场所，它们的沉积特征有着明显的区别。长条状的海底扇是沉积通量较高、含有各种沉积物但以泥质和细粉砂为主的重力流的沉积产物。放射状的海底扇则是以砂为主的重力沉积物。坡麓沉积裾一般具有较低的沉积物供应量，沉积物的粒度从砾石到泥都可见，因此，将海底扇分为三类：①细粒长条形海底扇，其以泥质和粉砂为主的混合沉积物由大型

表 7.1　全球典型海底扇特征(吕炳全，2008)

扇名称	位置	形成时代	地壳性质	规模				形态	沉积物来源	沉积物性质
				长×宽(km)	面积(km^2)	最大厚度(m)	体积(km^3)			
亚马孙扇	西大西洋	早中新世—全新世	洋壳	700×(250~700)	3.3×10^5	4200	7×10^5	长形锥	陆源	黏土(黏土-砾石)
阿斯托亚扇	东北太平洋	更新世	洋壳	250×130	3.2×10^4	2 200	2.7×10^4	梯形	火山和冰积物	粉砂(泥-砾石)
孟加拉扇	东北印度洋	始新世	洋壳	2 800×1 100	3×10^6	>5 000	4×10^6	伸长形	陆源	泥(泥-中砂)
印度扇	印度洋阿拉伯海	始新—全新世	洋壳	1 500×960	1.1×10^6	>3000	1×10^6	长扇形	陆源	泥(泥-砂)
劳伦蒂扇	西北大西洋	第四纪	洋壳	(500~1 500)×(200~400)	$(1.8\sim4.2)\times10^5$	2000	1×10^5	长舌状	冰积物	中细砂和泥(黏土和砾石)
罗纳扇	地中海利翁湾	晚第三纪	陆壳与洋壳	440×200	7.0×10^4	1 500	1.2×10^4	伸长形	陆源	粗粉砂(泥-细砂)
尼罗扇	中印度洋东部	中新世—更新世	陆壳	280×500	7.0×10^5	>3 000		扇形	陆源	泥(泥-砂)
尼蒂纳特扇	东太平洋美国华盛顿州岸外	中更新世	洋壳	260×80	2.3×10^4	1 000	9 000	三角形	火山	粉砂(泥-粗砂)
圣卢卡斯扇	东太平洋加利福利亚岸外	中新世	洋壳	60(半径)	6 000	1 000	3 000	半锥形	陆源	粗粉砂(泥-细砂)
拉霍亚扇	加利福利亚岸外	第四纪	洋壳	40×50	1 200	1 600	1 175	梨形	陆源	细砂(泥-砾石)

三角洲供给（也称为泥质、高效率、三角洲供给、大型开阔盆地海底扇）；②粗粒放射状海底扇，沉积物粒径以砂为主，供给量中等（也称砂质、低效率、峡谷供给、局限盆地海底扇）；③短头三角洲前缘海底扇，发育于较浅水地区，以粗碎屑为主，类似于扇三角洲的水下部分。深海沉积作用或沉积序列的发育与海平面变化有着十分密切的关系。大规模的浊流都发生在海平面大幅度下降时期。高海面时期堆积下来的大量沉积物为浊流的形成提供了物质基础。因此，低海面时期沉积作用强，沉积物的粒度粗，称之为高效沉积期。而高平海面时期沉积作用弱，沉积物的粒度亦较小，称之为低效沉积期（Mutti et al.，1978；1987；1992）。

（3）相对海平面变化

海底扇在发育过程中的前进或后退是由沉积物供应与相对海平面变化所决定，相对海平面变化主要是由盆地下沉和全球海平面波动造成。例如，在更新世冰期，密西西比海底扇、亚马孙海底扇以及印度海底扇等海平面的下降导致了这些扇的加速增长。然而，在全新世和之前的间冰期，海水的上升明显地阻碍了扇体的发展。简而言之，在海平面上升时期，由于海水升高而导致的海侵使大量沉积物只能堆积在陆架上而无法抵达深海区，所以不利于扇的形成；在海水下降期，由于陆架露出海平面，河流将有可能把沉积物输送到陆坡，从而通过陆坡峡谷或别的方式使沉积物在深水环境中形成扇体。

7.2 海底扇对外大陆架划界影响实例分析

7.2.1 孟加拉海底扇

孟加拉湾位于印度洋东北部，覆盖海域面积超过 2.2×10^6 平方千米，南邻印度洋，西濒印度和斯里兰卡，北至孟加拉和印度，东接缅甸和印度的安达曼和尼克巴群岛。众多大型河流体系都注入孟加拉湾，包括恒河/莲花河、雅鲁藏布江/亚穆纳河、梅格纳河、哥达瓦里河、默哈纳迪河、克利须那河和卡弗里河。这些河流体系及其古河流百万年间携带至此的沉积物汇集形成了孟加拉湾内一个显著的海底特征，即孟加拉海底扇。孟加拉海底扇是全球最大的深海扇，位于 22°N ~ 8°S，80°E ~ 93°E 区域，长达 3 000 千米，宽达 1 000 千米，最大沉积物厚度高达 16.5 千米。它的形成与印度板块和欧亚板块的碰撞以及之后的喜马拉雅山脉和青藏高原的抬升有密切关系。孟加拉湾的沉积物特征显示正是这次碰撞之后该地区沉积作用才开始，但大规模的沉积作用可能直到早中新世喜马拉雅山脉隆起才发生。孟加拉海底扇的西部边缘构成了印度东部大陆坡。北部基部即海底扇的上扇位于孟加拉国陆坡处；扇体的东部边缘位于 Sunda Trench 的北部末端，并一直延伸到缅甸（Joseph, 2003）。同时，印度板块与 Burma 板块位于缅甸西海岸不远处，是由印度板块俯冲至 Burma 板块之下而形成的。

在第三次联合国海洋法会议上，斯里兰卡政府曾因为孟加拉海底扇的存在提出主张。由于喜马拉雅山脉的风化与剥蚀所产生的大量碎屑物质通过恒河和布拉马普特河为孟加拉海底扇带来了大量沉积物。但是，由于该扇体的沉积物分布不均，致使孟加拉国和印度东部都斯里兰卡国认为，《公约》第七十六条在孟加拉深海扇南部的适用是不公平的，孟加拉海底扇是大陆沉积的自然延伸，应把此特殊情况考虑在划界范围内（图 7.4）。经过大陆架界限委员会的研究，在第三次联合国海洋法会议文件中提出了《关于用一种特殊方法来划定大陆边外部界限的谅解声明》，针对存在特殊地形大陆边的国家，《公约》第七十六的适用可能会造成不公平的后果。具体为：考虑到在下列情形下，一国大陆边的特殊特征：①200 米等深线所在处的平均距离不超过 20 海里；②大陆边沉积岩的大部分位于大陆基之下。那么根据该条第 4 款（a）项（1）和（2）所许可的最大距离划定的作为大陆边整个外缘的线上的沉积岩，其厚度的算数平均数将不少于 3.5 千米，而且将有一半以上的大陆边被排除在外。因此，对于这种情况下的国家可以连接各定点划定出长度不超过 60 海里的直线的方法，划定其大陆边外缘，各定点以经纬度表明，而且各点上的沉积岩厚度不少于 1 千米。如果一国应用本声明上一段所述的方法划定其大陆边缘，则一个邻国也可以利用这个方法划定其地质特征相同的大陆边外缘。会议请大陆架界限委员会在其就有关孟加拉湾南部国家大陆边外缘的划定问题提出建议时以本声明的规定为依据。这是委员会第一次以法律形式开始考虑国家大陆边特殊特征对于外大陆架划界的影响，但并未对其进行详细分析，也并未明确孟加拉海底扇作为特殊地形在划界中的真正作用。因此，在此基础上进一步研究分析全球海底扇的相关特征是有意义的。

7.2.2 亚马孙海底扇

亚马孙海底扇发育于大西洋盆地的被动大陆边缘处，主要由上、下两扇组成，其上扇发育数条弯曲的水道，一直延伸到由砂岩组成的下扇及深海平原。亚马孙海底扇总面积大约为 3.3×10^5 平方千米，形态为长锥形。在更新世低海平面时期，扇体迅速增长。在过去的 500 万年里，沉积物厚度达到 500 米，而在高海平面时期，亚马孙河沉积物却沿着大陆架向北输送，几乎没有沉积物到达扇体。根据地震反射剖面等资料，可以获得亚马孙海底扇水道上部区域的地形地貌

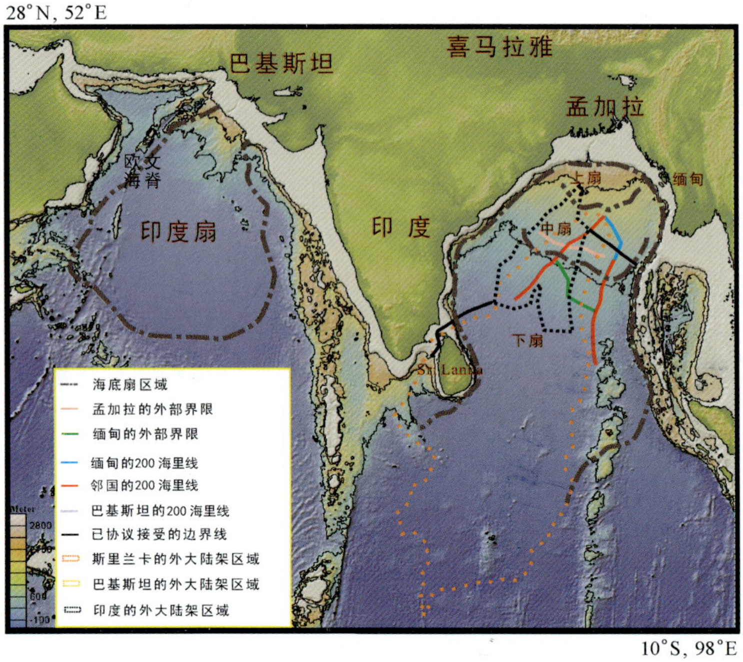

图 7.4　孟加拉湾区域水深示意图及各国海域界线划定（邱文弦等，2013）

以及沉积物分布资料。其中，上扇的主要水道发育持续了近万年，横向迁移一般主要发生在中扇。通过地震反射和 ODP 钻井资料可以观察到海平面低水位期循环导致的沉积地貌。当海平面下降时，亚马孙河流经大陆架，在河口处沉积物的衰退生成浊流。随后，侵蚀作用形成的倾斜峡谷又促进了水道－天然堤体系的形成，一些小型的海平面抬升现象会导致较少的砂岩达到扇体。举例来说，12～9 ka 时期海平面的上升给天然堤带来了少量泥岩，而自上个冰期到 12 ka，较大程度的海平面抬升对于天然堤沉积没有丝毫影响，甚至在间冰期，海平面上升切断了沉积物向扇体供应。

所研究区域如图 7.5 中所示，由于获取的沉积物数据有限，本章仅使用全球大洋水深图（GEBOC）的一分水深数据进行划定大陆坡坡脚分析。根据差别较大的地貌特征，在巴西海域亚马孙海底扇附近选取了 4 条剖面，用以对比海底扇区域与非海底扇区域对确定大陆坡脚点的区域。根据《公约》第七十六条规定：在没有相反证明存在的情况下，大陆坡脚应为大陆坡坡底变动最大之点，而确定大陆坡脚最直接的手段是对一系列垂直于大陆架边缘的水深剖面进行分析，通过对陆架、陆坡、陆基位置的确定、坡度变化的分析，并且运用回声测深设备、应用解释原则等手段，识别出相邻剖面间海床坡度变动最大点后连接成线。通过对

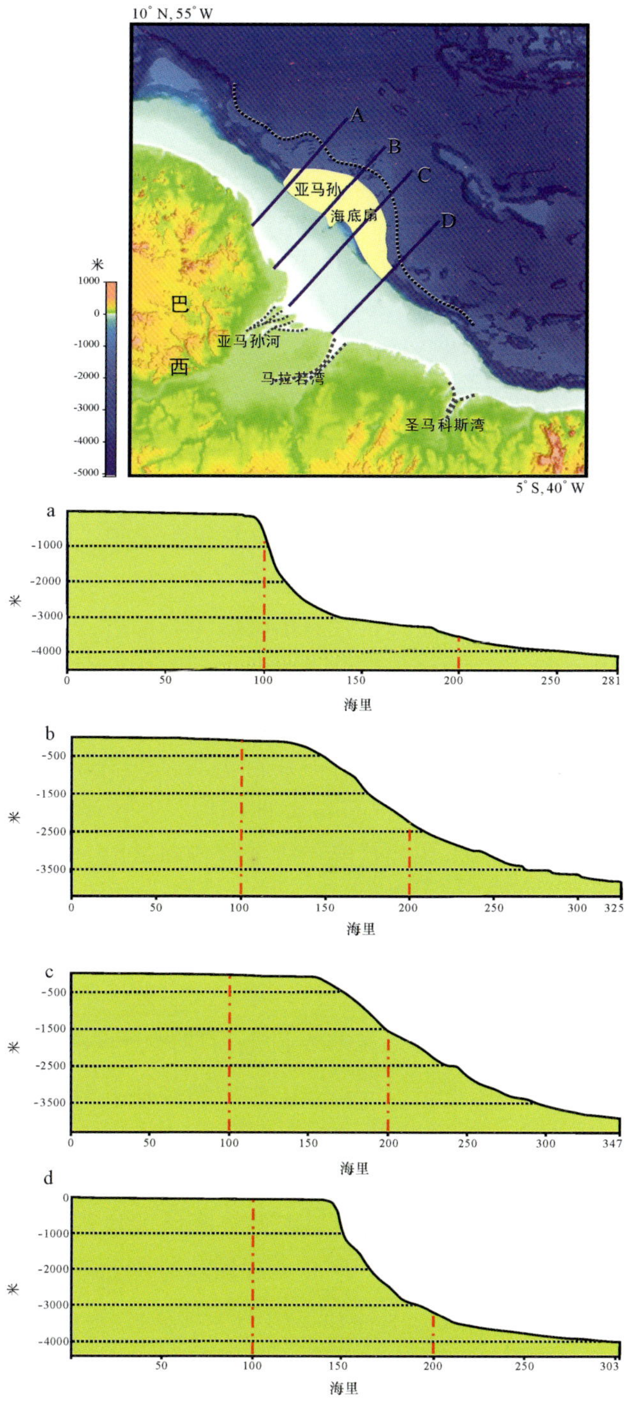

图 7.5　亚马孙海底扇区域水深示意图及对应剖面示意图

比图 7.5 中 A ~ D 4 个水深剖面，由于亚马孙海底扇的存在，剖面 B 与剖面 C 的陆坡沉积物明显变厚，坡脚点的备选点向海推出，尤其在距领海基线 100 ~ 200 海里的区域，海底扇对海底地形的改造最为明显。

7.2.3 蒙特利尔扇

加利福尼亚海岸（36°45′N，121°45′W）位于活动性构造转换边缘，大陆架较为狭窄，并横跨蒙特利尔海湾，多山且贯穿有多条河流。加利福尼亚海岸最大的海底扇——蒙特利尔海底扇就发育于此，并向西—西南方向延伸近 350 千米，直至水深 4 700 米的深海平原。蒙特利尔海底扇面积巨大，覆盖了加利福尼亚大陆架大概 100 000 平方千米，北接法拉隆扇，东临加利福尼亚大陆架，南靠 Chumash 断裂带，西部则为上超至海底盆地的沉积物。同时，它又是一个富含砂岩的沉积体，平均厚度为 1.5 千米，其扇体的发育生长受到了附近峡谷、断裂带以及太平洋 - 法拉隆扩张脊和地震的影响。Atwater（1970）认为蒙特利尔海底扇是在 30 Ma 前，沿着太平洋 - 法拉隆扩张脊扩张的洋壳形成，而此扩张中心在晚渐新世加利福尼亚中部消亡。在早中新世时期，当浊流从加利福尼亚边缘第一次到达扇体时开始发育。但是在 5.5 Ma 之前，它并没有获得大量来自陆地的沉积，随着扩张脊的活动运动，海底扇覆盖在其由陆源物质填充的加利福尼亚边界上。在 5.5 Ma 时，蒙特利尔扇与 San Joaquin 盆地相接，并接受了由内华达山脉抬升而产生的大量沉积物，这些沉积物最终形成了蒙特利尔扇北部的法拉隆海底扇。

根据图 7.6，蒙特利尔扇主要分为上扇、中扇和下扇三个部分，其中上扇主要是由 Monterey 峡谷和 Ascension 峡谷两大峡谷体系发育的天然堤峡谷组成。一般来说，天然堤堤坡是扇最陡峭的位置。另外，大多数天然堤的表面都有大量沉积物反射波显示。一条废弃的天然堤峡谷自上扇西部一直延伸至现在的 36°N 附近蒙特利尔扇的天然堤西南部。另外，一个小的峡谷在上扇东部区域大的海底扇滑坡后产生，位于 35°N ~ 36°N 之间且紧邻大陆坡。这个小峡谷连接至蒙特利亚峡谷，靠近 Chumash 断裂带北部。由于蒙特利尔峡谷从 Jetty 河口延伸至深海平原，其深度达 4 000 米，而连接峡谷的上扇地势起伏差也达到了 100 米，且由于其隐藏在蒙特利亚海湾里，对于它的研究无法像陆地单元一样清晰，只能通过岩芯、基底取样等方法间接研究。蒙特利尔扇的中部扇体由三个明显的部分组成：①中扇西部，位于 35°N 以北，没有主要峡谷填充；②已废弃的西南部，呈叶状体。③具有活动性的南部，这是目前三个部分中最小的部分，但也是扇体砂岩沉积最广的区域。南部区域直接由蒙特利尔扇峡谷填充，同时伴有一些小的叶状体填充。横穿了大部分扇的 3.5 千兆赫反射地震剖面记录了无基底且有明显漫反射

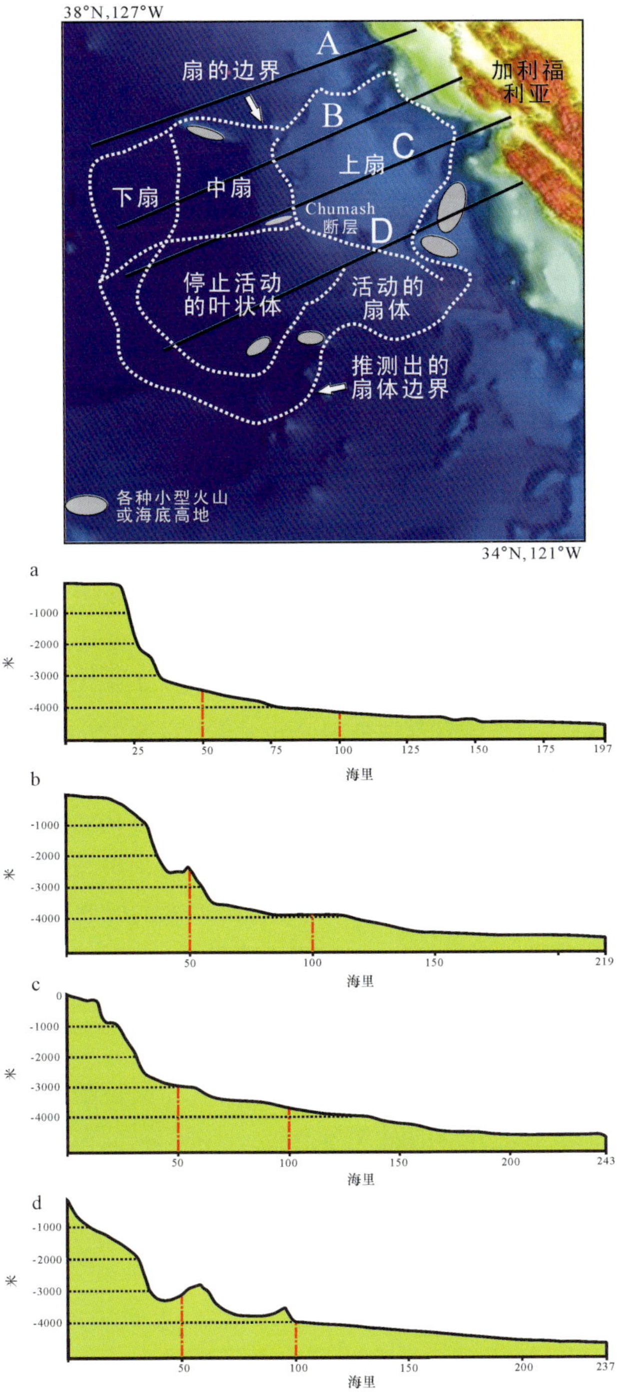

图 7.6　蒙特利尔扇的海底地形分布示意图（Klaucke et al.，2004）

表层，表明是富含砂岩环境。此区域有限的钻探样品为砂岩，因此，此部分为主要峡谷填充的主动沉积叶状体。紧挨着南部区域的西南叶状体是由 6 ~ 10 米厚的声波可穿透的地层覆盖。通过高反射率剖面可以看到，水道和其他地势起伏及没有基底等特征是在此穿透层的沉积过程中保存下来的（Normark, 1983）。

这个南部区域向东活动的叶状体，没有水道模式，且由穿过 Chumash 断裂带的小型天然堤峡谷充填，覆盖了大部分扇体的声波穿透层向东加厚了此峡谷的天然堤以及一些内部的反射层，并显示了有限制的浊流沉积持续到达了叶状体的反射点。因此，此区域的中扇部分表现为目前仍处活动状态的砂岩沉积叶状体。叶状体前端短的天然堤峡谷（无论表面还是基底）都没有在上扇与任何峡谷相连。在中扇的西部几乎没有水道连接。通过其反射剖面表明，这也许是中扇部分最少的含砂岩区域。由于几乎没有水道承担疏导作用，沉积物的主要来源为经过蒙特利尔扇的浊流附带物。下扇为扇体主要部分中面积最小的一部分。它没有水道，地势平伏，其浊流从坡度较大的中扇流至各海山中的峡谷，类似于一个被拦截的盆地平原，在中扇到达它的过程中，地势有明显梯度，也就是陆坡坡折处。

根据 Normark（1983）中单道地震反射剖面反映出蒙特利尔中扇和上扇区域的基底水位等深线，在位于扇下方的洋底存在众多海山和火山脊，其中一些可延伸至扇的表面。影响到扇体发育的最主要的基底特征是 Chumash 断裂带——在脊北部的深海海沟，其中包括 2 千米的沉积物填充。这个大而深的海沟填充发生在扇体开始发育之时，并早于西南部的叶状体。Menard（1955）认为火山脊对于浊流来说起到了堤坝拦截的作用，其作用一直持续至海沟被填满。最终，浊流流至脊的西部末端（124°W 以西），并且开始发育西南部的叶状体。南部叶状体区域比中扇的其他区域要深，来自 Chumash 断裂带河口前部的侵蚀导致了蒙特利尔海底扇大范围的下切侵蚀，它使得中扇西南部的沉积物供给被切断（Normark, 1983）。

根据图 7.6 中水深剖面示意图，可以发现，无论是位于扇中区域的剖面 B 与剖面 C，还是扇体区域之外的剖面 A 与剖面 C，沉积物分布和陆坡变化都比较类似，尤其在 50 ~ 100 米区域没有明显差异。因此，虽然蒙特利尔扇覆盖区域面积大，但并未对大陆架外部界限确定的两个关键要素（坡脚点与沉积物厚度）产生明显改造。

7.3 几点认识

①全球海底扇分布广泛，形态各异，所处地理位置、沉积物分布特征以及对地形的改造作用都可能影响沿海国外大陆架划界中的关键要素的确定。在划界工

作中，不但需要考虑《公约》中的两条公式性法律条款，对于它的发育背景即构造特征、盆地形态、分布位置、水深情况、沉积过程、古气候特征、河流与峡谷的规模、大陆边类型、沉积物输入种类与来源、大陆边的构造变化以及海平面的升降变化等要素需给予重视，着重分析其对陆坡坡度和沉积物厚度的影响。

②斯里兰卡国在第三次联合国海洋法会议上递交的关于孟加拉海底扇影响的划界主张虽不能直接证明海底扇的存在直接影响沿海国大陆架外部界限的确定工作，但由于全球海底扇数量之巨大、分布之广泛以及地质背景之复杂等特征对于运用《公约》第七十六条中两个法则条款划定大陆架外部界限的过程无疑提出了新的挑战。

③在考虑海底扇会对相应沿海国家划定大陆架外部界限产生一定影响的前提之下，确定大陆坡脚的位置是首要的。根据对亚马孙海底扇以及巴西划界案的分析，海底扇的分布会导致原始海底地形发生变化，大陆坡坡折处向海方向推出，甚至由于海底扇的沉积物分布会平缓了其坡度变化，导致识别坡脚点的难度加大，同时由于或伴随峡谷和水道的分布，对选择剖面进而确定最大坡折点也产生了较大影响。简而言之，坡度较缓、沉积物较厚区域可以将坡脚向远离基线方向外推，或者使用沉积物厚度公式获得更多的潜在大陆架权利；而处于复杂发育背景的大陆边区域海底扇，其纵横分布的峡谷和水道发育可使坡脚向陆后撤，沉积物厚度减薄，进而缩小可能主张的外大陆架权利。

主要参考文献

方银霞，周建平 . 2006.《联合国海洋法公约》大陆架的法理和应用条件 . 中国海洋法学评论，1：73 – 84.

国家海洋局政策研究室 . 1989. 国际海域划界条约集—北海大陆架案判决书 1969.

李常珍，李乃胜，林美华等 . 2000. 菲律宾海的地势特征［J］. 海洋科学，6：47 – 51.

刘剑平，潘校华，马君等 . 2008. 西部非洲地区油气地质特征及资源概述 . 石油勘探与开发，35（3）：378 – 384.

吕炳全 . 2008. 海洋地质学概论［M］，上海：同济大学出版社，11（1）：190

吕文正，张海文，方银霞等 . 2012. 大陆架外部界限 – 科学与法律的交汇 . 北京：海洋出版社 .

马君，刘剑平，潘校华等 . 2008a. 西非被动大陆边缘构造演化特征及动力学背景 . 海外勘探，3：60 – 65.

马君，刘剑平，潘校华等 . 2008b. 东非大陆边缘地质特征及油气勘探前景 . 世界地质，27（4）：400 – 405.

慕亚平，郑艳 . 1999. 海洋法公约生效后的新形势和中国面临的问题与挑战 . 法学评论，（3）：55 – 56.

倪健中 . 1997. 海洋中国 . 北京：中国国际广播出版社，1526.

倪征 . 1998. 中国海洋法学会 97 年会上的致词 . 中国海洋法学会会员通讯，（1）：6.

舒良树，王德滋 . 2006. 北美西部与中国东南部盆岭构造对比研究 . 高校地质学报，12（1）：1 – 13.

袁古洁 . 2001. 国际海洋划界的理论与实践［M］. 北京：法律出版社，4，5，26，140.

张建球，钱桂华，郭念发编著 . 2008. 澳大利亚大型沉积盆地与油气成藏 . 北京：石油工业出版社 .

Kevin T. Biddle 编，缪献中，杨金凤，李剑译 . 2000. 活动大陆边缘盆地（AAPG 论文集 52），北京：石油工业出版社 .

Antobreh A A, Faleide J I, Tsikalas F, et al. 2009. Rift – shear architecture and tectonic development of the Ghana margin deduced from multichannel seismic reflection and potential field data［J］. Marine and petroleum geology, 26（3）：345 – 368.

Aslanian D, Moulin M, Olivet J L, et al. 2009. Brazilian and African passive margins of the Central Segment of the South Atlantic Ocean：Kinematic constraints［J］. Tectonophysics, 468（1）：98 – 112.

Atwater, T. 1970. Implications of plate tectonics for the Cenozoic tectonic evolution of western North American. Geological Society of America Bulletin,［J］, 81）：3513 – 3536

Basile, C. , Mascle, J. , Sage, F. , et al. , 1996. Pre – cruise and site surveys：a synthesis of marine geological and geophysical data on the Cote d'Ivoire – Ghana transform margin. Proceeding of the Ocean Drilling. Initial Reports, 159：47 – 60.

Beaumont, C. 1981. Foreland basins. Geophysical Journal of the Royal Astronomical Society 65, 291 – 329.

Bercovici D, Mahoney J. 1994. Double flood basalts and plume head separation at the 660 – kilometer discontinuity: Science, v. 266p. 1367 – 1369.

Bloomer S H, B Taylor, C J Macleod, R J Stem, P Fryer, J W Hawkins and L Johnson. 1995. Early Arc Volcanism and the Ophiolite Problem: A Perspective from Drilling in the Western Pacific. Geophysical Monograph 88, 1 – 27.

Bouma A H, Coleman J M. 1985. Peira Cava turbidite system, France. In A. H. Bouma, W. R. Normark & N. E. Barnes, Submarine fans and related turbidite systems, [M], New York: Springer – Verlag. 217 – 222.

Bradley D C. 2008. Passive margins through earth history. Earth – Science Reviews, 91: 1 – 26

Coffin M F, Eldholm O, 1994. Large igneous provinces: Crustal structure, dimensions, and external consequences. Reviews of Geophysics, 32 (1): 1 – 36.

Cole R B, Steward B W. 2009. Continental margin volcanism at sites of spreading ridge subduction: Examples from southern Alaska and western California. Tectonophysics, 464 (1 – 2): 118 – 136.

Commission on the Limits of the Continental Shelf (CLCS) . 1998. Provisional Scientific and Technical Guidelines of the Commission on the Limits of the Continental Shelf. CLCS/L. 6, 4 September 1998.

DOALOS (Division of Ocean Affairs and Law of the Sea), The Law of the Sea, Definition of the Continental Shelf, An Examination of the Relevant Provisions of the United Nations Convention on the Law of the Sea, United Nations Publication Sales No. E. 93. V. 16, United Nations, New York, 1993. 280 – 284.

Duncan R A, Richards M A, 1991. Hotspots, mantle plumes, flood basalts, and true polar wander. Reviews of Geophysics, 29 (1): 31 – 50.

Edwards R A, R B Whitmarsh and R A Scrutton. 1997. The Crustal Structure across the Transform Continental Margin off Ghana, Eastern Equatorial At – lantic. Journal of Geophysical Research 102, BI, pp. 747 – 772.

Eldholm O, Grue K. 1994. North Atlantic volcanic margins: dimensions and production rates [J] . Journal of Geophysical Research: Solid Earth (1978 – 2012), 99 (B2): 2955 – 2968.

Eldholm O, Skogseis J, Planke S, et al. 1995. Volcanic margin concepts, Rifted Ocean – Continent boundaries, 463: 1 – 16.

Ewart A, Collerson K D, Regelous M, Wendt J I and Niu Y L. 1998. Geochemical evolution within the Tonga – Kermadec – Lau Arc – Backarc system: The role of Varying mantle wedge composition in space and time. Journal of Petrology 39: 331 – 368.

Exon N E, P J Hill and J – Y Royer. 1995. New Maps of Crust Off Tasmania—Expand Research Possibilities. Eos, Transactions, American Geophysical Union 76, 20, 201, 206 – 207.

Falvey D A. 1974. The development of continental margin in plate tectonic theory. Aust. Pet. Expl. Asso. J. , 14: 95 - 106.

Fang Y X, Li J B, Li M B, et al. 2011. The formation and tectonic evolution of Philippine Sea Plate and KPR, Acta Oceanol. Sin. , 30 (4): 75 - 88.

Fitton J G, Mahoney J J, Wallace P J and Saunders A D. 2004. Leg 192 synthesis: origin and evolution of the Ontong Java Plateau. In Fitton, J G, Mahoney, J J, Wallace, P J, and Saunders A D. (Eds.), Proc. ODP, Sci. Results, 192 [Online] . Available from http: //www - odp. tamu. edu/publications/192_ SR/synth/synth. htm

Frey F A, Cof fin M F, Wallace P J, et al . 2000. Origin and evolution of a submarine large igneous province: The Kerguelen plat eau and Broken ridge, southern Indian ocean. Earth and Planetary Science Letters, 176: 73 - 89.

Goscombe B D and Everard J L. 2001. Tectonic evolution of Macquarie Island: Extensional structures and block rotations in oceanic crust: Journal of Structural Geology, v. 23p. 639 - 673.

Grow J A. 1973. Crustal and upper mantle structure of the central Aleutian arc [J] . Geological Society of America Bulletin, 84 (7): 2169 - 2192.

Gräfe K, Frisch W, Villa I M, et al. 2002. Geodynamic evolution of southern Costa Rica related to low - angle subduction of the Cocos Ridge: constraints from thermochronology [J] . Tectonophysics, 348 (4): 187 - 204.

Hall R. 2002. Cenozoic geological and plate tectonic evolution of SE Asia and the SW Pacific: computer - based reconstructions, model and animations. Journal of Asian Earth Sciences, 20: 353 - 431

Hall R. 1996. Reconstructing Cenozoic SE Asia. Geological Society, London, Special Publication.

Hirsch K K, Scheck - Wenderoth M, Wees J - D, van Kuhlmann G, Paton D A. 2010. Tectonic subsidence history and thermal evolution of the Orange Basin. Marine and Petroleum Geology, 27: 565 - 584.

Holbrook W S, Kelemen P B. 1993. Large igneous province on the US Atlantic margin and implications for magmatism during continental breakup. Nature, 364: 433 - 436.

Hopper J R, J C Mutter, R L Larson, C Z Mutter and Northwest Australia Study Group. 1992. Magmatism and Rift Margin Evolution: Evidence from Northwest Australia. Geology 20, 853 - 857.

Howell D G and D L Jones. 1989. Terrane Analysis: A Circum - Pacific Overview. In Z. Ben - Avraham (ed), The Evolution of the Pacific Ocean Margins. New York, 36 - 40.

Huene R, Scholl D W. 1991. Observations at convergent margins concerning sediment subduction, subduction erosion, and the growth of continental crust. Reviews of Geophysics, 29 (3): 279 - 316.

International Court of Justice. 1969. North Sea Continental Shelf Cases (Federal Republic of Germany/ Denmark; Federal Republic of Germany [Netherlands), International Court of Justice Report 3 (Judgment of 20 February 1969) . The Hague.

International Hydrographic Organization. 1993. A Manual on Technical aspects of the United Nations Convention on the Law of the Sea – 1982. 3rd ed. Special Publication no. 51, International Hydrographic Bureau. Monaco.

Ishiwatari A, Yanagida Y, Li Y B, et al. 2006. Dredge petrology of the boninite – and adakite – bearing Hahajima Seamount of the Ogasawara (Bonin) forearc: An ophiolite or a serpentinite seamount? Island Arc, 15 (1): 102 – 118.

Joseph R C, Frans J E, David G M. 2003. The Bengal Fan: morphology, geometry, stratigraphy, history and process, Marine and Petroleum Geology, [J], 1191 – 1223

Karig D E. 1971. Origin and development of marginal in western Pacific. Journal of Geophysical Research, 76 (2): 2542 – 2561.

Karig D E. 1974. Evolution of Arc Systems in the Western Pacific. Annual Review of Earth and Planetary Sciences 2, 51 – 75.

Karig D E and G E Sharman Ⅲ. 1975. Subduction and Accretion in Trenches. Geological Society of America Bulletin 86, 377 – 389.

Kearey P, Klepeis K A, Vine F J. 2009. Global tectonics. Wiley – Blackwell, Oxford, pp 250. xc, Oxford, 250.

Keen C E, Potter D P. 1995. Formation and evolution of the Nova Scotian rifted margin: Evidence from deep seismic reflection data. Tectonics, 14 (4): 918 – 932.

Kennett J P. 1982. Continental margin types and divergent margins. In J. P. Kennett (Ed.), Marine Geology, Prentice – Hall, Englewood Cliffs, NJ (1982), 320 – 351.

Klaucke I, Masson D G, Kenyon N H, et al. 2004. Sedimentary processes of the lower Monterey Fan channel and channel – mouth lobe, Marine Geology, [J], 206): 181 – 198.

Kodaira S, Mjelde R, Gunnarsson K, et al. 1998. Structure of the Jan Mayen microcontinent and implications for its evolution [J]. Geophysical Journal International, 132 (2): 383 – 400.

Kolarsky R A, Mann P, Montero W. 1995. Island arc response to shallow subduction of the Cocos Ridge, Costa Rica. In: Mann, P. (Ed.), Geologic and Tectonic Development of the Caribbean Plate Boundary in southern Central America. Geological Society of America Special Paper, vol. 295. Geological Society of America, Boulder, CO, 235 – 262.

Larson R L. 1991. Geological consequences of superplume. Geology, 19 (10): 963 – 966.

Lister G S, Etheridge M A, Symonds P A. 1991. Detachment models for the formation of passive continental margins [J]. Tectonics, 10 (5): 1038 – 1064.

Lorenzo J M (ed.). 1997. Sheared Continent Ocean Margins. Geo – Marine Letters 17, 1 – 118.

Lorenzo J M, J C Mutter, R L Larson, P Buhl, J B Diebold, J Alsop, R Mithal, J Hopper, D Falvey, P Williamson and F Brassil. 1991. Development of the Continent – Ocean Transform Boundary of the Southern Exmouth Plateau. Geology 19, 843 – 46.

Mackay M E, Moore G F, Cochrane G R, et al. 1992. Landward vergence and oblique structural trends in the Oregon margin accretionary prism: Implications and effect on fluid flow. E. P. S. L. , 109 (3 –4): 477 –491.

Mascle J, G P Lohmann, P D Clift, et al. (eds.) 1996. Proceedings of the ODP Initial Reports 159, College Station, TX (Ocean Drilling Program) .

Mascle J C, Basile, B Pontoise and F Sage. 1995. The Cote D'Ivoire – Ghana Transform Margin: An example of an Ocean – Continent Transform Boundary. In E. Banda, M. Talwani, and M. Tom6 (eds.), Rifted Ocean – Continent Boundaries, NATO AS1 Series. Dordrecht, Netherlands, 327 –339.

Menard H W. 1955. Deep – sea channels, topography, and sedimentation, [J], American Association of Petroleum Geologists Bulletion. 38): 236 –255.

Miall A D, Blakey R C. 2008. The Phanerozoic tectonic and sedimentary evolution of North America [J] . Sedimentary basins of the world, 5: 1 –29.

Michel S, Zahie A. 2005. South Atlantic continental margins of Africa: A comparison Of the tectonic vs climate interplay on the evolution of equatorial West Africa and SW Africa margins. Journal of African Earth Sciences.

Moore G F, Karig D E. 1976. Development of sedimentary basins on the lower trench slope. Geology, 4 (11): 693 –697.

Moore G F, Silver E A. 1983. Collision processes in the northern Molucca Dea. In: Hayes, D. E. (Ed) . The tectonic and evolution of Southeast Asian Seas and Islands: Part 2. Geophys. Monogr. , vol, 23. AGU, Washington, D. C.

Mutti E. 1992. In Turbidites sandstone. Milan, [M], Italy: Agip Special publication. 275.

Mutti E, Nilsen T H, Ricci, Lucchi F. 1978. Outer fan depositional lobes of the Laga Formation (Uppper Miocene and Lower Pliocene), east – central Italy. In D. J. Stanly & G. Kelling, Sedimentation in submarine fan, canyons and trenches, [M], Stroudsburg, Penssylvania: Hutchinson and Ross. 210 –223.

Mutti E, Normark W R. 1987. Comparing examples of modern and ancient turbidite systems: problems and concepts. In J. R. Leggett & G. G. Zuffa, Marine clastic sedimentology: concept and case studies, [M], London: G. Graham and Trotman. 1 –37.

Normark W R, Gutmacher C E, Chase T E. et al. 1983. Monterey fan: Growth pattern control by Basin Morphology and changing sea levels. [J], Geo – Marine Letters, 3: 93 –99.

Normark W R. 1978. Fan valleys, channels and depositional lobes on modern submarine fans: characters for recognition of sandy turbidite environments, [J], American Association of Petroleum Geologists Bulletin, 62: 912 –931.

Normark W R. 1991. Turbidite elements and the obsolescence of the suprafan concept, [J], Giornale di Geologia, ser 3a, 53 (2): 1 –10.

Nur A and Z Ben – Avraham. 1989. oceanic Plateaus and the Pacific Ocean Margin. In Z. Ben –

Avraham (ed.), The Evolution of the Pacific Ocean Margins. New York, 7 - 19.

Parsons T, Thompson G A, Sleep N H. 1994. Mantle plume influence on the Neogene uplift and extension of the US western Cordillera? [J]. Geology, 22 (1): 83 - 86.

Qiu Wenxian, Jin Xianglong, Schofield Clive et al. 2013. Preliminary considerations on the potential influence of submarine fans on marine delimitation, Acta Oceanol. Sin., (11): 133 - 142.

Rivizzigno P A, Karson J A. 2004. Structural expression of oblique seafloor spreading in the Macquarie Island ophilite, Southern Ocean. Geology, 32 (2), 125 - 128.

Rundquist D V, Sobolev P O. 2002. Seismicity of mid - oceanic ridges and its dynamic Implications: a review. Earth Science Reviews, 58: 143 - 161.

R Schlich and S W Wise Jr. 1992. The Geologic and Tectonic Evolution of the Kerguelen Plateau: An Introduction to the Scientific Results of Leg 120, doi: 10. 2973/odp. proc. sr. 120. 203.

Sage F, Pontoise B, Mascle J. et al., 1997. Crustal structure and ocean - continent transition at marginal ridge: the Cote d'Ivoire - Ghana marginal ridge. Geo - Marine Letters, 17 (1): 40 - 48.

Shanmugam G, Moiola R J, McPhereson J G. et al., 1988b. Comparison of turbidite facies associations in modern passive - margin Mississippi Fan with ancient active - margin fans. [J], Sedimentary Geology, 58: 63 - 77.

Shanmugam G and Moiola R J. 1988a. Submarine fans: characteristics, models, classification and reservoir potential. [J], Earth - Science reviews, 24: 383 - 428.

Shipboard Scientist Party. 2003. Leg 210 Preliminary Report: Drilling the Newfoundland Half of the Newfoundland - Iberia Transect: The First Conjugate Margin Drilling in a Nonvolcanic Rift. Ocean Drilling Program.

Smith W H F and D T Sandwell. 1997. Global sea floor topography from satellite altimetry and ship depth soundings, Science, 277, 1956 - 1962.

Snyder D B, Milsom J and Prasetyo H. 1996. Geophysical evidence for local indentor tectonics in the Bankda arc east of Timor, Geological Society, London, Special Publications, 106: 61 - 73.

Stern R J. 2002. Subduction zones [J]. Reviews of geophysics, 40 (4): 3 - 1 - 3 - 38.

Stow D A V. 1985. Deep - water Clastics: where are we and where are we going? In P. J. Brenchly 7 P. J. Williams: Sedimentology: recent developments and applied aspects, [J], Oxford: Geological Society by Blackwell Scientific Publications. 67 - 94.

Symonds P A, Coffin M F, Taft G, et al. 2000. Ridge issues. In: Cook P J, Carleton C M ed. Continental Shelf Limits - the Scientific and Legal interface. New York: Oxford University Press, 285 - 307.

Symonds P A, Willcox J B. 1989. Australia's petroleum potential in areas beyond an Exclusive Economic Zone [J]. BMR Journal of Australian Geology and Geophysics, 11 (1): 11 - 36.

Symonds P A and J B Willcox. 1988. Definition of the Continental Margin Using U. N. Convention on the Law of the Sea (Article 76), and Its Application to Australia. Bureau of Mineral Resources,

Australia, Record, 1988/38 (unpublished) .

Symonds P A, B Murphy, D Ramsay, K Lockwood and I Borissova. 1998a. The Outer Limits of Australia's Resource Jurisdiction off Western Australia. In P. G. and R. R. Purcell (eds.), The Sedimentary Basins of Western Australia 2: Proceedings of the Petroleum Exploration Society of Australia Symposium, Perth, WA, 3 – 19.

Symonds P A, Planke S, Frey O, et al. 1998. Volcanic evolution of the Western Australian continental margin and its implications for basin development, In: Purcell, P. G. & Purcell, R. R. (eds) The Sedimentary basin of Western Australia 2. Proceedings of the Petroleum Exploration Society of Australia Symposium, Perth, Western Australia, 33 – 54.

Symonds P A, S Planke, O Frey and J Skogseid. 1998b. Volcanic Evolution of the Western Australian Continental Margin and Its Implications for Basin Development In P. G. and R. R. Purcell (eds.), The Sedimentary Basins of Western Australia 2: Proceedings of the Petroleum Exploration Society of Australia Symposium, Perth, WA, 33 – 54.

Takizawa K, Tsuru T, Kaiho Y, et al. 2006. Multi – channel seismic reflection experiments in Izu – Ogasawara arc – 2005 cruises. JAMSTEC Rep. Res. Dev, 4: 1 – 12.

Talwani M, Eldholm O. 1973. Boundary between continental and oceanic crust at the margin of rifted continents. Nature, 241: 325 – 330.

Tang Y, Li M B, Li J B. 2011. The Geomorphological Features and Continuity of the Kyushu – Palau Ridge (KPR), Acta Oceanol. Sin., 30 (5): 114 – 124.

Taylor B, Zellmer K, Martinez F, et al. 1996. Sea – floor spreading in the Laru back – arc basin. E. P. S. L., 144 (1 – 2): 35 – 50.

Tsuji T, Nakamura Y, Tokuyama H, et al. 2007. Oceanic crust and Moho of the Pacific Plate in the eastern Ogasawara Plateau region. Island Arc, 16 (3): 361 – 373.

T. Scovazzi. 2000. Evolution of International Law of The Sea. Collected Courses of The Hague Aedemy of International Law. 195.

Vail P R, Mitchum R M, Thompson S. 1977. Seismic stratigraphy and global change of sea level, part 4: global cycles of relative changes of sea level, [J]. In G. Payton, Seismic stratigraphy application to hydrocarbon exploration, A. A. P. G. Memoir 26: 83 – 97.

WANG W G. 2011. Geological structures of ridges with relation to the definition of three types of seafloor highs stipulated in Article 76, Acta Oceanol. Sin., 30 (5): 125 – 137.

Watts A B, Fairhead J D, 1997. Gravity anomalies and magmatism along the western continental margin of the British Isles. Journal of the Geological Society, 154: 523 – 529.

Watts A B, Marr C. 1995. Gravity anomalies and the thermal and mechanical structure of rifted continental margins. Rifted ocean – continent boundaries, 463: 65 – 94.

White R, McKenzie D. 1989. Magmatism at rift zones: the generation of volcanic continental margins and flood basalts [J]. Journal of Geophysical Research: Solid Earth (1978 – 2012), 94 (B6):

7685 – 7729.

Woodcock N H, Schubert C. 1994. Continental Strike – slip Tectonic . Hancock P L. Continental Deformation . Oxford : Pergamon Pree , 251 – 263.

Yerkes R F. 1965. Geology of the Los Angeles basin, California: an introduction. U. S. , Geol. Surv. , Prof. Pap. , 420 – A.